“十二五”国家重点图书

新能源与建筑一体化技术丛书

太阳能热利用与建筑一体化

Building Integration of Solar Thermal

郑瑞澄　袁　莹　等著

中国建筑工业出版社

图书在版编目（CIP）数据

太阳能热利用与建筑一体化/郑瑞澄，袁莹等著. —北京：中国建筑工业出版社，2014.1
（新能源与建筑一体化技术丛书）
ISBN 978-7-112-16152-2

Ⅰ. ①太… Ⅱ. ①郑…②袁… Ⅲ. ①太阳能建筑—建筑设计 Ⅳ. ①TU29

中国版本图书馆 CIP 数据核字（2013）第 283920 号

书中对各种形式的太阳能集热器的性能特点及其适用场合进行了详细的介绍。从太阳能热水、太阳能供热采暖以及太阳能制冷空调三个方面对太阳能热利用与建筑一体化技术进行了全面、详细的分析。对太阳能热利用系统与建筑一体化的规划布局原则、建筑设计原则进行了论述。介绍了太阳能热利用系统效益评估的相关内容。另外，对各种应用形式，都给出了实际应用案例。

* * *

责任编辑：张文胜 姚荣华
责任设计：张 虹
责任校对：张 颖 陈晶晶

"十二五"国家重点图书
新能源与建筑一体化技术丛书
太阳能热利用与建筑一体化
郑瑞澄 袁 莹 等著
*
中国建筑工业出版社出版、发行（北京西郊百万庄）
各地新华书店、建筑书店经销
霸州市顺浩图文科技发展有限公司制版
圣夫亚美印刷有限公司印刷
*
开本：787×1092 毫米 1/16 印张：15¼ 字数：370 千字
2014 年 3 月第一版 2014 年 3 月第一次印刷
定价：**49.00** 元
ISBN 978-7-112-16152-2
(24896)

本书编委会

主　　编： 郑瑞澄

副 主 编： 袁　莹

参编人员： 郑瑞澄　袁　莹　路　宾　李　忠　何　涛
张昕宇　冯爱荣　孙峙峰　王　选　王　敏
胡　洋　贾春霞　李爱松

本书的出版得到科技部国家科技支撑计划项目：太阳能在建筑中规模化应用的关键技术研究（课题编号：2006BAJ01A11）和中丹可再生能源发展项目“Sino-Danish Renewable Energy Development Programme”（RED）课题：大型太阳能区域供热系统的测试、研究和示范的支持。

出版说明

能源是我国经济社会发展的基础。“十二五”期间我国经济结构战略性调整将迈出更大步伐，迈向更宽广的领域。作为重要基础的能源产业在其中无疑会扮演举足轻重的角色。而当前能源需求快速增长和节能减排指标的迅速提高不仅是经济社会发展的双重压力，更是新能源发展的巨大动力。建筑能源消耗在全社会能源消耗中占有很大比重，新能源与建筑的结合是建设领域实施节能减排战略的重要手段，是落实科学发展观的具体体现，也是实现建设领域可持续发展的必由之路。

“十二五”期间，国家将加大对新能源领域的支持力度。为贯彻落实国家“十二五”能源发展规划和“新兴能源产业发展规划”，实现建设领域“十二五”节能减排目标，并对今后的建设领域节能减排工作提供技术支持，特组织编写了“新能源与建筑一体化技术丛书”。本丛书由业内众多知名专家编写，内容既涵盖了低碳城市的区域建筑能源规划等宏观技术，又包括太阳能、风能、地热能、水能等新能源与建筑一体化的单项技术，体现了新能源与建筑一体化的最新研究成果和实践经验。

本套丛书注重理论与实践的结合，突出实用性，强调可读性。书中首先介绍新能源技术，以便读者更好地理解、掌握相关理论知识；然后详细论述新能源技术与建筑物的结合，并用典型的工程实例加以说明，以便读者借鉴相关工程经验，快速掌握新能源技术与建筑物相结合的实用技术。

本套丛书可供能源领域、建筑领域的工程技术研究人员、设计工程师、施工技术人员等参考，也可作为高等学校能源专业、土木建筑专业的教材。

中国建筑工业出版社

前言

世界各国能源转型的基本趋势是实现由化石能源为主向以可再生能源等低碳能源为主的可持续能源体系转型。目前，发达国家能源需求已明显由石油、煤炭转向可再生能源等低碳能源；特别是德国、丹麦等已率先提出了面向 2050 年的、以可再生能源为主的能源转型发展战略，届时将使可再生能源占一次能源的比重达到 50%以上。我国作为一个负责任的世界大国，同样非常重视可再生能源利用在节能和环境保护方面所发挥的作用，并在 2005 年就已通过、实施了《中华人民共和国可再生能源法》，以立法的形式强力推动可再生能源在我国的应用和发展。

随着国民经济的持续、快速发展，以及城乡居民居住条件的明显改善和生活水平的不断提高，我国的建筑能耗快速增长。目前，建筑用能占全社会能源消费量的比例已接近 30%，从而加剧了能源供应的紧张形势。为降低建筑能耗，既要节约，又要开源；所以，努力增加可再生能源在建筑用能中的比例，建设低碳生态城市，推广绿色建筑，已经成为我国今后城镇化建设中的重要发展战略。

太阳能是永不枯竭的清洁能源，也是最重要的可再生能源。在建筑能耗中，生活热水、供热采暖等用热能耗约占 45%，是建筑节能的重点领域；而建筑用热需求对温度要求较低的使用条件，又恰好适应了太阳能能流密度较低的特点。所以，与其他工业领域相比，太阳能建筑热利用能够获得更为优异的节能、减排效益。近几年来，各级政府和住房城乡建设主管部门通过制定、实施对新建建筑强制安装太阳能热水的相关政策，以及组织、实施可再生能源建筑应用示范项目和示范城市等激励、优惠措施，有效促进了我国太阳能热利用与建筑一体化技术发展的深度和广度。

太阳能热利用是我国可再生能源领域唯一依靠市场发展壮大起来的行业，一些关键技术拥有自主知识产权，太阳能集热器的产量和安装使用量世界第一，受到了国际同行和市场的高度重视，在国际太阳能热利用领域享有举足轻重的地位。但是，与欧美发达国家相比，我国太阳能热利用与建筑一体化的整体技术水平仍有一定的差距，从行业发展的角度来看，目前正面临着一个重要的发展转型期。发挥优势、缩小差距、合理规划、科学发展，是实现我国太阳能热利用与建筑一体化技术持续进步的关键所在。

由于各级政府的重视和工程技术人员多年的努力，目前我国已有多部针对太阳能建筑热利用的工程建设国家标准发布实施，这些国家标准的相关内容，就是针对“太阳能热利用与建筑一体化”提出的具体规定。按照这些国家标准的规定来进行太阳能建筑热利用工程的规划、设计、施工、验收和评估，就可以达到“太阳能热利用与建筑一体化”的基本要求，但太阳能热利用与建筑一体化技术的进一步提高，还需要通过对大量工程实践的优化设计和性能监测，发现问题、不断积累和总结经验，这即是编写本书的主要目的。

本书各章节的作者分别是：第 1 章：郑瑞澄；第 2 章：郑瑞澄、季杰、孙炜、王聪辉、张磊；第 3 章：袁莹、胡洋；第 4 章：冯爱荣、邓煜、聂晶晶；第 5 章：路宾、何涛、王选、聂晶晶、李常铃；第6章：路宾、李忠、贾春霞、李爱松；第7章：张昕宇、王敏；第8章：张昕宇、黄祝连；第9章：孙峙峰、王选。全书由郑瑞澄统稿并对各章做了校阅、修改和补充。

希望本书能对我国太阳能热利用与建筑一体化技术的提高和发展提供借鉴，为建筑一体化太阳能热利用工程的设计、施工、验收和效益评估提供技术支持。作者在编写过程中付出了努力，也进行了一些创新尝试，但疏漏之处在所难免，敬请读者批评指正，并提出宝贵意见，以便今后做进一步的修订、补充和完善。

目　录

第 8 章 太阳能热利用系统测试与监测 171

第 9 章 太阳能供热采暖空调设计软件 187

第1章 概论

1.1 太阳能热利用与建筑一体化技术

1.1.1 太阳能热利用与建筑一体化的必要性

太阳能是永不枯竭的清洁能源，也是21世纪之后人类可期待的最有希望的可再生能源之一。通过专门的设备、装置、系统吸收太阳辐射并将其转换为热能直接加以应用的技术即为太阳能热利用技术。在可再生能源应用领域，太阳能热利用技术有着十分显著的特点和优势，具备较高的能量转换效率和较低的投资成本，节能、环保效益卓越，因此，成为我国唯一依靠市场机制发展成长起来的可再生能源应用技术。

根据可以达到的工作温度，太阳能热利用技术可分为低温利用（＜100℃）、中温利用（100～250℃）和高温利用（＞250℃）。按照应用领域，太阳能热利用技术则可分为太阳能建筑热利用、太阳能工农业热利用和太阳能热发电三大类。由于太阳能在单位面积上的能量密度较低，所以可满足中、低温利用需求，可作为中、低温热源使用的太阳能建筑热利用技术，就成为现阶段太阳能应用最具发展潜力的实用领域。

现代建筑为满足居住者的生存要求、舒适性需求和使用需要，必须具备供暖、空调和生活热水供应等相应的功能；过去，这些功能是使用煤、天然气等常规化石能源来加以实现，而现在，随着化石能源资源量的逐渐枯竭，以及由于使用化石能源导致大气污染和温室效应等给地球环境造成的损害，利用清洁、可再生的太阳能来替代化石能源向建筑物提供采暖、空调和生活热水，成为了人类可持续发展的共识。世界各国、特别是发达国家无一例外，都对太阳能建筑热利用技术的开发、应用给予了极大的关注。

令人感到自豪和欣喜的是：我国在世界太阳能建筑热利用领域有着很高的地位，无论是太阳能热利用产业还是太阳能建筑热利用市场的规模，多年来始终稳居世界第一；特别是太阳能热水的利用，即使按每千人拥有的太阳能集热器安装使用量来衡量，我国也一直是处于亚洲第一、全球前十，这对人口数量占世界第一位的大国来说，实属不易。

但与欧美发达国家太阳能建筑热利用技术的发展相比，我国也有较为明显的不足：在应用范围上，太阳能热水应用广泛，但太阳能供热采暖和制冷空调的应用数量很少；在应用深度上，系统的建筑一体化程度较低。国际能源署太阳能供热制冷执委会（IEA-SHC）于2012年发布了2050年世界太阳能供热制冷发展路线图，其中对2020年的规划指标为：中国的太阳能热水是欧美发达国家的两倍，但太阳能供热采暖却只有其1/10。欧美发达国家、特别是欧洲的太阳能建筑热利用，大多数系统都是太阳能供热采暖的综合利用系统，实现了规模化和建筑一体化，与我国市场多为后置安装、单一热水功能的家用太阳能热水器形成较大的反差；而且在我国城镇化的发展进程中，这种使用方式带来的矛盾也日渐明显，因此，开发适合中国国情的太阳能热利用与建筑一体化技术已成为当务之急。

1.1.2 太阳能热利用与建筑一体化的概念辨析

20世纪90年代，具有中国特色的紧凑式家用太阳能热水器进入了快速发展期，在完成了产品的产业化后，其市场越做越大，并很快达到了世界第一的规模。然而，这种发展势头在2000年前后遭遇了意想不到的挫折。紧凑式家用太阳能热水器的市场运作是生产企业通过代理商进行营销的模式，用户购买热水器后由代理商上门安装；由于是房屋建成后才在外围护结构上安装的一个后置设备，施工过程中不可避免地会对房屋的原有功能造成一定程度的破坏，导致安全隐患；太阳能集热器和水箱连为一体的结构和外露管线，又影响了建筑物的外立面美观和城市景观。因此，众多城市小区的物业管理和城市建设的主管部门，开始出台禁止安装太阳能热水器的相关规定。正是在这种背景下，为推进建筑节能和太阳能热利用技术的继续发展，城建主管部门和太阳能热利用行业共同提出了"太阳能热水器与建筑一体化"的技术开发方向。

时至今日，当初针对太阳能热水器提出的"建筑一体化"早已拓宽了范围，变成了"太阳能热利用与建筑一体化"、"太阳能光伏建筑一体化"等涵盖多个领域的技术概念。但对"建筑一体化"深度的认知，究竟怎样做才是完成了"建筑一体化"，却并未在业内完全形成一致意见，这无疑将制约该项技术的健康发展。因此，建立"太阳能热利用与建筑一体化"合理的基本概念，使建筑业和太阳能热利用这两大行业达成共识、凝聚合力，很有必要。

何谓"太阳能热利用与建筑一体化"？笔者认为应从真正实现太阳能热利用系统的功能和节能效益的结果出发来进行全方位的阐释，而不是仅考虑太阳能集热器等设备和建筑外围护结构的结合。"建筑一体化"的实施贯穿了"太阳能热利用系统"建设的全过程，是一个从规划、设计、施工到验收和效益评估的完整建筑产业链，涉及建筑、结构和设备（包括给水排水、暖通、电气）等各个专业领域。能够符合"建筑一体化"要求的"太阳能热利用系统"，既要使太阳能集热器等关键设备（即太阳能集热系统）和建筑外围护结构做到有机结合，又要根据相关的国家标准和技术规范，满足用户的供热、采暖、空调需求，并达到预期的节能效益。简言之，必须把系统外在的安全、美观和内在的功能、效益同时兼顾，才能做到真正意义上的"建筑一体化"。

我国人口众多，城市建筑只能以中、高层建筑为主，这就决定了我们的"太阳能热利用与建筑一体化技术"必须适合中国国情，要有鲜明的中国特色；与欧美发达国家多为别墅型的住宅建筑相比，在中国实施"建筑一体化"，难度更大，需要付出的努力也更多。

由于各级政府的重视和工程技术人员多年的努力，目前我国已有多部针对太阳能建筑热利用的工程建设国家标准发布实施，包括：《民用建筑太阳能热水系统应用技术规范》GB 50364、《太阳能供热采暖工程技术规范》GB 50495、《民用建筑太阳能空调工程技术规范》GB 50787、《民用建筑太阳能热水系统评价标准》GB 50604等。这些国家标准的相关内容，实际上就是针对"太阳能热利用与建筑一体化"提出的具体规定。所以，按照这些国家标准的规定来进行太阳能建筑热利用工程的规划、设计、施工、验收和评估，也就达到了"太阳能热利用与建筑一体化"的基本要求。

1.1.3 太阳能热利用与建筑一体化的技术体系

按照太阳能建筑热利用的使用功能，可将其分为三大技术应用范围：太阳能热水、太阳能供热采暖、太阳能供热制冷空调。太阳能热水只有单一的供热水功能，全年使用；太阳能供热采暖兼有供热水和供暖的功能，冬季供暖、其他季节供热水；太阳能供热制冷空调则有供热水、供暖和制冷空调的三项功能，冬季供暖、夏季制冷空调、春秋季供热水。这三大技术应用范围共同组成了太阳能热利用与建筑一体化的技术体系。在这里需要强调的是："被动太阳能采暖降温"是通过房屋本身的建筑设计来实现的，所以，该项技术不属于太阳能热利用与建筑一体化的技术体系。

1. 太阳能热水

建筑物的生活热水供应需求与季节无关，因此，太阳能热水的使用无季节性要求，需要全年提供。一个设计合理、可全年使用的太阳能热水系统，在有太阳辐照的前提条件下，就应该能够提供满足设计要求的热水（即使是在冬季）。目前市场所反映的太阳能热水系统在冬季不能使用的误区，完全是产品质量不够好以及系统设计不完善等因素而造成的。这一问题需要在发展的过程中予以充分重视，否则，将严重影响太阳能热水的推广应用。

建筑一体化的太阳能热水系统，其供热水的功能和品质——包括供热水量、供热水温等，应符合国家标准《建筑给水排水设计规范》GB 50015 和《民用建筑太阳能热水系统应用技术规范》GB 50364 的相关规定，同时能够达到预期的节能效益——即太阳能保证率。此外，安装在建筑外围护结构上的太阳能集热器不得影响建筑功能，并保持与建筑统一和谐的外观。

2. 太阳能供热采暖

建筑物仅在冬季有供暖需求，这是应用太阳能供热采暖时要认真对待的一个关键点，即太阳能集热系统在其他季节产生的有用热量不能被浪费，必须做到全年综合利用。通常情况下，建筑物的供暖负荷远大于供热水负荷，这就使得太阳能供热采暖系统的集热器面积要比单一功能太阳能热水系统的集热器面积多出很多，造成的直接结果就是：太阳能供热采暖系统在满足用户冬季供暖需求时，会在其他季节产生超出同一用户热水需求的多余热水；如果不能在规划、设计阶段做到统筹考虑，就必然会给系统带来安全隐患。目前国内已建的一些太阳能供热采暖工程，就是因为在这一关键点上的处理不当，严重影响了系统的使用功能和工作寿命，也使系统的节能效果和经济效益大打折扣。所以，建筑一体化太阳能供热采暖的内涵实质就是要实现系统的全年综合利用。按照国家标准《太阳能供热采暖工程技术规范》GB 50495 的相关规定，通过"季节蓄热"或"在其他季节扩大供应热水用户数量"等技术措施，实现综合利用是完全可以做到的。

太阳能供热采暖系统比单一的太阳能热水系统有更好的节能经济效益，这一点已为欧洲各发达国家的实践所证实。通过对欧洲已建成的太阳能供热采暖工程的评估分析，兼有供暖和供热水功能的短期蓄热太阳能系统的节能经济效益最好，其评估指标是费效比——系统增投资与系统在正常使用寿命期内的总节能量的比值（元/kWh），表示利用太阳能节省每千瓦小时常规能源热量的投资成本，该投资成本以短期蓄热的太阳能供热采暖系统为最低。因此，太阳能供热采暖应是我国在今后 10 年全力推广的太阳能建筑热利用技术。

3. 太阳能供热制冷空调

太阳能的提供和建筑物的制冷空调需求具有很好的匹配一致性，夏季天气越热时，太阳辐照也越强。因此，太阳能制冷空调是我国最早开展太阳能建筑热利用的研究领域，而太阳能供热制冷空调也最全面地体现了太阳能建筑热利用技术的综合应用。但与太阳能供热采暖类似，在我国大部分区域，太阳能供热制冷空调仍需认真处理系统在春、秋季产生的大量有用热量。由于太阳能供热制冷空调的初投资相对较高，所以，目前该项技术在全年都有制冷空调需求的热带、亚热带地区应用更为适宜，获得的节能经济效益也最好。

我国近期的太阳能供热制冷空调尚处于通过示范工程积累经验、不断提高完善的阶段。建筑一体化的太阳能供热制冷空调工程，应针对不同地域的特点和要求，按照国家标准《民用建筑太阳能空调工程技术规范》GB 50787 的相关规定进行认真的规划、设计和实施；在夏热冬冷地区要同时考虑冬季的供暖需求以及春、秋季的热水供应；而在我国的热带、亚热带地区，则只需考虑全年的制冷空调。相信今后在我国实施海洋战略的发展过程中，太阳能制冷空调将会发挥其独特的作用，为保护海洋、大气生态环境做出重要的贡献。

1.2 低碳生态城市、生态社区规划与太阳能热利用

1.2.1 可持续发展与低碳生态城市、生态社区建设

进入 21 世纪后，我国经济发展达到了前所未有的高度，成绩辉煌，但面临的资源和环境形势却依然十分严峻，机遇与挑战并存。中国超过日本成为仅次于美国的世界第二大经济体，然而在能源消费方面也是仅次于美国的“第二大”，在温室气体的排放总量上则位居世界第一。工业革命以来，由于温室气体排放所造成的极端气候和自然灾害频发，已经给全人类敲响了警钟；走可持续发展的道路，已成为全人类的共识。中国经济应如何发展？在这种背景下，就只剩下抑制环境污染、建设低碳生态城市、发展绿色经济这唯一的选项。

所谓低碳经济，指的是在发展中向大气排放最少的温室气体，同时获得整个社会最大的产出。可持续发展是“既满足当代人的需求又不危及后代人满足其需求的发展”，是建设低碳生态城市、生态社区所依据的理论基础之一。低碳经济有两个重要支柱：一是新能源技术，二是碳金融，即碳交易中产生的利益。太阳能作为一种资源量最大、可以再生利用的新能源，理所当然将在低碳生态城市、生态社区的建设中发挥重要的支柱作用。

人类文明进化的过程，也是城市化逐渐发展的过程。目前世界已进入城市化时代，城市实现了让人类过更美好生活的梦想，但同时也占用了全球 85% 的资源和能源消耗，排放着同等规模的温室气体。而我国的发展恰好处在加快推进城镇化的关键时期。因此，改变我国现有的城市发展模式，建设低碳生态城市，就成为我国实现城市转型发展的必由之路，而做好低碳生态城市的规划，则是建设低碳生态城市要走的第一步。

我国已初步完成了低碳生态城市指标体系的构建，形成的指标体系涵盖了资源节约、环境友好、经济持续、社会和谐 4 大部分、3 大类型，共 30 项指标。其中，资源节约指标有 7 项，“非化石能源占一次能源消费比重（%）”为引领指标项。作为被普遍应用的非化石能源，利用太阳能来替代一次能源消费在低碳生态城市或生态社区的建设中起着十分重要的作用，所以，在进行低碳生态城市或生态社区的规划时，需要对太阳能热利用的规划予以充分重视。

1.2.2 低碳生态城市、生态社区建设中的太阳能热利用规划

建设低碳生态城市、生态社区的第一个重要步骤是做好规划。低碳生态城市、生态社区建设包含经济、社会、资源、环境等多种要素，需全方位制定建设规划，而建筑能源规划则是其中的一个重要分支。建筑能源规划的基本层次是把节能和降低需求作为最主要的减碳措施，第二层次是利用余热和废热，第三层次是利用可再生和低品位的热源。太阳能热利用即属于第三层次。

在制定低碳生态城市、生态社区建设的太阳能热利用规划时，首先需要进行“目标设定”，该“目标”应与低碳生态城市指标体系中的“引领指标项”——“非化石能源占一次能源消费比重（%）”相关联。在太阳能热利用领域，与这一“引领指标项”关联的参数指标是“太阳能保证率（%）”，即“太阳能提供的热量占建筑物供热采暖空调总负荷的比重（%）”。所以，设定“太阳能保证率”是制定低碳生态城市、生态社区太阳能热利用规划的关键步骤；利用太阳能保证率，就可方便地计算得出“非化石能源占一次能源消费比重（%）”。

太阳能保证率的合理设定与以下几个因素密切相关：①当地的太阳能辐射资源；②建筑可用资源量：建筑用地面积、容积率、建筑平均层数、屋顶面积和南向立面的可使用率等；③采用的太阳能热利用技术的种类：单供热水、供热采暖综合、供热采暖和制冷空调综合；④太阳能热利用系统效率；⑤建筑物供热采暖空调总负荷。

因此，制定太阳能热利用规划的基本步骤和程序是：

（1）调研、确定当地的“太阳能辐射资源”，并尽可能依据当地气象部门给出的实测数据。

目前我国对太阳能辐射资源的测试网点布置，与太阳能应用的需求相比，数量偏少。造成的影响是：一些没有建立测试点的地区只能参考相邻地区的实测资料，而无法获取更为准确的资源数据。这需要国家今后的统筹安排来加以改进。

（2）根据城市、区域的总体规划和建筑规划，确定“建筑可用资源量”。

确定“建筑可用资源量”的目的是进行可用于安装太阳能集热器的空地面积或建筑物外围护结构面积的基本估算。太阳能集热器只有在接受到太阳光照时才能将太阳辐射转换为热能，起到替代常规能源的作用。所以，并不是所有空地或屋顶、南立面都可用于安装太阳能集热器；必须依据“建筑可用资源量”，使用计算软件做日照分析，才能合理确定该城市、区域的可用于安装太阳能集热器的面积。

（3）根据当地的气候特点，确定拟采用的太阳能热利用技术类型。

我国幅员广阔，南北方的气候差异较大，根据建筑节能气候分区就分有严寒地区、寒冷地区、夏热冬冷地区、夏热冬暖地区和温和地区，除太阳能热水可在全国各地普遍使用外，供暖和空调则需根据当地气候进行合理选择。一般来说，严寒地区、寒冷地区和温和地区适宜供热采暖综合利用，夏热冬冷和夏热冬暖地区则适宜供热采暖和制冷空调综合利用。

（4）根据拟选用的太阳能集热器产品样本等相关设计资料，计算确定在设计工况下太阳能热利用系统的效率。

（5）根据供热采暖空调和太阳能建筑热利用领域相关国家标准的规定，计算确定建筑物的供热采暖空调总负荷。

（6）根据已掌握的上述资料、参数，合理确定各类太阳能热利用系统的太阳能保证率，制定规划并得出节能量、二氧化碳减排量等具体指标。

1.3 绿色建筑与太阳能热利用

绿色建筑是全面解决建筑舒适度和建筑节能、节水、节材、节地的综合性最优方案，因此，受到国家层面的高度重视。2013 年 1 月 1 日，《国务院办公厅关于转发发展改革委住房城乡建设部绿色建筑行动方案的通知》（国办发【2013】1 号）作为国务院办公厅 2013 年的 1 号文件下发，凸显了绿色建筑在节能减排国家战略中所发挥的重要作用。推进可再生能源建筑规模化应用是“绿色建筑行动方案”所提出的重点任务之一，要求到 2015 年末新增可再生能源建筑应用面积 25 亿 m^2，示范地区建筑可再生能源消费量占建筑能耗总量的比例达到 10%以上。这无疑对建筑一体化的太阳能热利用技术在绿色建筑中的应用形成了巨大的推动力。

1.3.1 绿色建筑评价标识

我国的绿色建筑发展分三个阶段：第一阶段为“十一五”期间，是采用自愿申报，从零起步到每年 100 个以上项目获得绿色建筑标识标志；第二阶段为“十二五”期间，是将公益性、区域性强制和商业性自愿相结合，每年获得标识标志的绿色建筑达到 300～500 个；第三阶段是“十三五”期间，则要增强商业性经济激励政策，每年获得绿色建筑标识标志的建筑达到 1000 个，使绿色建筑基本上得以在我国全面推广。

评估一个建筑物是否能够获得“绿色建筑标识标志”的重要依据是国家标准《绿色建筑评价标准》GB/T 50378。该标准提出了绿色建筑评价的指标体系，指标体系由节地与室外环境、节能与能源利用、节水与水资源利用等七类指标组成，太阳能建筑热利用则被涵盖在“节能与能源利用”的指标类别中。每类指标均包括控制项和评分项，每类指标的评分项总分为 100 分。此外，评价指标体系还统一设置创新项。

绿色建筑评价分为一星、二星、三星三个等级，控制项是绿色建筑的必要条件，三个等级的绿色建筑都应满足标准所有控制项的要求，且每类指标的评分项得分率不应小于 50%。三个等级的最低总得分率分别为 50%、65%、80%。在“节能与能源利用”的指标规定中，“可再生能源的建筑应用”虽然不是控制项，而是评分项，但如要获得较高等级的二星、三星级绿色建筑标识标志，满足要求的最低总得分率，就一定要在建筑中实施包括太阳能热利用技术在内的可再生能源建筑应用。

标准第 5.2.17 条对“可再生能源建筑应用”评分项的规定是：“根据当地气候和自然资源条件，合理利用可再生能源，且可再生能源替代率满足下列任一款的要求：1. 不低于 0.5%但低于 2%，得 4 分；2. 不低于 2%，得 8 分。评价分值：8 分”。这里提及的评价指标是“可再生能源替代率”，对于太阳能建筑热利用技术来说，该项指标实际上就是在太阳能热利用领域通常使用的节能评价指标“太阳能保证率”。

1.3.2 绿色建筑实施太阳能热利用技术的基本原则

《绿色建筑评价标准》对“可再生能源建筑应用”评分项的评价方法是：“在设计阶段

查阅暖通空调、给排水、电气及其他专业的相关设计文件和专项计算分析报告；运行阶段在设计阶段评价方法之外还应查阅系统竣工图纸、主要产品型式检验报告、运行记录、第三方检测报告、专项计算分析报告等，并现场检查”。

因此，在绿色建筑中实施太阳能热利用技术时，要严格依据太阳能热水、太阳能供热采暖、太阳能空调等国家标准的相关规定，按照工程建设规范的设计程序，在规划、设计阶段，编制提交所涉及专业的各类设计文件、图纸和专项计算分析报告；在施工过程中和竣工验收阶段，认真进行各分部、分项工程，特别是隐蔽工程的监理和认可签证，审查太阳能集热器等主要产品的型式检验报告和第三方检测报告等，完成系统调试和工程竣工图纸；在运行阶段，则需要做好每天的运行记录，并依据系统功能和实际的运行效果完成专项计算分析报告。这里需要特别指出的是，无论是设计阶段的专项计算分析报告，还是运行阶段的专项计算分析报告，都必须给出“太阳能保证率”这一最为关键的评价指标。

太阳能热水、供热采暖、制冷空调工程的设计程序，是先设定系统的“太阳能保证率”，然后再根据此“太阳能保证率”的设定值，以及太阳辐照和太阳能集热器的瞬时效率方程等其他设计参数，计算确定太阳能集热系统所需的太阳能集热器总面积。该“太阳能保证率”设定的合理性，取决于对当地的太阳辐射资源、气候条件、用户需求和业主投资规模的综合权衡，相关国家标准中有对应于我国不同太阳能资源区的系统“太阳能保证率”推荐值，也可以在设计时参考选用。因此，在进行绿色建筑设计阶段针对太阳能热利用项目的标识评价时，重点是审查设计选定的“太阳能保证率”是否合理，太阳辐照、气温等设计参数的选择是否恰当，太阳能集热器的效率计算和太阳能集热器总面积的确定是否依据国家标准所规定的公式，以及计算是否正确。如果审查结果判定“太阳能保证率”的取值合理，则可以用此“太阳能保证率”做进一步的“可再生能源替代率”计算，从而进行评分项的打分。

进行绿色建筑在运行阶段针对太阳能热利用项目的标识评价时，则需要查验太阳能集热器等主要产品的型式检验报告或第三方检测报告中所给出的性能参数是否和设计选用值一致，有无系统的工作运行记录，审查依据运行记录等资料计算的“太阳能保证率”是否准确。国家标准《可再生能源建筑应用工程评价标准》GB/T 50801 中对各类太阳能建筑热利用系统如何进行“太阳能保证率”的监测和计算有详细规定，应作为绿色建筑申请单位编制专项计算分析报告时，以及进行运行阶段标识审查时的重要依据。如判定监测数据可靠，计算分析正确，则可用得出的“太阳能保证率”参与进一步计算，确定“可再生能源建筑应用”评分项的分值。

1.4 太阳辐射的特点与太阳能资源

1.4.1 地球大气层外的太阳辐射

1. 太阳光谱

太阳辐射可看成是一个表面平均温度为 6000℃ 的黑体辐射，发射出来的总能量约为 3.75×10^{26} W。太阳辐射和无线电波一样都是电磁波，它们的唯一区别是波长不同，太阳辐射的波长比无线电波短得多，所以也称之为短波辐射。太阳光谱是太阳发射的电磁辐射随波长的分布。

太阳辐射包括紫外线、可见光和红外线等，这三个主要区段的波长范围为0.20～3.00μm，占地球外太阳辐射总能量的98.07%。在到达地面的太阳辐射中，紫外区的光线所占比例较小，大约为8.03%，主要是可见区和红外区的光线，分别占46.43%和45.54%。

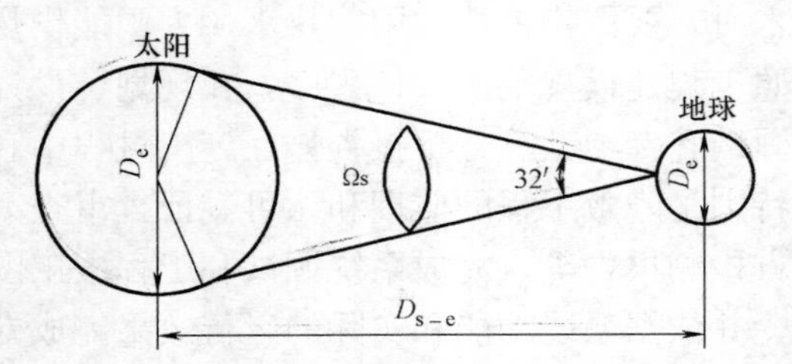

图1-1　日—地平均距离时日地间的几何关系（太阳张角为32′）

2. 太阳常数

太阳常数的定义是：在日—地平均距离时地球大气层上界，与太阳光线垂直的表面上，单位面积、单位时间内接收到的太阳辐射能量。这一特殊位置表面上的太阳辐照度即为太阳常数（见图1-1）。式（1-1）为太阳常数的计算公式，但太阳常数的量值是通过实测得出。

$$I_{sc}=\sigma T_s^4 R_s^2/D_{s-e}^2 \quad (W/m^2) \tag{1-1}$$

式中 σ——斯蒂芬—波尔兹曼常数，$5.6697\times10^{-8}W/(m^2\cdot K^4)$；

T_s——太阳表面的平均温度，K；

R_s——太阳半径，km；

D_{s-e}——日—地距离，km。

当前国际上经过实测公认的太阳常数为$1367\pm7W/m^2$。

所以，虽然太阳表面的能量密度极大，但由于日—地距离极远，日地张角极小，即使在地球大气上界，能量密度也只等于太阳常数。

而且，由于日—地相对位置（纬度、季节、昼夜）的影响，以及经过大气层的衰减，地面上接收到的太阳能量密度实际上大大低于太阳常数。这就造成了太阳能量如此巨大，既可再生又不污染环境，却至今仍未作为主要能源加以利用的原因。

1.4.2　到达地球表面的太阳辐射

1. 太阳辐射的衰减

由于地球外表有一层厚约30km的大气层，对太阳辐射有较大的影响。太阳辐射穿过大气层时，受到大气中的各类气体，如臭氧、二氧化碳以及水汽和灰尘等物的吸收、反射和散射，从而影响到达地面的太阳辐射显著衰减（见图1-2）。据估计，反射回宇宙的能量约占总量的30%，被吸收的约占23%，其余47%左右的能量才到达地球陆地和海洋，成为地球上能量的主要来源。

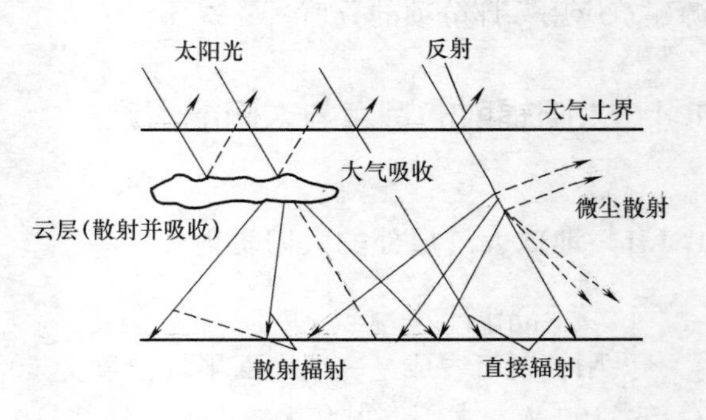

图1-2　大气对太阳辐射的影响

地球表面上的太阳辐射由两部分组成：直射辐射，不改变方向的太阳辐射；散射辐射，被大气层或云层反射和散射后改变了方向的太阳辐射。

地球大气层上界的太阳辐射是直射辐

射。当它穿过大气层时，部分受到大气空气分子、水蒸气和灰尘颗粒的散射，使到达地球表面的直射辐射显著减小。同时，太阳辐射的各种波长中的某些波长的辐射，被大气中的 O_2、H_2O、CO_2、和 O_3 所吸收，所以，到达地面的直接辐射和散射的和，必定小于大气层上界的太阳辐射。太阳辐射的衰减程度和大气质量及大气透明度有关。

(1) 大气质量

太阳辐射透过大气层时，通过的路程越长，则大气对太阳辐射的吸收、反射和散射的量越多，太阳辐射被衰减的程度也越厉害，到达地面的辐射通量便越小。大气质量 m 是太阳辐射通过大气层的无量纲路程，是太阳光通过大气的路径与太阳在天顶方向时的路径的比值。令海平面上太阳光垂直入射的路径为 1，即无量纲距为 $m=1$。则大气质量的示意图见图 1-3。太阳高度角与大气质量的关系见表 1-1。

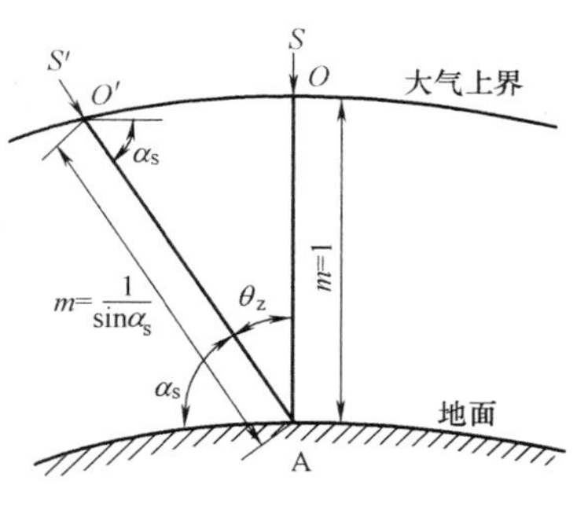

图 1-3 大气质量示意图

太阳高度角与大气质量的关系 **表 1-1**

太阳高度角 α_s	90°	60°	45°	30°	10°	5°
大气质量($1/\sin\alpha_s$)	1.000	1.155	1.414	2.000	5.758	11.480

因此，太阳在地面上方的高度越低，即高度角越小，m 越大，太阳辐射受大气衰减的作用越大，当太阳接近地平线时，其大气质量是天顶时的十多倍，所以这时的太阳辐照度较低。

(2) 大气透明度

为了考虑大气透明度对太阳辐射的影响，在经过繁琐的公式推导后，制成了表格（见表 1-2），从表中可查出不同太阳高度角和大气透明度的太阳直接辐射照度。

各种大气透明度下水平面上太阳总辐射（W/m^2）与太阳高度角的关系（日地平均距离） **表 1-2**

透明度 P_2	太阳高度角 α_S					
	7°	10°	15°	20°	25°	30°
很混浊 0.60	48.8	83.7	153.5	230.3	314.0	376.8
混浊 0.65	55.8	104.7	174.4	258.2	334.9	411.7
偏低 0.70	69.8	118.6	195.4	279.1	355.9	439.6
正常 0.75	83.7	132.6	216.3	300.0	383.8	474.5
偏高 0.80	90.7	139.6	223.3	314.0	411.7	502.4
很透明 0.85	97.7	153.5	244.2	341.9	439.6	537.3
透明度 P_2	40°	50°	60°	75°	90°	
很混浊 0.60	530.3	690.8	802.5	900.2	949.0	
混浊 0.65	579.2	732.7	844.3	949.0	983.9	
偏低 0.70	600.1	753.6	865.3	983.9	1025.8	
正常 0.75	648.9	788.5	907.1	1018.8	1067.6	
偏高 0.80	676.9	816.4	956.0	1060.6	1109.5	
很透明 0.85	697.8	858.3	983.9	1102.5	1144.4	

2. 不同倾角表面的太阳辐射

确定投射在某地太阳集热器采光面上的太阳辐照度的量值，是设计太阳热利用系统需要首先解决的一个基本问题。为获取更多的太阳热量，太阳能集热器的安装会与水平面有一倾角。由于一般气象资料给出的是水平面上的太阳辐照量，所以，在设计时必须把水平面上的太阳辐照量转换成等于太阳能集热器安装倾角的倾斜面上的太阳辐照量。

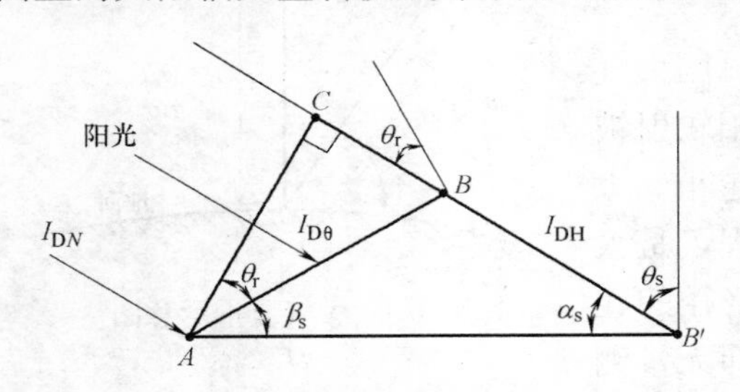

图 1-4　斜面上与水平面上的直射辐射关系

在进行转换计算时，直射辐射和散射辐射的方法和公式是不同的。倾斜表面上的太阳总辐照度 I_θ 由三部分组成：直射辐射 $I_{D\cdot\theta}$、散射辐射 $I_{d\cdot\theta}$和地面反射 $I_{R\cdot\theta}$即：

$$I_\theta = I_{D\cdot\theta} + I_{d\cdot\theta} + I_{R\cdot\theta} \quad (W/m^2) \tag{1-2}$$

（1）斜面上的直射辐射照度 $I_{D\cdot\theta}$

斜面上的直射辐射照度可通过逐时计算准确实现从水平面到倾斜面的转换，图 1-4 表示了倾斜面上和水平面上直射辐射的关系。

$$\text{水平面上的直射辐射照度 } I_{DH} = I_n \sin\alpha_s \tag{1-3}$$

$$\text{斜面上的直射辐射照度 } I_{D\cdot\theta} = I_n \cos\theta_T \tag{1-4}$$

式中　I_n——垂直于太阳光线表面上的太阳直射辐射照度；

θ_T——太阳直射辐射的入射角，太阳入射光线与接收表面法线之间的夹角。

则

$$R_b = \text{斜面上的直射辐射/水平面上的直射辐射}$$
$$= I_{D\cdot\theta}/I_{DH} = \cos\theta_T/\sin\alpha_s \tag{1-5}$$

入射角的计算公式如下：

$$\cos\theta = \sin\delta\cdot\sin\Phi\cdot\cos S - \sin\delta\cdot\cos\Phi\cdot\sin S\cdot\cos\gamma_f$$
$$+\cos\delta\cdot\cos\Phi\cdot\cos S\cdot\cos\omega + \cos\delta\cdot\sin\Phi\cdot\sin S\cdot\cos\gamma_f\cdot\cos\omega$$
$$+\cos\delta\cdot\sin S\cdot\sin\gamma_f\cdot\sin\omega \tag{1-6}$$

式中　θ——入射角；

δ——赤纬角；

ω——时角；

Φ——当地地理纬度；

γ_f——表面方位角；指倾斜表面法线在水平面上投影线与南北方向线之间的夹角，对于朝向正南的倾斜表面，$\gamma_f=0$；

S——表面倾角，指表面与水平面之间的夹角。

$$I_{D\cdot\theta} = R_b I_{DH} \quad (W/m^2) \tag{1-7}$$

朝向正南的倾斜表面，由于 $\gamma_f=0$，R_b 的计算公式可简化为：

$$R_b = [\cos(\Phi-S)\cdot\cos\delta\cdot\cos\omega + \sin(\Phi-S)\cdot\sin\delta]/$$
$$[\cos\Phi\cdot\cos\delta\cdot\cos\omega + \sin\Phi\cdot\sin\delta] \tag{1-8}$$

（2）斜面上的散射辐射辐照度 $I_{d\cdot\theta}$

认为散射辐射是各向同性的，即太阳散射辐射均匀分布在半球天空，则斜面上的散射辐照度 $I_{d\cdot\theta}$可用下式计算：

$$I_{d\cdot\theta}=I_{dH}(1+\cos S)/2 \quad (W/m^2) \tag{1-9}$$

式中 $I_{d\cdot\theta}$——倾斜面上的散射辐射辐照度；

I_{dH}——水平面上的散射辐射辐照度；

S——倾斜面倾角。

（3）地面上的反射辐射辐照度 $I_{R\cdot\theta}$

认为地面上的反射辐射是各向同性的，则地面上的反射辐射照度 $I_{R\cdot\theta}$可用下式计算：

$$I_{R\cdot\theta}=\rho_G\cdot(I_{DH}+I_{dH})\cdot(1-\cos S)/2 \quad (W/m^2) \tag{1-10}$$

式中 ρ_G——地面反射率，平均值为0.2，有雪覆盖地面时，取0.7。

1.4.3 太阳能资源分布

我国的太阳能资源分布情况如表1-3所示。

我国太阳能资源区划 **表1-3**

资源区划代号	名称	指标		区域
		MJ/(m²·a)	kWh/(m²·a)	
Ⅰ	资源极富区	≥6700	≥1750	西藏大部、新疆南部及青海、甘肃和内蒙古的西部
Ⅱ	资源丰富区	5400～6700	1400～1750	新疆大部、青海和甘肃东部、宁夏、陕西、山西、河北、山东东北部、内蒙古东部、东北西南部、云南、四川西部
Ⅲ	资源较富区	4200～5400	1050～1400	黑龙江、吉林、辽宁、安徽、江西、陕西南部、内蒙古东北部、河南、山东、江苏、浙江、湖北、湖南、福建、广东、广西、海南东部、四川、贵州、西藏东南角、台湾
Ⅳ	资源一般区	<4200	<1050	四川中部、贵州北部、湖南西北部

第 2 章　太阳能集热器

2.1　太阳能集热器的类型与特点

太阳能集热器是太阳能热利用系统中吸收太阳辐射并将转换的热能传递给传热介质的装置，是系统中最为重要的设备。因此，了解并掌握太阳能集热器的类型和特点，对于完成太阳能热利用系统的合理设计和设备选型非常必要。

2.1.1　太阳能集热器的分类

太阳能集热器是构成各种太阳能热利用系统的关键部件，其分类可使用如下几种不同方式：

1. 按传热介质的种类划分

（1）液体工质太阳能集热器——用液体作为传热介质的太阳能集热器。

（2）太阳能空气集热器——用空气作为传热介质的太阳能集热器。

2. 按进入采光口的太阳辐射是否改变方向划分

（1）聚光型太阳能集热器——利用反射器、透镜或其他光学器件将进入采光口的太阳辐射改变方向并会聚到吸热体上的太阳能集热器。

（2）非聚光型太阳能集热器——进入采光口的太阳辐射不改变方向也不集中射到吸热体上的太阳能集热器。

3. 按工作温度的范围划分

（1）低温型太阳能集热器——工作温度在 100℃以下的太阳能集热器。

（2）中温型太阳能集热器——工作温度在 100～250℃的太阳能集热器。

（3）高温型太阳能集热器——工作温度在 250℃以上的太阳能集热器。

4. 按是否跟踪太阳运行划分

（1）跟踪太阳能集热器：以绕单轴或双轴旋转方式全天跟踪太阳视运动的太阳能集热器。

（2）非跟踪太阳能集热器：全天都不跟踪太阳视运动的太阳能集热器。

5. 按是否有真空空间划分

（1）平板型太阳能集热器——吸热体表面基本上为平板形状的非聚光型集热器。

（2）真空管型太阳能集热器——采用透明管（通常为玻璃管）并在管壁和吸热体之间有真空空间的太阳能集热器。

按照太阳能建筑热利用技术对系统介质的温度要求，属中低温范围。通常情况下，低温型太阳能集热器即可适应太阳能热水和太阳能供热采暖系统的要求，不需使用跟踪和聚光型集热器，液体工质或太阳能空气集热器均可。而太阳能空调的工作温度范围则可以在低温，也可扩展至中温，为提高系统整体的性能系数，需要液体工质的中温太阳能集热器，以便于和蒸汽型或高温热水型的热力制冷机组配合工作。但因跟踪、聚光型太阳能集热器安装在建筑外围护结构上可能会造成的光污染等问题，复合抛物面（CPC）等低聚光比的中温太阳能集热器更为适用，也更易于满足建筑一体化的要求。所以，本章内容未包括跟踪和较高聚光比的聚光型太阳能集热器，仅介绍低温型的液体工质和太阳能空气集热器，以及 CPC 液体工质中温太阳能集热器。

2.1.2 太阳能液体工质集热器

1. 低温型太阳能液体工质集热器

低温型液体工质太阳能集热器是我国目前使用最为普遍的太阳能集热器，可大体分为两类：平板型太阳能集热器和真空管型太阳能集热器，各自的外形照片见图 2-1 和图 2-2。

图 2-1 平板型太阳能集热器

图 2-2 真空管型太阳能集热器

（1）平板型太阳能集热器

平板型太阳能集热器一般由吸热板、盖板、保温层和外壳 4 部分组成，其基本结构和结构剖面如图 2-3 和图 2-4 所示。

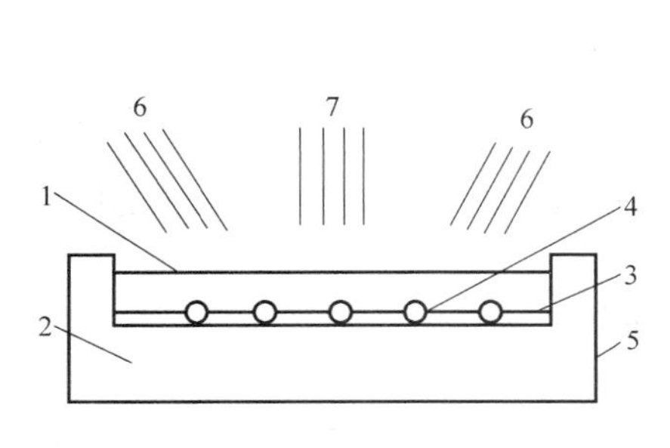

图 2-3 平板型集热器结构示意
1—透明盖层；2—隔热材料；3—吸热板；4—排管；5—外壳；6—散射太阳辐射；7—直射太阳辐射

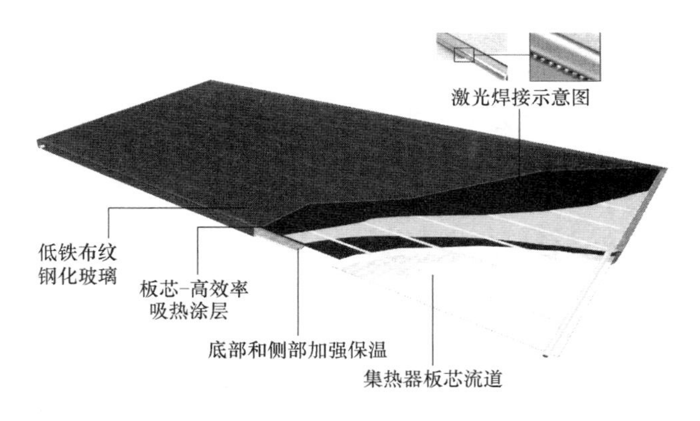

图 2-4 平板型集热器结构剖面

1）吸热板（或吸热板芯）

吸热板是吸收太阳辐射能量并向集热器工作介质传递热量的部件。目前国内已大量采用铜材作为吸热板的材料，但也有采用铝合金、钢材、镀锌板和不锈钢的；沿海水质较差地区，则有使用塑料的。

吸热板的涂层材料对吸收太阳辐射能量起非常重要的作用。太阳辐射的波长主要集中在0.3～2.5μm的范围内，而吸热板的热辐射则主要集中在2～20μm的波长范围内，要增强吸热板对太阳辐射的吸收能力，又要减小热损失，降低吸热板的热辐射，就需要采用选择性涂料。选择性涂料是对太阳短波辐射具有较高吸收率α，而长波热辐射发射率ε却较低的一种涂料，目前采用选择性涂层的吸热板，可达到吸收率α=0.93～0.95，发射率ε=0.12～0.04，大大提高了产品热性能。过去我国用于平板集热器的选择性涂层吸热板大多依赖进口，近年来已开发出国产替代产品，但产业化程度还较低，工作寿命等整体性能需进一步改善提高。

2）盖板

盖板的作用是减小热损失。集热器的吸热板将接收到的太阳辐射能量转变成热能传输给工作介质时，也向周围环境散失热量。在吸热板上加设能透过可见光而不透过红外热射线的透明盖板，就可有效地减少这部分能量的损失。对盖板的技术要求包括：

① 高全光透过率。盖板对太阳光光谱的全光透过率越高，则照射到吸热板的光线越强，所得到的热量越大，集热器效率越高。

② 耐冲击强度高。在使用中受到冰雹，石头等外力碰撞时，不致损坏。

③ 良好的耐候性能。集热器通常安装在室外朝阳处，长期遭受冷、热、光、风、雨、雪等侵蚀，如果耐候性差，会导致集热器的工作寿命缩短。

④ 绝热性能好。集热器工作时的散热量大小与盖板导热率成正比，热导率越大，则绝热性能越差，散失热量越大，集热器效率越差。

⑤ 加工性能好。要求裁剪性能好，单向弯曲性能好，便于制造厂家按产品需要加工成型。

目前采用低铁平板玻璃盖板的太阳透射比可达到0.90～0.91，如在盖板上增加减反射膜层，则可提高透射比至0.95以上。

3）保温层

保温层的作用是减少集热器向周围环境的散热，以提高集热器的热效率。

要求保温层材料的保温性能良好，即材料的热导率小、不吸水。这就可以用较薄的保温层达到较好的保温效果，底部保温层一般3～5cm厚，四周保温层的厚度为底部的一半。

常用的保温材料有：岩棉、矿棉、聚苯乙烯、聚氨酯等。因聚苯乙烯在温度较高时会收缩（使用温度不高于70℃），使用时，往往在它与吸热板之间先放一薄层岩棉或矿棉，使其在较低的温度下工作，但时间长久后，仍然有一定的收缩率，故使用时应给予足够的重视。目前产品使用较多的是岩棉，最好是使用聚氨酯发泡制品。

4）外壳

为了将吸热板、盖板、保温材料组成一个整体并保持一定的刚度和强度，便于安装，需要有一个美观的外壳，一般用钢材、彩色钢板、压花铝板、铝板、不锈钢板、塑料、玻璃钢等制成。

（2）真空管型太阳能集热器

真空管型太阳能集热器主要包括全玻璃真空管型、玻璃—金属结构真空管型和热管式真空管型三大类。太阳能集热器是由多根真空太阳集热管插入联箱而组成，根据集热管的安装走向可分为南北向放置和东西向放置两种结构，如图 2-5 和图 2-6 所示。

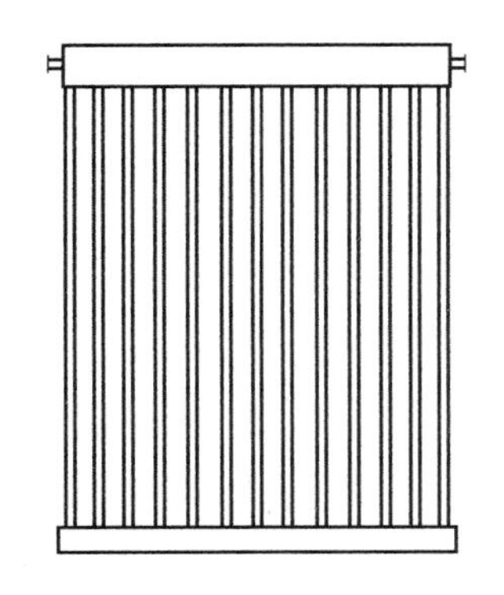

图 2-5　南北向放置真空管型集热器

图 2-6　东西向放置真空管型集热器

联箱根据承压和非承压要求进行设计和制造，承压联箱一般达到的运行压力为 0.6MPa，非承压联箱由于运行和系统的需要，也有一定的承压要求，一般按 0.05MPa 设计。

1）全玻璃真空太阳集热管

全玻璃真空太阳集热管由内、外两根同心圆玻璃管构成，具有高吸收率和低发射率的选择性吸收膜沉积在内管外表面上构成吸热体，内外管夹层之间抽成高真空，其形状像一个细长的暖水瓶胆，如图 2-7 所示。它采用单端开口，将内、外管口予以环形熔封，另一端是密闭半球形圆头，由弹簧卡支撑，可以自由伸缩，以缓冲内管热胀冷缩引起的应力。弹簧卡上装有消气剂，当它蒸散后能吸收真空运行时产生的气体，保持管内真空度。

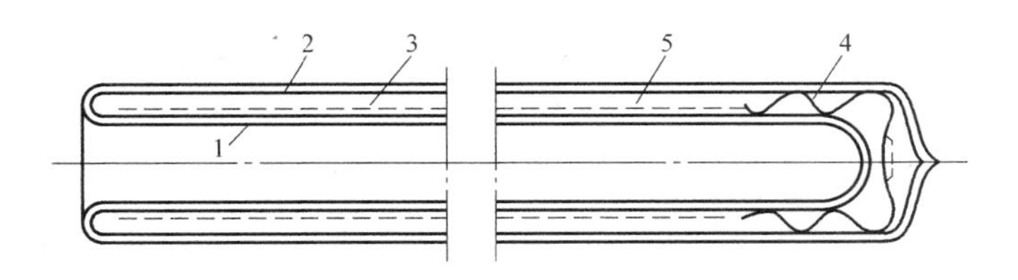

图 2-7　全玻璃真空太阳集热管

1—外玻璃管；2—内玻璃管；3—真空；4—有支架的消气剂；5—选择性吸收表面

其工作原理是太阳光能透过外玻璃管照射到内管外表面吸热体上转换为热能，然后加热内玻璃管内的传热流体，由于夹层之间被抽真空，有效降低了向周围环境的热损失，使集热效率得以提高。

全玻璃真空太阳集热管的产品质量与选用的玻璃材料、真空性能和选择性吸收膜有重要关系。生产制造全玻璃真空集热管的玻璃材料应采用硼硅玻璃 3.3，集热管的真空度应小于或等于 5×10^{-2}Pa，目前我国采用最多的铝—氮/铝选择性吸收膜，其太阳辐射吸收率 α 大于 0.93，红外发射率 ε 约 0.06；而国家标准要求 $\alpha\geqslant0.86$（AM1.5），$\varepsilon\leqslant0.08$（80℃±5℃）。

2）U 形管式金属—玻璃结构真空太阳集热管

U 形管式真空集热管如图 2-8 所示。按插入管内的吸热板形状不同，有平板翼片和圆柱形翼片两种。金属翼片与U形管焊接在一起，吸热翼片表面沉积选择性涂料，管内抽真空。管子（一般是铜管）与玻璃熔封或U形管采用与保温堵盖的结合方式引出集热管外，作为传热工质（一般为水）的入、出口端。

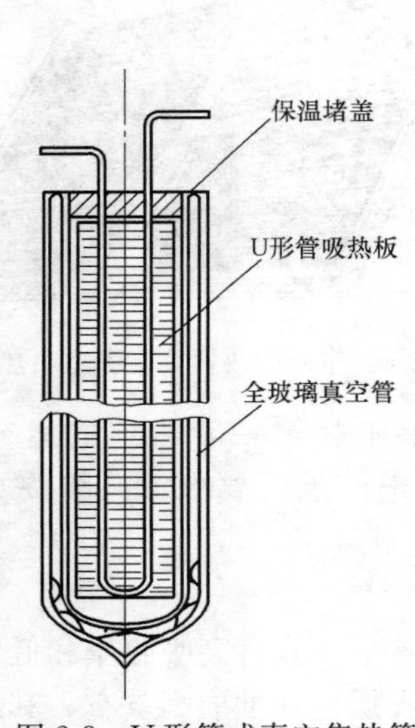

图 2-8　U形管式真空集热管

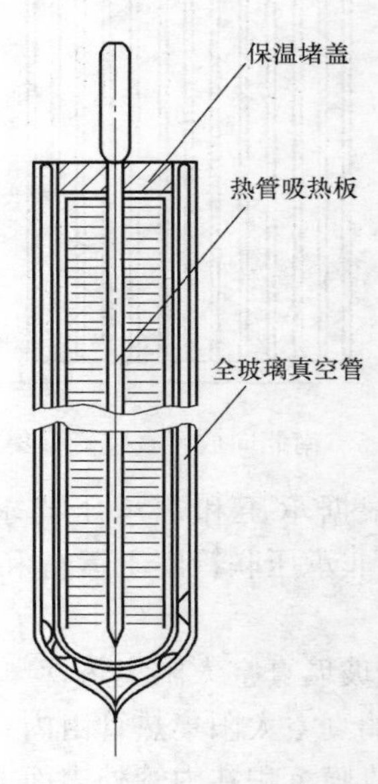

图 2-9　热管式真空集热管

3）热管式真空太阳集热管

热管式真空集热管如图 2-9 所示。根据吸热板的不同，热管式真空集热管分为：热管—平板翼片结构及热管—圆筒翼片结构。热管式真空集热管主要由热管、吸热板、真空玻璃管三部分组成。其工作原理是：太阳光透过玻璃照射到吸热板上，吸热板吸收的热量使热管内的工质汽化，被汽化的工质升到热管冷凝端，放出汽化潜热后冷凝成液体，同时加热水箱或联箱中的水，工质又在重力作用下流回热管的下端，如此重复工作，不断地将吸收的辐射能传递给需要加热的介质（水），如图 2-10 所示。这种单方向传热的特点是热管性能所决定的，为了确保热管的正常工作，热管真空管与地面倾角应大于10°。

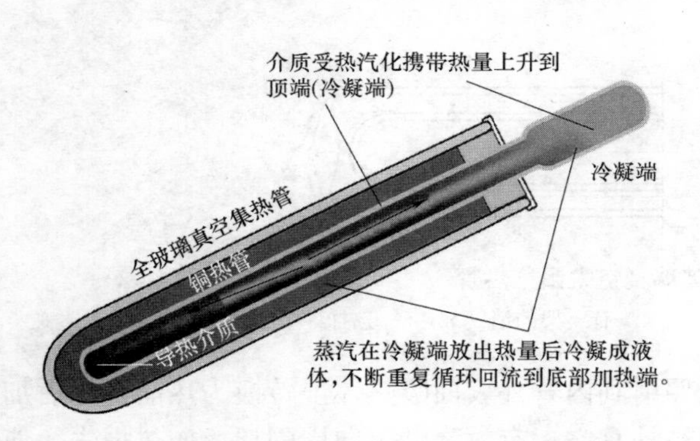

图 2-10　热管式真空集热管工作原理

2. 中温型太阳能液体工质集热器

太阳能中温利用的“低温段”（100～150℃）的工作温度范围，虽然也可以利用普通的低温型太阳能集热器来达到，但集热器的效率较低，会直接影响到系统的整体节能效益。因此，研究开发中温型太阳能集热器始终被世界各国所关注。本节介绍的中温全玻璃真空管太阳能集热器（见图 2-11），就是国家“十一五”支撑计划重点项目中的课题“太阳能在建筑中规模化应用的关键技术研究”所取得的重要成果。

中温太阳能真空集热管的研制是开发该型集热器的关键，为提高中温管的集热性能和光热转化效率，需从提高中温管太阳能选择性吸收涂层指标与罩玻璃管的太阳透射比两个方面进行重点研究。由于目前太阳能选择性吸收涂层的指标已经达到了涂层的理论极限，所以提高罩玻璃管太阳透射比是进一步提升中温管集热性能的重要突破点。

真空管太阳能集热器的反射器对集热器的性能影响重大。由于复合抛物面聚光器（CPC）有一定的聚光比，可以避免漏光，因此中温应用的集热器选择使用 CPC 反射器。具有 CPC 的真空管太阳能集热器是兼有 CPC 的聚光优势和集热管的太阳光吸收优势的新型太阳能集热器。带 CPC 的真空管太阳能集热器的聚光示意见图 2-12。

图 2-11 全玻璃真空管中温集热器

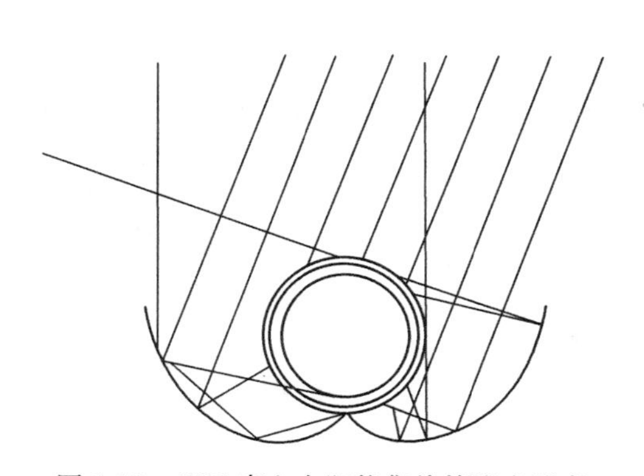

图 2-12 CPC 真空太阳能集热管聚光示意

研制完成的中温太阳能真空集热管的工作温度可达到 160℃以上。通过罩玻璃管溶胶—凝胶增透技术，使罩玻璃管的太阳透射比提高至 0.94（AM1.5）；同时，涂层吸收比高达 0.96，在 180℃时的发射比为 0.05；推测在真空中吸收涂层具有 25 年以上的寿命，经 400℃高温老化 2500h 的实验证明真空衰减非常缓慢，预计使用寿命可以达到 15 年。

对该中温全玻璃真空管太阳能集热器的检测表明：其热工性能优异，瞬时效率方程和效率曲线见式（2-1）和图 2-13。从中得出：当太阳辐照度为 1000W/m^2，环境温度 t_a 为

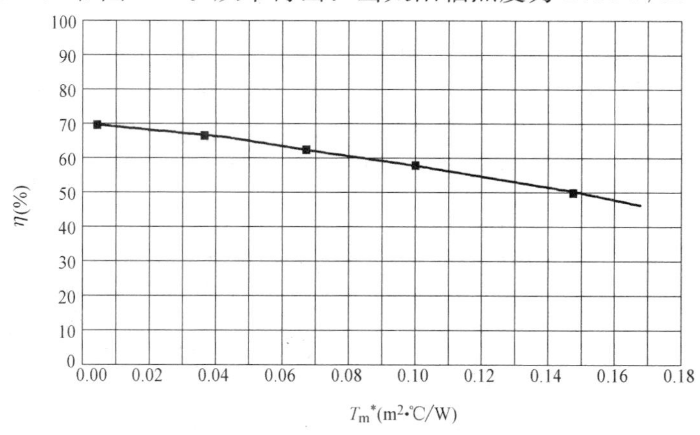

图 2-13 竖单排中温全玻璃真空管太阳能集热器样机的瞬时效率曲线

20℃，集热器平均温度达到150℃时，即归一化温差 T_m^* 为 0.13m²·℃/W 时，竖单排中温真空管太阳能集热器样机的效率达到 0.522；其他条件不变，当 T_m^* 为0.15m²·℃/W，其效率可达到 0.488。表 2-1 为瞬时效率检测数据。

$$\eta=0.691-0.830T_m^*-0.0035G(T_m^*)^2 \tag{2-1}$$

竖单排中温真空管太阳能集热器样机瞬时效率检测数据 **表 2-1**

总太阳辐照度 G (W/m²)	工质进口温度 t_{in} (℃)	工质出口温度 t_e (℃)	工质平均温度 t_m (℃)	平均环境温度 t_a (℃)	归一化温差 T_m^* (m²·℃/W)	瞬时效率 η_a (%)
938	15.4	23.2	19.3	14.2	0.0055	68.8
948	45.8	53.2	49.5	14.4	0.0371	65.4
954	75.0	82.1	78.5	14.7	0.0669	61.6
908	104.2	110.5	107.4	17.0	0.0995	58.4
890	147.6	152.9	150.3	20.3	0.1461	50.2

2.1.3 太阳能空气集热器

空气集热器属低温型太阳能集热器，主要用于太阳能建筑热利用的供热采暖系统；由于工作介质的不同，与太阳能液体工质集热器相比，太阳能空气集热器有着自身的显著特点，具体表现为如下优缺点：

优点：

(1) 不存在冬季结冰问题。

(2) 微小渗漏不致严重影响其工作和性能。

(3) 承受压力较小，可用较薄的金属板制造。

(4) 材料的防腐问题不突出。

(5) 热空气可直接向房间供暖，不需增设热交换设备。

缺点：

(1) 由于空气的导热系数低，仅有水的 1/25～1/20，其对流换热系数远小于液体。因此，相同条件下空气集热器的效率比液体工质集热器的效率低。

(2) 空气的密度比液体小很多，只有水的 1/300 左右，所以在加热量相同的情况下，需消耗较大的风机输送功率。

(3) 空气的比热容量很小，只有水的 1/4 左右，热能储存的难度更大。

太阳能空气集热器的总体结构与液体平板型太阳能集热器相类似。其中，透明盖板、保温层和外壳的设计要求，两者基本相同；但吸热板的结构则由于所用工作介质的不同，而有很大差异。过去常见有直接将平板型或真空管型液体工质太阳能集热器用于太阳能空气集热系统的做法，这是不可取的，应针对太阳能空气集热器的特点进行总体结构的优化设计。

提高空气集热器效率的主要途径是增加吸热板和空气的接触面积，提高流经吸热板的空气流速，以增强两者之间的对流换热；降低吸热板的平均温度，以减少热损失；尽可能降低空气的流动阻力，以减少风机的动力消耗。按照吸热板的构造，可将太阳能空气集热器分为两种类型：非渗透型和渗透型。

非渗透型空气集热器亦称无孔吸热板型空气集热器，指空气流不能穿过吸热板，只能在吸热板的正面或背面流动，与吸热板进行热交换。结构简单但需要有透明盖板，以提高集热效率。该型集热器有 3 种流道设置：Ⅰ型，玻璃盖板和背板构成空气流道，由背板内表面吸收透过玻璃盖板的太阳能并加热空气流；Ⅱ型，由玻璃盖板、吸热板和背板构成上下两个空腔，上空腔作为隔热层，下空腔作为空气流道，吸热板吸收太阳能并加热空气流；Ⅲ型：结构与Ⅱ型相同，但是上下空腔均作为空气流道。为了强化空气与吸热板之间的换热，可以采用肋片、扰流结构或破除换热面层流边界层等方法，但是各种强化换热的方法都会增加一定的流动阻力（见图 2-14）。

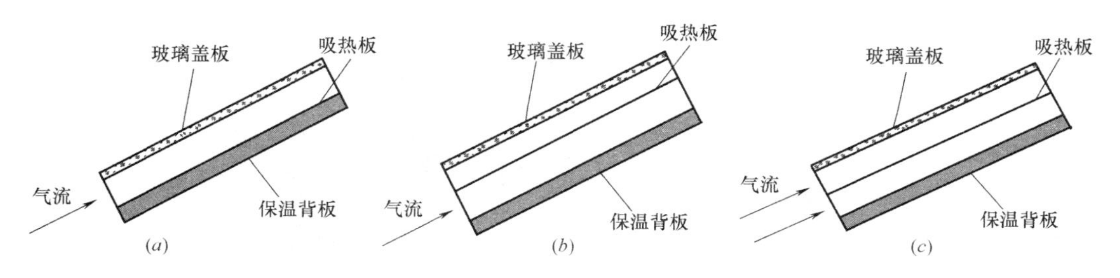

图 2-14　非渗透型空气集热器

（a）Ⅰ型；（b）Ⅱ型；（c）Ⅲ型

渗透型空气集热器亦称多孔吸热板型空气集热器，设置或不设置透明盖板均可。空气流则从多孔吸热板表面进入：一方面太阳辐射可更深穿透到多孔吸热板中；另一方面无数小孔增加了空气流和吸热板之间的接触面积及扰动，使传热更加有效。同时，因为单位横截面上流通的空气量相对较低，使压力降减小。下面介绍的太阳墙即是一种渗透型太阳能空气集热器。

1. 太阳墙

太阳墙是由加拿大研制开发的太阳能热利用专利技术与产品，其无盖板的基本型产品外形构造见图 2-15，后来在应用过程中，又针对严寒地区的实际需要，设计了增加盖板的改进型两级加热太阳墙系统，这种系统的构造示意见图 2-16，其特点是在原太阳墙的上

图 2-15　“太阳墙”构造外形

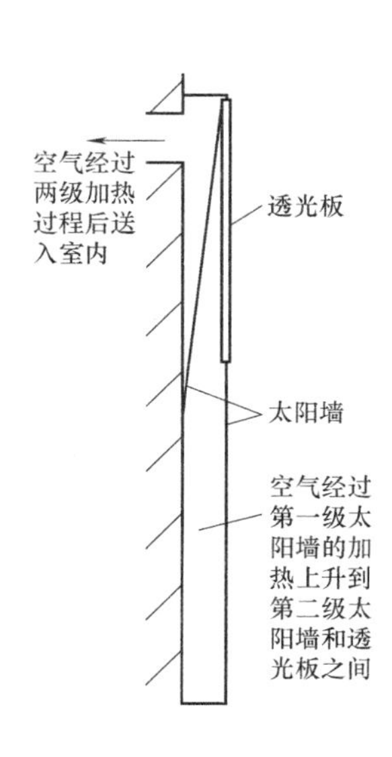

图 2-16　两级加热太阳墙构造示意图

图 2-17　北京奥运村运动员服务中心

图 2-18　加拿大体操馆

半部用透光性好的玻璃或聚酯材料覆盖，从而在保持太阳墙高效率的同时又能提高送风温度。两级加热系统的构造形成了两个空腔，关键是保证空气经过第一级太阳墙后可自由地上升至第二级太阳墙和透光盖板之间的位置。

太阳墙的吸热板为金属材质，吸热板上钻有许多直径约 1cm 的小孔，与内部的框架系统组合可作为一种能源性幕墙、屋顶替代常规建材；其重量为 4.5kg/m² 左右，有很好的装饰效果、少维护，寿命 40 年以上，目前在世界各地已有很多工程应用实例（见图 2-17和图 2-18）。

太阳墙最重要的功能是用于供热采暖，以太阳墙作为主要集热部件的太阳能空气加热供暖系统的工作原理见图 2-19。通常情况下，太阳墙空气加热系统安装在建筑物南立面上，距离原南向墙体 30cm，形成一个空气流通的空腔。系统工作时，通风机组产生的负压将空气通过表面小孔吸入，空气在穿越表面和沿通透内表面上升的过程中被逐渐加热，然后通过风机送入建筑物内，起到供暖作用。

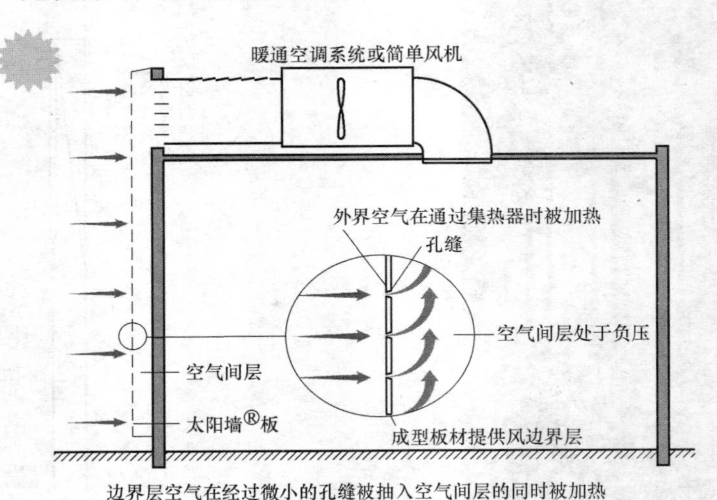

图 2-19　太阳墙供暖系统工作原理

2. 非渗透型太阳能空气集热器

该型太阳能空气集热器由中国科学技术大学和广东五星太阳能股份有限公司联合研制，分为主动式和被动式两种形式。两种形式的空气集热器内部结构相似，但是与建筑结合的形式及运行方式不同。被动式的空气集热器与建筑南向立面贴合，在背板与相贴合建筑外墙上下各开一个风口，通过自然对流的作用，对室内空气进行加热，见图 2-20（*b*）；主动式的空气集热器由风机驱动，将室内空气或环境新风加热后经风道送入房间，见图 2-20（*a*）。主、被动空气集热器的玻璃盖板采用高透过率的超白钢化玻璃。吸热板为铝制薄板，采用真空磁控溅射镀膜技术将选择性材料镀于吸热板表面，从而使吸热板具有高吸收率和低发射率的特性，以提高太阳能的光热转化率、减少辐射热损。背板和侧边采用保温材料隔热保温。框架采用铝合金边框。

(*a*)

(*b*)

图 2-20　非渗透型太阳能空气集热器
（*a*）主动式；（*b*）被动式

中国科学技术大学研究了空气集热器的结构参数和强化换热对集热器性能的影响。研究表明肋片强化换热仅在高肋片密度的情况下有效，而空气流道的深度对集热器的性能有显著影响。高密度肋片既增加金属用量又加大流动阻力，提高了制造和运行的成本。因此，确定采用最佳流道深度的平板型空气集热器，可以在不增加成本的基础上，提升集热器的性能。对于主动式运行的集热器，流道的最佳深度在黑漆涂层和选择性涂层下分别为 0.01m 和 0.02m 以上，其中Ⅲ型集热器的上下流道深度应相等，或上流道略深。被动式运行集热器的流道深度，Ⅰ型应在 0.06m 以上，Ⅱ型应在 0.03m 以上。

为了提高太阳能集热器的设备使用率和太阳能的利用率，中国科学技术大学又研制了太阳能双效集热器。可在冬季通过空气集热进行建筑采暖，其他非采暖季节制备热水，而且解决了被动采暖中夏季房间过热的问题。基于现有太阳能平板热水器的尺寸规格，采用模块化设计，便于加工生产和安装使用。

对Ⅲ型空气集热器进行的测试表明：随着空气流率的增加，集热器的热效率的增加，空气温升下降（见表 2-2）。在空气质量流率为 0.02kg/s 时，温升最大可达 33℃，全天平均效率为 41.3%（见图 2-21）。

空气集热器的效率随流率的变化（集热面积 1.7m²） **表 2-2**

日　期	流率 (kg/s)	环境温度 (℃)	温升 (℃)	太阳辐照 (W/m^2)	效率 (%)
2012 年 6 月 18 日	0.023	29.9	29.9	841.8	45.3
2012 年 6 月 21 日	0.031	33.0	23.5	751.8	53.1
2012 年 6 月 20 日	0.045	31.9	18.4	818.7	57.5

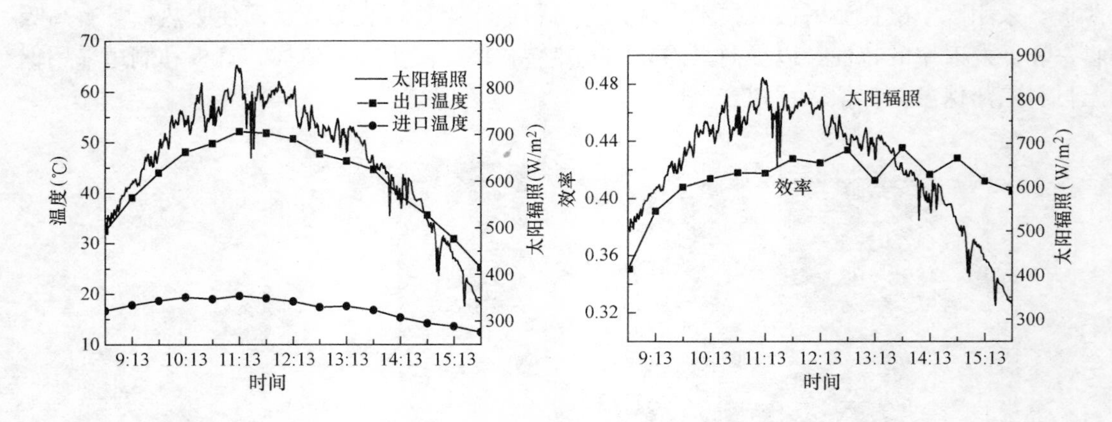

图 2-21　集热器空气进出口温度曲线和效率曲线（集热面积 2m²，流率 0.02kg/s）

中国科学技术大学在一栋位于西校区的太阳能示范建筑中采用了新研制的主、被动空气集热器（双效）。示范建筑建筑面积 267m²，采用轻型木质结构（见图 2-22）。被动式空气集热器安装于建筑南墙，对南向房间进行被动采暖；置于屋顶的空气集热器阵列产生的热空气经风机与风道系统对北向房间进行主动式供暖。被动式供暖的集热器面积为 12m²，主动式供暖的集热器面积为 44m²。图 2-23 显示了 2013 年 2 月 20 日对该示范建筑太阳能空气采暖的实验结果，白天平均室外环境温度 5.0℃时，仅采用太阳能采暖，南向房间的平均温度可达 16.2℃，最大温升 14.4℃，北向房间平均温度 16.3℃，最大温升为 15.2℃。

图 2-22　中国科学技术大学太阳能示范建筑

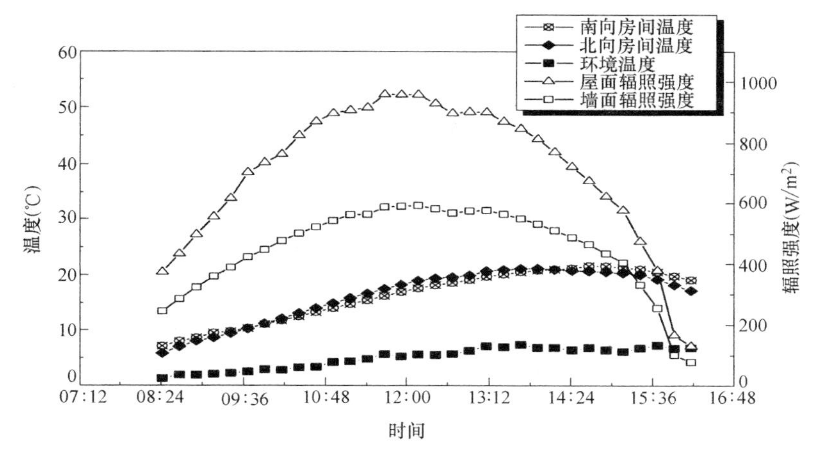

图 2-23 示范建筑太阳辐照度、环境温度及房间温度变化曲线

2.2 太阳能集热器的性能参数

太阳能集热器的性能参数主要包括：热性能、光学性能和力学性能，分别表征太阳能集热器收集太阳能并将其转换为有用热量的能力，以及集热器的承压能力、安全性和耐久性。本节将介绍相关国家标准对各类太阳能集热器性能参数提出的合格性指标。

2.2.1 太阳能集热器的热性能

太阳能集热器的热性能主要用集热器的瞬时效率方程和效率曲线表征。

集热器瞬时效率是指在稳态（或准稳态）条件下，集热器传热工质在规定时段内从规定的集热器面积（总面积、采光面积或吸热体面积）上输出的能量与同一时段内、入射在同一面积上的太阳辐照量的比。

瞬时效率方程和效率曲线根据国家标准《太阳能集热器热性能试验方法》GB/T 4271—2007 的规定检测得出。

1. 太阳能集热器的基本能量平衡方程

在稳态条件下太阳能集热器的基本能量方程，作为集热器进口温度 t_i 和集热器总面积 A_G 的函数，可以用下列关系式加以描述：

$$\frac{\dot{Q}}{A_G}=F_R(\tau\alpha)_e G-F_R U_L(t_i-t_a) \tag{2-2}$$

式中 $\dot{Q}$——太阳能集热器获得的有用功率，W；

A_G——太阳能集热器总面积，m^2；

F_R——太阳能集热器热转移因子，无量纲；

$(\tau\alpha)_e$——有效透射吸收积，无量纲；

G——总太阳辐照度，W/m^2；

U_L——具有均匀吸热体温度 t_m 的太阳能集热器总热损系数，$W/(m^2 \cdot ℃)$；

t_i——太阳能集热器工质进口温度，℃；

t_a——环境或周围空气温度，℃。

2. 太阳能集热器的效率方程与效率曲线

根据检测结果、按最小二乘法拟合的紧密程度选择一次或二次曲线，得出的集热器瞬时效率方程和曲线的形式如下：

$$\eta=\eta_0-UT_i \tag{2-3}$$

$$\eta=\eta_0-a_1T_i-a_2GT_i^2 \tag{2-4}$$

$$T_i=(t_i-t_a)/G \tag{2-5}$$

式中 η_0——瞬时效率截距，$T_i=0$ 时的 η；

U——以 T_i 为参考的集热器总热损系数，$W/(m^2\cdot K)$；

a_1、a_2——以 T_i 为参考的常数；

G——太阳总辐射辐照度，W/m^2；

T_i——归一化温差；

t_i——集热器进口工质温度；

t_a——环境温度。

图 2-24 所示为经实测、拟合得出的基于总面积的某真空管型太阳能集热器的瞬时效率一次曲线。

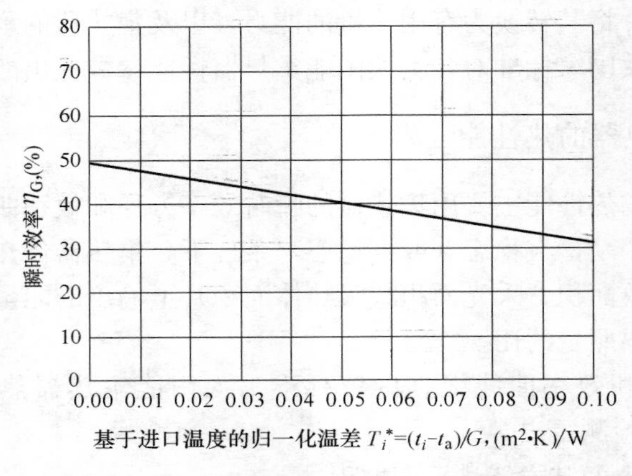

图 2-24 太阳能集热器瞬时效率一次曲线

3. 太阳能集热器的热性能指标

判定太阳能集热器热性能是否合格的指标有两个：基于采光面积的稳态、准稳态瞬时效率截距 η_0 和总热损系数 U。

(1) 稳态、准稳态瞬时效率截距 η_0

瞬时效率截距是在归一化温差 T_i 为零时的瞬时效率值，该值是集热器可以获得的最大效率，反映了该集热器在基本无热损失情况下的效率。

液体工质平板型太阳能集热器的瞬时效率截距 η_0 应不低于 0.72。

平板型太阳能空气集热器的瞬时效率截距 η_0 应不低于 0.60。

液体工质无反射器的真空管型太阳能集热器的瞬时效率截距 η_0 应不低于 0.62，有反射器的真空管型太阳能集热器的瞬时效率截距 η_0 应不低于 0.52。

真空管太阳能空气集热器的瞬时效率截距 η_0 应不低于 0.45。

（2）总热损系数 U

太阳能集热器的总热损系数反映了集热器热损失的大小，总热损系数大，集热器产生的热损失大；总热损系数小，则集热器的热损失小。所以，总热损系数越小，集热器的热性能越好。

液体工质平板型太阳能集热器的总热损系数 U 应不大于 6.0W/(m^2 · K)。

平板型太阳能空气集热器的总热损系数 U 应不大于 9.0W/(m^2 · K)。

液体工质无反射器的真空管型太阳能集热器的总热损系数 U 应不大于3.0W/(m^2 · K)，有反射器的真空管型太阳能集热器的总热损系数 U 应不大于 2.5W/(m^2 · K)。

真空管太阳能空气集热器的总热损系数 U 应不大于 3.0W/(m^2 · K)。

2.2.2 太阳能集热器的光学性能

太阳能集热器的光学性能参数包括平板型太阳能集热器透明盖板和真空管型集热器玻璃管的太阳透射比 τ，以及集热器吸热体涂层的太阳吸收比 α 和半球发射比 ε。

1. 太阳透射比 τ

透射是辐射在无波长或频率变化的条件下，对介质（材料层）的穿透；透射比可用于单一波长或一定波长范围。太阳透射比是指面元透射的与入射的太阳辐射通量之比。

目前实施的国家标准对平板型太阳能集热器透明盖板的透射比未提出合格性指标，只要求应给出透明盖板的透射比。

全玻璃、玻璃—金属结构和热管式真空太阳集热管的玻璃管材料应采用硼硅玻璃3.3，玻璃管太阳透射比 $\tau \geqslant 0.89$（大气质量 1.5，即 AM1.5）。

2. 太阳吸收比 α

吸收是辐射能由于与物质的相互作用，转换为其他能量形式的过程；吸收比可用于单一波长或一定波长范围。太阳吸收比是指面元吸收的与入射的太阳辐射通量之比。

平板型太阳能集热器涂层的太阳吸收比应不低于 0.92。

全玻璃真空太阳集热管选择性吸收涂层的太阳吸收比 $\alpha \geqslant 0.86$（AM1.5）。

太阳能空气集热器吸热体涂层的太阳吸收比应不低于 0.86（AM1.5）。

3. 半球发射比 ε

发射是物质辐射能的释放；发射比可用于单一波长或一定波长范围。半球发射比是指在 2π 立体角内，相同温度下辐射体的辐射出射度与全辐射体（黑体）的辐射出射度之比。

全玻璃真空太阳集热管选择性吸收涂层的半球发射比 $\varepsilon_h \leqslant 0.08$（80℃±5℃）。

2.2.3 太阳能集热器的力学性能

1. 耐压与压降

（1）耐压

太阳能集热器的耐压指标表示太阳能集热器在工作条件下承受压力的能力。太阳能集热器应有足够的承压能力，其耐压性能应满足系统最高工作压力的要求。一般情况下，承压系统应达到的工作压力范围是 0.3～1.0MPa。

太阳能集热器应通过国家标准规定的压力试验，并应提供由国家质量监督检验机构出具的耐压性能检测报告。

太阳能供热采暖系统的设计人员应对太阳能集热器的工作压力提出要求，应选择符合要求的太阳能集热器。

全玻璃真空太阳集热管内应能承受 0.6MPa 的压力。

（2）压力降落（压降）

太阳能集热器的压力降落（压降）特性表示工作介质流经太阳能集热器时，因集热器本身结构形成和引起的阻力而在太阳能集热器进、出口管段之间产生的压力差。

太阳能集热器的压力降落（压降）特性是进行太阳能供热采暖系统水力计算时需要使用的重要参数。

太阳能集热器的压力降落（压降）参数使用国家标准《太阳能集热器热性能试验方法》GB/T 4271—2007 中规定的试验装置检测得出，试验结果是压力降落 ΔP（kPa）随工质流量 m（kg/s）变化的特性曲线。

2. 安全性

（1）强度、刚度

太阳能集热器应通过国家标准规定的强度和刚度试验。试验后，太阳能集热器应无损坏和明显变形。

（2）空晒

太阳能集热器应通过国家标准规定的空晒试验。试验后，太阳能集热器应无开裂、破损、变形和其他损坏。

（3）闷晒

太阳能集热器应通过国家标准规定的闷晒试验。试验后，太阳能集热器应无泄露、开裂、破损、变形或其他损坏。

（4）抗机械冲击

全玻璃真空太阳集热管应能承受直径为 30mm 的钢球于高度 450mm 处自由落下，垂直撞击集热器中部而无损坏。平板型太阳能集热器在通过国家标准规定的防雹（耐冲击）试验后，应无划痕、翘曲、裂纹、破裂、断裂或穿孔。

（5）内热冲击

太阳能集热器应通过国家标准规定的内热冲击试验。试验后，太阳能集热器不允许损坏。

（6）外热冲击

太阳能集热器应通过国家标准规定的外热冲击试验。试验后，太阳能集热器不允许有裂纹、变形、水凝结或浸水。

（7）淋雨

太阳能集热器应通过国家标准规定的淋雨试验。试验后，太阳能集热器应无渗水和损坏。

3. 耐久性

太阳能集热器的使用寿命应大于 15 年。

（1）涂层附着力

平板型太阳能集热器吸热体和壳体涂层按标准 GB/T 1720 规定的测定方法进行试验

后，应无剥落，达到该标准规定的 1 级。

（2） 耐盐雾

平板型太阳能集热器吸热体和壳体涂层按标准 GB/T 1771 规定的测定方法进行试验后，应无裂纹、起泡、剥落及生锈。

（3） 耐热性

平板型太阳能集热器吸热体涂层按标准 GB/T 1735 规定的测定方法进行试验后，吸收比 α 值的保持率应在原值的 95%以上。

（4） 老化性

平板型太阳能集热器吸热体涂层按标准 GB/T 1865 规定的测定方法进行试验后，吸收比 α 值的保持率应在原值的 95%以上；壳体涂层应达到 GB/T 1766 中 5.2 节表 22 规定的 2 级。

2.3 太阳能集热器的选型要求

太阳能热利用系统设计的最重要内容是进行太阳能集热器的选型和计算，确定系统所需的集热器使用面积（即集热器总面积）。

2.3.1 太阳能集热器的面积分类和计算

1. 定义

按照所涵盖的不同范围，太阳能集热器的面积分为三类，分别为：总面积、采光面积和吸热体面积，各类面积的定义是：

（1） 集热器总面积：整个集热器的最大投影面积，不包括那些固定和连接传热工质管道的组成部分。单位为平方米（m^2）。

（2） 集热器采光面积：非会聚太阳辐射进入集热器的最大投影面积。单位为平方米（m^2）。

（3） 集热器吸热体面积：吸热体的最大投影面积。单位为平方米（m^2）。

2. 计算方法

进行系统设计时，需要用到的面积是总面积和采光面积；总面积用于衡量建筑外围护结构，如屋面是否有足够的安装面积；而采光面积用于衡量集热器的热性能是否合格。因此，下面仅介绍这两种面积的计算方法。

（1） 太阳能集热器总面积

太阳能集热器总面积 A_G 的计算公式如下（见图 2-25）：

$$A_G = L_1 \times W_1 \tag{2-6}$$

式中 L_1——最大长度（不包括固定支架和连接管道）；

W_1——最大宽度（不包括固定支架和连接管道）；

（2） 太阳能集热器采光面积

各种类型的太阳能集热器采光面积 A_a 的计算如下：

1） 平板型太阳能集热器如图 2-26 所示。

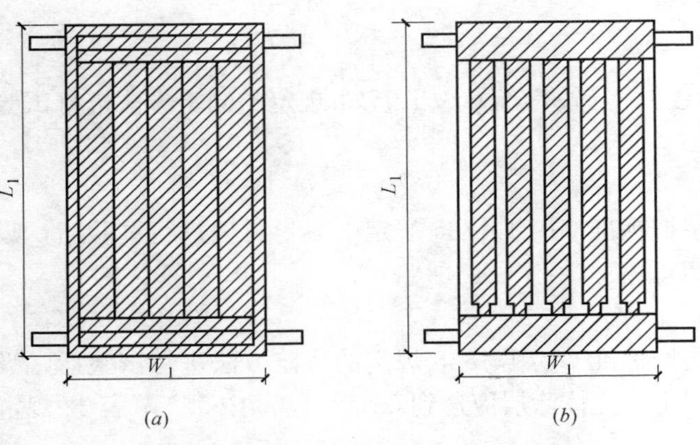

图 2-25　太阳能集热器总面积
(a) 平板型集热器；(b) 真空管集热器

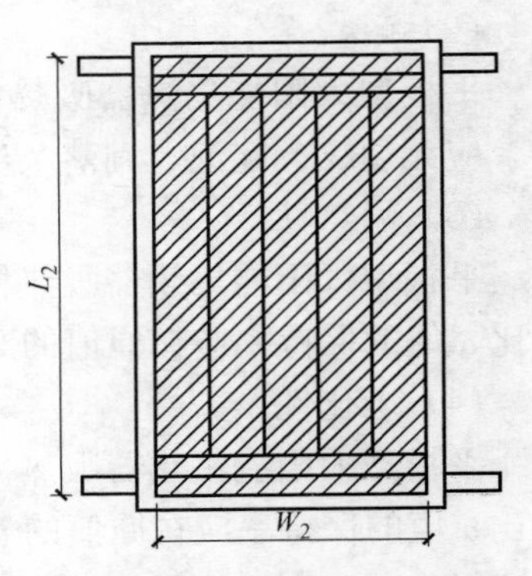

图 2-26　平板型集热器的采光面积 A_a

$$A_a = L_2 \times W_2 \tag{2-7}$$

式中　L_2——采光口的长度；
W_2——采光口的宽度。

2）无反射器的真空管型集热器如图 2-27 所示。

$$A_a = L_2 \times d \times N \tag{2-8}$$

式中　L_2——真空管未被遮挡的平行和透明部分的长度；
d——罩玻璃管外径；
N——真空管数量。

3）有反射器的真空管型集热器如图 2-28 所示。

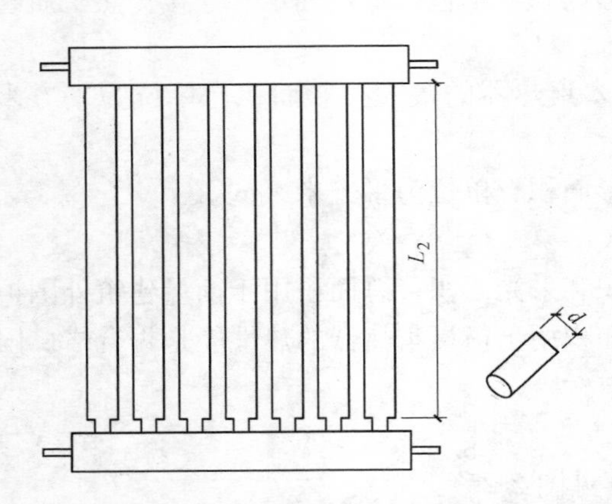

图 2-27　无反射器的真空管型集热器的采光面积

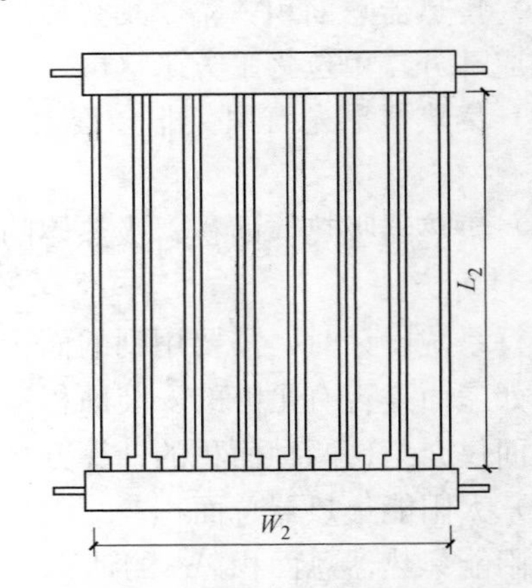

图 2-28　有反射器的真空管型集热器的采光面积

$$A_a = L_2 \times W_2 \tag{2-9}$$

式中　L_2——外露反射器长度；
W_2——外露反射器宽度。

2.3.2　基于不同面积的太阳能集热器效率

太阳能集热器基于采光面积和总面积的效率是不同的，其所对应的通过集热器可获取的有用热量（在效率曲线图上体现为该曲线和横、纵坐标轴所包围的面积）也会不同；基于采光面积的效率和有用热量会大于基于总面积的效率和有用热量。

由于构造上的不同，平板型和真空管型太阳能集热器基于两类面积的效率有明显的差别，图 2-29 显示了热性能恰好等于标准规定合格指标时不同产品的效率曲线。可以看出：平板型集热器基于总面积和采光面积效率的差别较小（约 5%左右），原因是其边框面积很少（边框不可收集太阳能），所以总面积和采光面积的大小差别较小；而真空管型集热器因为有较多的管间距（管之间的空隙不能收集太阳能），造成总面积和采光面积的大小差别较大，所以基于总面积和采光面积效率的差别较大（接近 20%）。

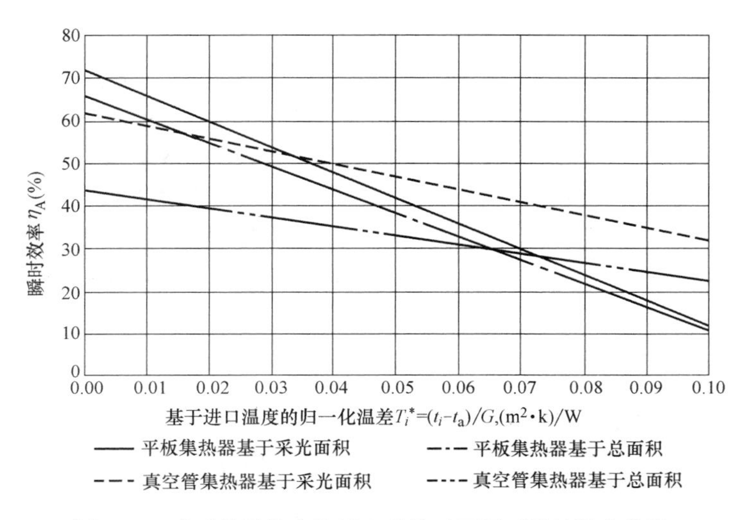

图 2-29　达到热性能合格线产品基于不同面积的效率曲线

刚达到热性能合格线的平板和真空管型集热器（下称合格产品），其基于总面积的效率曲线在归一化温差约等于 0.065 时相交，此时平板和真空管型集热器的效率相等，约为 30%。同时需说明：对合格产品，当归一化温差小于 0.065 时，平板型集热器的效率大于真空管型，而在归一化温差大于 0.065 时，真空管型集热器的效率大于平板型。

归一化温差的大小由影响集热器效率的三个关键因素决定，这三个因素是：太阳辐照度、室外环境温度和集热器的工作温度。即太阳辐照度和环境温度越高、集热器的工作温度越低，归一化温差越小，对应的效率值越大；而太阳辐照度和环境温度越低、集热器的工作温度越高，归一化温差越大，对应的效率值越小。

图 2-30 显示了热性能优于标准规定合格指标时不同产品（下称优质产品）的效率曲线。其中，平板型和真空管型集热器的效率截距分别为：$\eta_0=0.78$ 和 $\eta_0=0.77$，总热损系数分别为：$U=4.9$W/(m^2·K) 和 $U=1.9$W/(m^2·K)。

从该图中可以看出：平板和真空管型集热器的优质产品，其基于总面积的效率曲线在归一化温差约等于 0.052 时相交，此时平板和真空管型集热器的效率相等，约为 47%。而对合格产品，此时平板型集热器的效率约为 38%，真空管型集热器的效率只有约 32%。所以，为保证系统能够达到较高的节能效益，在进行集热器的选型设计时，必须根据实测得出的瞬时效率曲线和方程，尽可能选择优质产品。

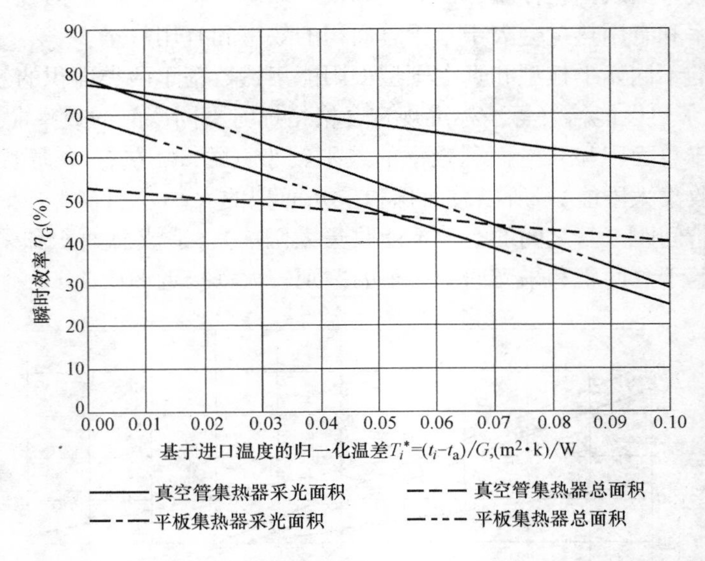

图 2-30 热性能优于标准规定合格指标产品基于不同面积的效率曲线

2.3.3 建筑一体化对太阳能集热器的适用性要求

建筑一体化对太阳能集热器的要求比过去占市场主流的紧凑式家用太阳能热水器要高出许多，对我国众多太阳能热利用企业来说，如何尽快转型，生产适用于建筑一体化要求的太阳能集热器，是今后企业继续成长和行业健康发展的关键。归纳起来，除了太阳能集热器的尺寸需要适应建筑模数外，建筑一体化对其性能的适用性要求主要有以下几个方面：

1. 安全性

安全性对用于实际工程的任何产品来说都是要放在第一位的。目前在我国市场上被广泛应用的各类集热器，其满足建筑一体化安全性要求的能力和水平是不同的，一个重要影响因素是集热器的构造材料。由于玻璃这种材料本身的易被破坏性，全玻璃真空管型和玻璃热管型太阳能集热器在建筑一体化安装的安全性方面显然不占优势；特别是将集热器用于替代阳台栏板等一体化安装方式，其安全性会更差。这也是为什么发达国家的平板型集热器占据了主要市场份额的重要原因。

2. 耐久性

建筑物的寿命至少是 50 年，这就要求与建筑一体化安装的太阳能集热器也能有尽可能长一些的工作寿命。一般来说，大多数建筑设备，如暖通空调系统中的制冷机、风机盘管等，其工作寿命同样低于建筑寿命，但这些设备通常安装在室内，如机房或设备间，检修、更换相对容易。而太阳能集热器是安装在建筑物的外围护结构上，检修、更换的难度更大。太阳能集热器耐久性的主要表征指标是其工作寿命：耐久性好的集热器不只是在寿命期内不会有材料锈蚀等情况发生，其性能的衰减，例如真空集热管的真空度丢失也应降到最低。发达国家平板集热器的工作寿命多在 20 年以上，我国目前虽然在整体水平上还有差距，但保证 15 年以上的工作寿命应是最低要求。

3. 热性能

建筑一体化太阳能热利用系统达到预期节能效益的关键影响因素之一是太阳能集热器的热性能。通过上节的分析可知：优质产品和合格产品的热性能有很大差异，要满足建筑一体化对集热器热性能的适用性要求，企业就必须努力提升其集热器产品的效率。如前所述，衡量太阳能集热器热性能的主要指标是瞬时效率截距 η_0（集热器基本无热损失时的效率即该集热器可以达到的最大效率）和总热损系数 U。由于绝大部分时间太阳能集热器是在有热损失的条件下工作，所以降低总热损系数对提高集热器的热性能更为关键。发达国家平板型集热器的总热损系数一般在 4W/(m^2·K）左右，而我国产品却大多在 5W/(m^2·K）上下；国内的真空管集热器优质产品、其总热损系数低于 2W/(m^2·K)，而大部分产品是在 2.5～3.0W/(m^2·K）之间。所以，有很大的提升空间。

第3章　太阳能热利用系统与建筑的一体化设计

3.1　总体设计原则综述

3.1.1　合理确定太阳能热利用的技术类型

应用太阳能热利用系统是建筑节能设计的重要技术手段，太阳能热利用系统与建筑一体化就是其设计工作的关键。规划中要结合建筑单体或群体的功能特点及对太阳能热利用的需求来确定太阳能热利用系统的技术类型，包括利用太阳能提供热水、利用太阳能供热采暖、利用太阳能制冷空调以及综合利用等。在总体规划设计时需要充分调研、仔细分析、科学评估、统筹规划。实际工作中要综合分析环境气候特点、太阳能资源、常规辅助能源类型以及供给条件，再与建筑功能需求和投资的多少结合起来，做经济技术分析，权衡利弊，找出最佳可行的应用方式，科学合理地确定太阳能热利用的技术类型。这是太阳能热利用与建筑一体化规划设计中应考虑的首要问题。

3.1.2　建筑设计与太阳能热利用系统设计同步进行

应用太阳能热利用系统的单体建筑或建筑群体，无论在做规划布局设计还是做单体建筑设计时，均应与太阳能热利用系统设计同步进行，以保证所选用的太阳能热利用系统各个部分及其辅助设施与建筑规划布局直至单体建筑设计能够有机结合，成为建筑规划设计中合理的不可分隔的部分。

3.1.3　建筑设计应满足太阳能热利用系统与建筑结合安装的技术要求

应用太阳能热利用系统的建筑或建筑群体，规划设计中，除像一般规划设计要考虑的建筑功能、场地条件、周边环境等制约规划设计的诸因素外，确定建筑布局、群体组合和空间环境时还特别需要结合场地的地理条件、当地地域的气候条件、日照条件（太阳能资源）等因素来确定和设计建筑的朝向、建筑之间的间距及建筑形体组合，最大限度地满足太阳能热利用系统设计和安装的技术要求。

3.1.4　太阳能集热系统选型

太阳能集热系统的选型是应用太阳能热利用系统建筑规划设计的重要内容，设计者不仅要创造新颖美观的建筑体形及立面造型，合理设计太阳能集热系统各组成部分的安装安放位置，还要结合建筑功能及其对热水供应方式的需求，综合考虑太阳能资源、常规辅助能源类型，可供给的方式与条件，施工条件等因素，比较不同类型太阳能集热系统的性能、优缺点、造价，进行经济技术分析。在充分综合比较后，酌情选择适用的、性能价格比高的太阳能集热系统。

3.1.5 太阳能集热器的设置

太阳能集热器是太阳能集热系统的重要组成部分，也是应用太阳能热利用系统建筑设计中需重点设计的内容，在建筑上合理设计太阳能集热器的安装位置尤为重要。太阳能集热器一般设置在建筑屋面（平、坡屋面）、阳台栏板、建筑外墙面上或设置在建筑的其他部位，如女儿墙、建筑屋顶的披檐上、甚或设置在建筑的遮阳板上、建筑物的屋顶飘板等能充分接受阳光的位置。建筑设计需将所设置的太阳能集热器作为建筑的组成元素，与建筑有机结合，保持建筑统一、和谐的外观，并与周围环境相协调。设置在建筑任何部位的太阳能集热器应与建筑锚固牢靠，保证其安全坚固，同时不得影响该建筑部位的承载、防护、保温、防水、排水等相应的建筑功能。

3.1.6 既有建筑物改造增设太阳能热利用系统

在既有建筑物上增设或改造应用太阳能热利用系统，必须经建筑结构复核，满足建筑结构及其相应的安全性要求，不得破坏建筑物的结构，影响其建筑物承受荷载的能力，也不得损害建筑的外形及室内外的附属设施，更不得破坏屋面和地面的防水构造。同时，建筑物改造安装太阳能热利用系统，不得降低相邻建筑的日照标准。为确保系统的安全性，系统安装后应满足其避雷设计的要求。

3.1.7 考虑太阳能热利用系统的维护

应用太阳能热利用系统与建筑一体化设计，其重要组成部分的太阳能集热器使用寿命有限，一般在10年左右，而建筑的寿命通常在50年以上。太阳热利用系统各个部件在使用中不仅需要安全安装维护，如太阳能集热器还需要保养更换。为此，建筑设计不仅要考虑地震、风荷载、雪荷载、冰雹等自然破坏因素，还应为太阳能热利用系统的日常维护，尤其是太阳能集热器的安装、维护、日常保养、局部更换提供必要的安全便利条件。

3.2 规划布局设计原则

3.2.1 一般原则

（1）太阳能热利用系统与建筑一体化设计应从建筑群体或建筑单体规划布局开始即与太阳能热利用系统设计同步进行。

（2）太阳能热利用系统与建筑一体化设计，规划布局首先要根据当地气候特点及建筑功能需求，合理确定拟采用的太阳能热利用系统的技术类型。

通常，除用太阳能提供热水可在全国各地全年使用外，利用太阳能供热供暖即提供热水并在冬季供暖技术，由于满足冬季供暖的太阳能集热器面积在夏季使用时相对过大，会影响系统的使用功能和寿命，则需要统筹规划、综合利用，做到尽可能地充分利用热源，增加其节能、经济效益。而与建筑一体化设计的太阳能供热制冷空调工程，虽能全面体现出建筑上太阳能热利用技术的综合设计，但因其投资较高，统筹规划时更需要慎重考虑、酌情策划，根据当地条件合理选择。一般情况下，严寒地区、寒冷地区适宜供热采暖综合利用，夏热冬冷地区和夏热冬暖地区适宜供热制冷空调综合利用。

(3) 太阳能热利用系统的主要组成为太阳能集热系统，太阳能集热器的装置是规划设计的关键。装置太阳能集热器的建筑，主要朝向宜朝南，或南偏东，南偏西 30°的朝向。为此，建筑体形及空间布局组合应与太阳能集热系统紧密结合，为充分接收太阳照射尽力创造条件。

(4) 太阳能热利用系统与建筑一体化设计，规划布局时，建筑间距除应满足所在地区日照间距的要求外，装有太阳能集热器的建筑应能满足不少于 4h 日照时数的要求，同时不应因太阳能集热系统设施的布置影响相邻建筑的日照标准。

(5) 在装置太阳能集热器的建筑物周围设计景观设施及周围环境配置绿化时，应注意避免对投射到太阳能集热器上的阳光造成遮挡。

(6) 合理布局太阳能热利用系统各个组成部分及其辅助设施的位置，注意与建筑规划及建筑设计有机结合，依据相关国家标准及规范做规划设计，力求内在满足功能需求，外在美观安全，节能效益与经济效益相并兼顾。

3.2.2 集中集热系统的规划设计原则

选择太阳能热利用的供热系统类型和供热采暖技术类型以及供热采暖制冷空调综合利用技术类型均可采用太阳能集中集热系统。但由于贮水方式的不同，又有集中集热集中贮水与集中集热、分散贮水不同的集热系统之分。其中，集中集热、集中贮水系统适用于供热、供热采暖以及供热采暖制冷空调综合技术类型。而集中集热、分散贮水系统一般只适用于供热及供热采暖综合利用工程。

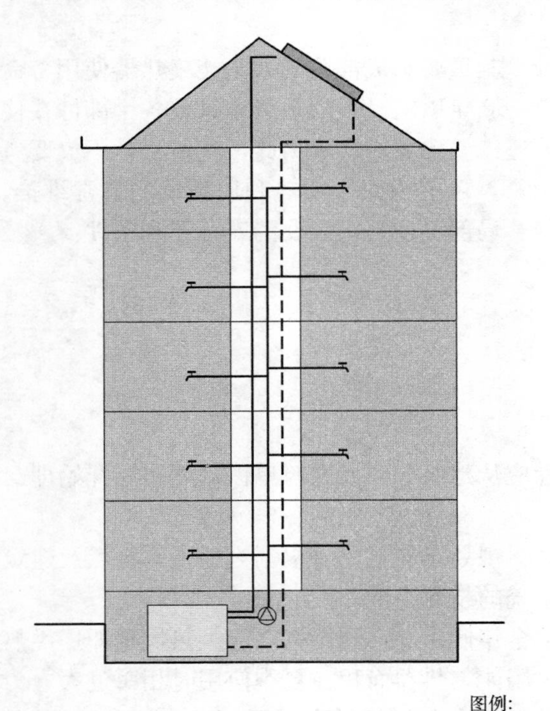

图 3-1 集中集热、集中贮水、分户计量系统示意图

1. 集中集热、集中贮水、分户计量方式太阳能集热系统规划设计原则

集中集热、集中贮水、分户计量方式太阳能热水系统较适宜用在公共建筑，旅馆、医院、学校等，或多层公寓住宅建筑中。系统特点是太阳能集热器根据需要集中设置，如屋面（平、坡）、墙面上；有集中的大容积的贮水装置（在地下室、设备层或特别设置的贮水间内），供热终端则有计量装置（如公寓住宅供热到户、每户装有计量表），如图 3-1 所示。由于各终端用水时间不尽相同，则用热水量在各时间段可趋于自然平衡，太阳能集热系统的热效率可充分发挥出来。此种系统能节省总体管道的设置，较易做到主管热水循环，因此该系统有节约投资的优越性。

建筑有供热要求，供热采暖要求，或供热采暖制冷空调综合利用要求，都可采用集中集热、集中贮水、分户计量热利用系统，做一体化规划与建筑设计。

采用该系统建筑系统规划及建筑设计要点：

（1）太阳能集热器的设置：

应用太阳能集热系统的建筑规划与设计，需综合考虑场地的地理条件，建筑地点的气候条件，结合建筑功能，周围环境等因素，确定建筑的布局，建筑群体组合及空间环境，最大限度地满足太阳能集热系统设计的技术要求。其中最为关键的一点就是太阳能集热器的设置。而采用集中集热、集中贮水、分户计量方式的太阳能集热系统，由于所需设置的太阳能集热器面积较大，在设计时将其合理布局并与建筑有机结合最为重要。

太阳能集热器面积应根据供热量、建筑可能允许的安装面积以及场地可安置的面积、当地的气候条件、供水水温等因素综合确定。将经过计算所需的太阳能集热器根据规划用地中的场地条件、建筑物上可放置的面积多少，精心设计、巧妙安排是规划与建筑设计的重点工作。与建筑立面相结合，太阳能集热器有机地设置在建筑的屋面或墙面上是设计师常用的手法，如果系统过大，建筑物上设置仍不能满足太阳能集热器面积要求，可考虑将太阳能集热器有序地设置在场地上。无论是设置在建筑物上还是设置在场地上的太阳能集热器，在规划布局时，一定要满足其每日日照时数不少于4h的要求。

（2）贮水箱的设置：

采用集中集热、集中贮水、分户计量方式的太阳能集热系统，贮水箱容量相对较大，设计时根据建筑的性质、功能以及建筑规划、建筑平面布局条件，合理确定贮水箱的位置十分重要。

集中贮水的贮水箱宜安置在室内，位置可设置在屋顶顶层、阁楼间、地下室、半地下室、车库、设备层中设备间或为贮水箱特别设计的设备间内，需按要求做好保温。贮水箱所在位置应具有相应的排水、防水措施，其周围应遵循相应技术规范，留有足够的安装、检修空间。

（3）合理、有序的安排各种管道、管线在建筑中的空间位置，做到有组织布置安全隐蔽，又要便于维护、检修。

（4）辅助热源的选用及安置的位置：

根据建设地点的实际条件、太阳能热利用系统的具体需求、经济等因素确定辅助热源的种类及供给方式，规划中根据太阳热利用系统不同技术类型需求恰当安排其位置，做到安全、适用并留有一定安装、维护、检修的操作空间。

辅助热源可选用燃气（包括煤气、天然气、液化石油气）或电等。

（5）贮水箱的位置

宜尽量靠近太阳能集热器，以缩小其间连接管线中的热损耗。同理，辅助热源也宜靠近贮水箱，这是应用太阳能热水系统的建筑在做规划布局及建筑设计时要充分考虑的问题。

（6）供热终端需装有计量装置。

2. 集中集热、分户贮水、分户计量方式太阳能热水系统规划设计原则

集中集热、分户贮水、分户计量方式太阳能集热系统适宜用在多层公寓住宅中，系统的特

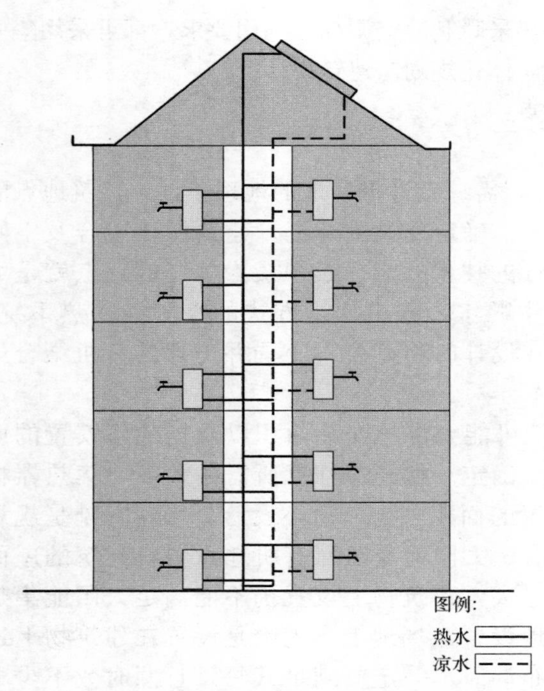

图 3-2　集中集热、分户贮水、分户计量系统示意图

点是太阳能集热器根据需要集中放置，同样可以放置在建筑屋面（平、坡）、墙面上、建筑物的披檐等可充足接受阳光的位置。而贮水箱则分户放置，在每户的厨房、卫生间或阳台，或者为每户设置的设备间内，同时装有热水计量表。各户有独立使用的贮水箱，各户使用的热水都来自户内的贮水箱，如图 3-2 所示。这种系统每户使用的贮水箱容积不十分大，只需满足本户的热水用量。该系统在对贮水箱的投资上会略大于第一种系统。

有供热要求，或供热采暖综合利用要求的太阳能建筑一体化设计工程均可采用该系统。

采用该系统规划及建筑设计要点：

（1）太阳能集热器的设置：

由于是集中集热，太阳能集热器的面积仍较大，在规划设计时进行合理设计，使太阳能集热器的设置与建筑及规划布局有机结合，仍是设计师的重要工作。太阳能集热器放置方式与上一种系统相同。

（2）贮水箱的设置：

采用集中集热、分户贮水、分户计量方式的集热系统，贮水箱容量不十分大，分户设置，安装在各户独立使用的贮水箱，位置较灵活。在厨房、卫生间内适当的位置，不影响使用功能的走廊尽端，阳台的一侧都是很好的选择。当然如果条件允许，设置在特别安排的设备间内也是一种不错的方式。分户的贮水箱无论设置在何处，都需有相应的防水、排水设施，并按规范要求留有足够的安装、检修空间。

（3）系统的管线应有组织布置，走向合理，不影响建筑的使用功能及外观。竖向管线宜布置在竖向管道井中。做到安全隐蔽、易于检修。

（4）辅助热源的选用及安置的位置：

燃气、电等常规能源都可被用于做辅助热源。辅助热源通常分户设置，设计在靠近贮水箱的位置。建筑为此要留有足够的空间便于安装操作、维护、检修。

（5）每户需设有热水使用计量装置。

3.2.3　分散太阳能集热系统的规划设计原则

分散太阳能集热系统是目前建筑中较常见的太阳能热利用系统，适宜用在独立式小住宅、低层联排住宅中，也可以用在多层公寓住宅中，甚至可用在独立使用太阳能集热系统的餐馆、体育馆等公共建筑中。系统特点是太阳能集热器分散分户布置，贮水箱、相关管道、辅助热源的设施都按需要分户设置，即每个用户都有独立的太阳能集热系统，如图 3-3 所示。

系统使用方便、较易维护、检修及管理。

有太阳能供热、供热采暖、供热采暖制冷空调需求的建筑一体化工程均可采用该系统。

采用该系统建筑规划及建筑设计要点；

（1）太阳能集热器的设置：

分散集热的太阳能集热系统中太阳能集热器分散布置、分户使用，用户所需太阳能集热器面积根据需要设置，在建筑中布置的可能位置较多，也较灵活。如独立式小住宅、低层联排住宅的坡屋面、遮阳设施上，低层住宅与多层公寓住宅的墙面、阳台上，都可以考虑作为设置太阳能集热器的位置。使太阳能集热器与整体建筑风格形式相协调，创造出多姿多彩的应用太阳能集热系统的建筑新形式，是建筑设计的首要任务。

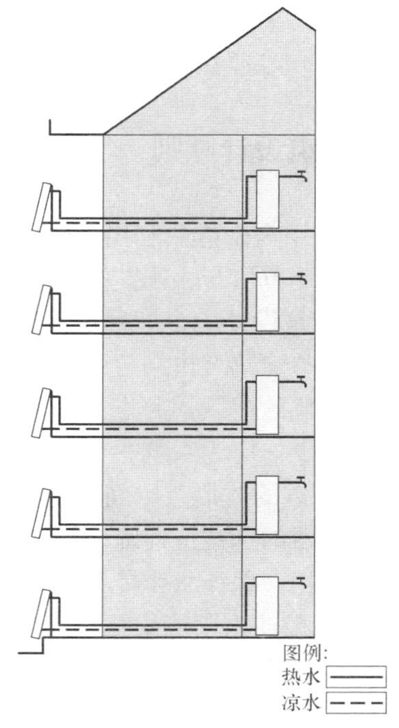

图 3-3　分散集热、分户贮水系统示意图

该系统太阳能集热器的设置位置多种多样，除在规划布局时要满足其有不少于 4h 的日照时数、避免周围环境景观及建筑自身对投射到太阳能集热器上的阳光造成遮挡外，设计中还要注意为其安装、维护创造便利的条件，保证太阳能集热器无论在建筑的任何部位，都要安全、牢固。

（2）贮水箱的设置：

采用分散集热的太阳能集热系统的贮水箱，由于是按用户的供热量来决定贮水箱容量的大小，因此不会出现贮水箱过大的问题，布置起来也较为灵活。可根据平面设计，确定其在建筑中的位置。厨房、卫生间以及特设的设备间内都是不错的选择。独立式小住宅、在庭院中设置的设备间（可与储藏间相结合）或在私家车库内预留位置，用来设置用户使用的贮水箱，也是设计考虑的一种方式。贮水箱设置的位置宜与用户的太阳能集热器布置位置靠近，尽量减少管道中的热损耗。贮水箱所在位置应有相应的防水、排水设施，并按“规范”在其周围留出安装维护、检修的空间。

（3）有组织、有秩序地安排众多管道、管线在建筑中的空间位置，在使用分散集热太阳能系统的建筑中显得尤其重要。采用该类供热系统，由于用户均有一个独立的太阳能集热系统，管道不可避免地会相应增多，设计中要很好地解决众多管道管线的合理走向，布置有序，并应做到安全隐蔽、便于维护、检修。

（4）辅助热源的选用及其设置位置：

与前两种系统相同，燃气或电等常规能源均可选择用作该系统的辅助热源。同样，也需根据建设地点的实际条件、太阳能热水系统供热水状况、用户使用需求、经济等因素来确定辅助热源的种类及供给方式，并恰当安排其位置，使之靠近贮水箱，做到安全、适用。同时，在建筑布局上考虑有方便的操作、维护、检修空间。

3.2.4　采用不同辅助能源设置的规划设计原则

辅助能源的选择与设置是应用太阳能热利用系统民用建筑规划布局及建筑设计必须考

虑的问题之一，辅助能源的设置在规划布局中应依据相关的建筑规范作为设计原则（如 GB 50041）参照执行。

3.3 建筑设计原则

1. 应用太阳能热利用系统的建筑设计应与太阳能热利用系统设计同步进行，其设计由建筑设计单位与太阳能行业技术人员共同完成。

2. 建筑设计应合理确定并妥善安排太阳能热利用系统各组成部分在建筑中的空间位置，将其与建筑有机结合，一体化设计。特别要注意满足各组成部分的技术要求，充分考虑所在部位的荷载，并满足其所在部位牢固安装及其相应的防水、排水等技术要求。同时，建筑设计应为系统各部分的安全维护检修提供便利条件。

3. 建筑的体形及空间组合应充分考虑可能对太阳能热利用系统造成的影响，安装太阳能集热器的部位应能充分接受阳光的照射，避免受建筑自身凹凸及周围景观设施、绿化树木的遮挡，保证太阳能集热器的日照时数不少于 4h。

4. 安装的太阳能集热器与建筑屋面、建筑阳台、建筑墙面等共同构成围护结构时应满足该部位建筑功能和建筑防护的要求。太阳能集热器的设置应与建筑整体有机结合、和谐统一，并注意与周围环境相协调。

5. 建筑设计应对设置太阳能集热器的部位采取安全防护措施，避免因太阳能集热器损坏可能对人员造成的伤害。可考虑在设置太阳能集热器的部位，如阳台、墙面等处的下方地面进行绿化草坪的种植，防止人员靠近。也可以采取设置挑檐、雨篷等遮挡的防护措施。总之，应精心设计，把安全放在第一位。

6. 建筑设计应为太阳能热利用系统的安装、维护提供安全、便利的操作条件。如平屋面设有出屋面上人孔作检修出口，便于维修人员上下出入；坡屋面屋脊的适当部位预埋金属挂钩，以备拴系用于支撑专业安装人员的安全带等技术措施，确保专业人员在系统安装维护时安全操作。

7. 太阳能集热器不应跨越建筑变形缝设置。建筑主体结构的伸缩缝、抗震缝、沉降缝等变形缝处两侧，在外因条件影响下会发生相对位移，太阳能集热器跨越变形缝设置会由于此处两侧的相对位移而扭曲损坏。

3.4 建筑平面及空间布局设计原则

3.4.1 一般设计原则

（1）太阳能热利用系统与建筑一体化设计需明确其各部分的技术要求，合理确定系统各个组成部分在建筑中的平面、空间位置。例如，不同类型的太阳能热水系统，其对太阳集热器与贮水箱的相对位置要求不同，如自然循环的太阳能热水系统，贮水箱放置位置需略高于太阳能集热器等问题，在设计时要给予充分的注意。

（2）太阳能集热系统中，为避免管道过长，常常要求太阳能集热器与贮水箱尽量靠近，而在建筑布局中会形成一定的矛盾。太阳能集热器一般设置在朝南向，充分接受阳光的位置，而南向的建筑空间相当宝贵，很难留出空间放置贮水箱，这就需要设计者综合考虑利弊、合理确定其相对位置。

(3) 太阳能是天然的清洁能源，但不稳定，所以必须考虑辅助热源，如电、燃气（包括煤气、天然气、石油液化气）等常规热源的补充。因系统对辅助热源设置方式要求不同（例如外置系统、内置系统等），建筑设计选定之后，在平面布局中应留有相应合理的位置，满足其技术要求，确保辅助热源设施安全运行及安全操作、维护。

(4) 作为太阳能热利用系统重要组成部分的一系列管道，如冷水给水管、热水供水管、排水管以及电气管线等，应合理布局、设计其在建筑中的最佳走向，并有序地将众多管道和设备管线安置在建筑空间内。竖向管道宜安设在竖向管道井中，做到安全、隐蔽，又便于维护、检修。

(5) 与太阳能热利用系统有关的其他设备设施，应按其技术要求有序组织在建筑空间内，同样要安全、隐蔽，便于操作、维护。

(6) 在太阳能热利用系统中安装的计量装置，其安装位置宜考虑方便读数和维护。

3.4.2 太阳能集热器设置的设计原则

(1) 与建筑有机结合设置太阳能集热器，设计原则参照本章第3.5.1～3.5.8节。

(2) 建筑设计应在太阳能集热器附近设置给水点和排水设施。

(3) 太阳能集热器的面积应根据建筑功能需求，当地气候条件，建筑允许的安装面积等因素综合确定。

3.4.3 贮水箱设置的设计原则

(1) 贮水箱由于不同的系统或不同的需求而有不同的容积大小。分户贮水箱容积不大，如前所述宜将其安置在室内、地下室、半地下室、储藏间、车库、阳台、阁楼间或技术夹层中设备间内，有条件时也可为其设计单独的设备间。集中贮水箱的容积较大，且在室内安装时，宜在设计时考虑水箱整体进入安装地点的运输通道。大型贮水箱的位置可在地下室、屋顶层的设备间、技术夹层中的设备间或为其单独设计的设备间内。其位置应保证其安全运转以及便于操作、检修。

(2) 设置贮水箱的位置应具有相应的排水、防水措施。

(3) 建筑设计要充分考虑贮水箱所在位置的荷载要求。

(4) 贮水箱上方及周围应有符合规范要求的安装、检修空间。

(5) 贮水箱应尽量靠近太阳能集热器设置，以减少其连接管道中的热损耗。

(6) 辅助热源也应靠近贮水箱设置，并需便于操作、维护。将贮水箱及辅助热源设施共同放置在设备间内是一种很好解决问题的方式。

3.4.4 管道、管线（包括电气管线）设置原则

(1) 如前所述，管道设置应合理有序安排其走向，并不得影响建筑功能及建筑外观。管线需在预埋的套管中穿过围护结构。

(2) 太阳能热利用系统电气控制线路也应穿管暗敷。

3.4.5 与太阳能热利用系统相关建筑设备综合设计原则

为保证使用者按需要方便地获得热水，太阳能热利用系统不仅需要有辅助热源的设施，还要有相关的设备设施。如：贮水箱水位观察仪器、水温调制自动控制器、水温显示表、计量装置以及一系列泵、阀门等相关设备。这些设备的安装设置，能够保证太阳能热利用系统的正常运转。因此，与太阳能热利用系统相关的一系列辅助设备，均需建筑设计人员按设备不同的技术要求，妥善安排其空间位置，确保其安全使用，又便于操作维护管理。

3.5 建筑外观与太阳能集热器的设置

建筑外观是建筑总体形象的外部体现，是一幢建筑或一组建筑群体的外部形象，是建筑给予人们的第一感受。人们会对建筑的外观评头论足，或批评指责，或欣赏称赞，或许会被建筑的外观形象所感动，甚至被震撼。建筑外观是人们评价建筑的重要因素之一，建筑外观设计的好坏常常影响人们对该建筑的认同。设计人员在建筑设计的过程中，在满足建筑的使用功能基础上，总是精心地设计、一丝不苟地推敲建筑的外形，创造性地处理建筑的空间组合，尽力设计表达建筑外貌特征的建筑形式。

应用太阳能热利用系统的建筑，由于太阳能集热系统的重要组成部分太阳能集热器的设置，为建筑的外观增加了一项带有科技内容的因素，其设置的技术要求较为严格，如对倾角的要求，接迎太阳照射的方向要求等等，太阳能集热器的设置不仅影响系统的有效运行，还直接影响到建筑的外观，这无疑是对建筑设计提出的挑战。因此，处理好建筑外观与太阳能集热器的关系尤为重要。建筑设计需将太阳能集热器作为建筑的重要组成元素，将其有机地结合到建筑的整体形象中，既不能破坏建筑的整体形象与风格，又要精心设计，使太阳能集热器这项科技元素的加入为建筑风貌增添光彩，创造出与太阳能热利用系统一体化设计的新型建筑形式。

较为常见的方式是将太阳能集热器设置在建筑的屋面（平、坡）上，建筑的外墙面上、阳台上，女儿墙、建筑披檐上，或者放在建筑遮阳板的位置，以及庭院花架，建筑物屋顶飘板等能充分接受阳光、建筑又允许的位置。由于太阳能集热器与建筑一体化的结合设计，会有崭新的充分表达太阳能热利用系统科技内容的新颖的建筑形式出现。

3.5.1 太阳能集热器在平屋面上设置的建筑设计原则

太阳能集热器设置在平屋面上是最为简单易行的设计方法。其优点是安装简单，可放置的太阳能集热器面积相对较大，特别对东西朝向的建筑物来说，把太阳能集热器设置在其平屋面上是一种很好的解决问题方式。

其设计原则如下：

（1）放置在平屋面上的太阳能集热器的日照时数应保证不少于4h，互不遮挡、有足够的间距（包括安装维护的操作距离），排列整齐有序。

（2）太阳能集热器在平屋面上安装需通过支架或基座固定在屋面上。建筑设计为此需计算设计适配的屋顶预埋件，以备用来安装固定太阳能集热器，使太阳能集热器与建筑锚固牢靠，在风荷载、雪荷载等自然因素影响下不被损坏。

（3）建筑设计应充分考虑设置在屋面上太阳能集热器（包括基座、支架）的荷载。

（4）固定太阳能集热器的预埋件（基座或金属构件）应与建筑结构层相连，防水层需包到支座的上部，地脚螺栓周围要加强密封处理。

（5）平屋面上设置太阳能集热器，屋顶应设有屋面上人孔，用作安装检修出入口。太阳能集热器周围和检修通道，以及屋面上人孔与太阳能集热器之间的人行通道应敷设刚性保护层，可铺设水泥砖等用来保护屋面防水层（见图 3-4～图 3-6）。

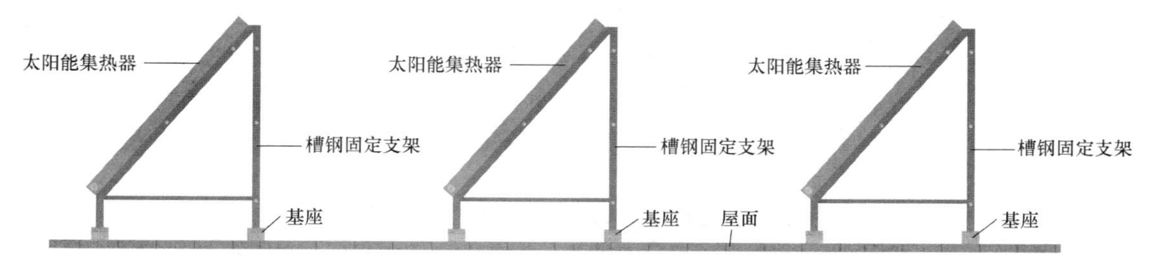

图 3-4　平屋面上太阳能集热器设置示意图

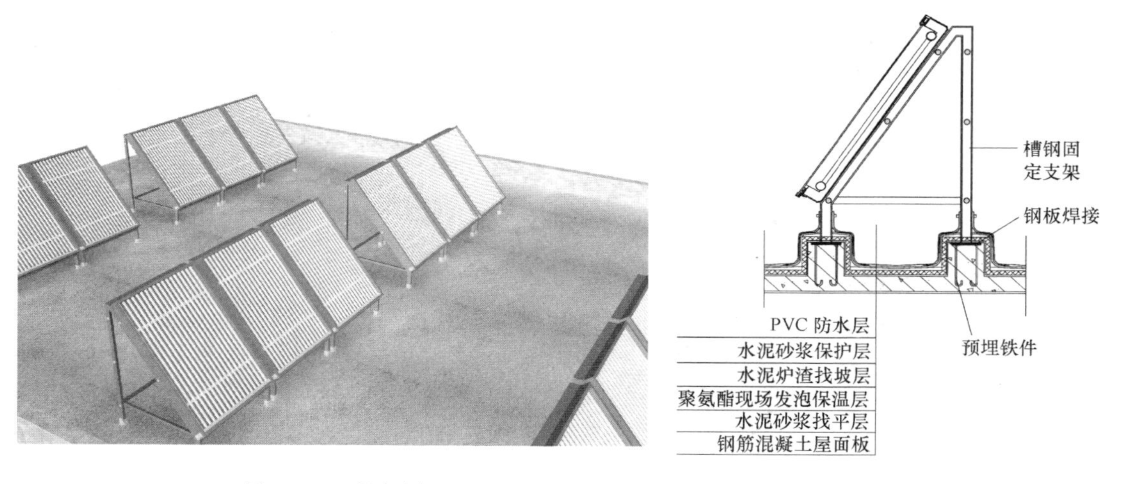

图 3-5　工程实例

图 3-6　做法示意图

（6）太阳能集热器与贮水箱相连的管线需穿过屋面时，应预埋相应的防水套管，对其做防水构造处理，并在屋面防水层施工之前埋设安装完毕。避免在已做好防水保温的屋面上凿孔打洞。

（7）屋面防水层上方放置太阳能集热器时，其基座下部应加设附加防水层。

3.5.2　太阳能集热器在坡屋面上设置的建筑设计原则

将太阳能集热器设置在坡屋面上是太阳能热利用系统与建筑结合的最佳方式之一。不同风格、不同坡度比例、不同色彩的坡屋面会使建筑立面丰富，建筑形体不单调而赏心悦目。坡屋顶设计用在民用建筑中，特别是用在住宅公寓建筑受到众人的青睐。而与坡屋面有机结合将太阳能集热器设置在坡屋面之上，又为整体坡屋面增加了科技色彩，无疑成为建筑的一大亮点。设计者应将太阳能集热器高质量、高水平地安置在建筑坡屋面之中。

其设计原则如下：

（1）为使太阳能集热器与建筑坡屋面有机结合、协调一致，宜将其在向阳的坡屋面上顺坡架空设置或顺坡镶嵌设置。

（2）建筑坡屋面坡度的选择。建筑设计宜根据太阳能集热器接受阳光的最佳角度来确定坡屋面的坡度，一般原则是：建筑坡屋面的坡度宜相当于太阳能集热器接受阳光的最佳角度，即当地纬度±10°左右。

（3）太阳能集热器在坡屋面上放置的位置。根据优化计算确定的太阳能集热器面积和选定的太阳能集热器类型，确定太阳能集热器阵列的尺寸（长×宽）后，在坡屋面上摆放设计时，应综合考虑立面比例，系统的平面空间布局（有太阳能集热器与贮水箱靠近的要求）、施工条件（留有安装操作位置）等一系列因素，精心设计太阳能集热器在坡屋面上的位置。

（4）太阳能集热器在坡屋面上放置的方法及需解决的关键问题。

在坡屋面上设置的太阳能集热器有顺坡架空设置和顺坡镶嵌设置两种方式。

1）顺坡架空设置（见图 3-7～图 3-9）：

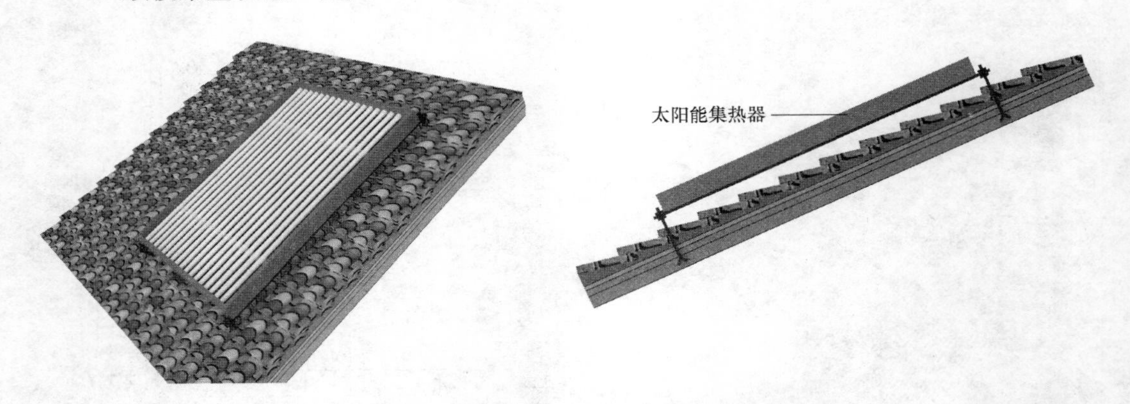

图 3-7　坡屋面上太阳能集热器顺坡架空设置示意图

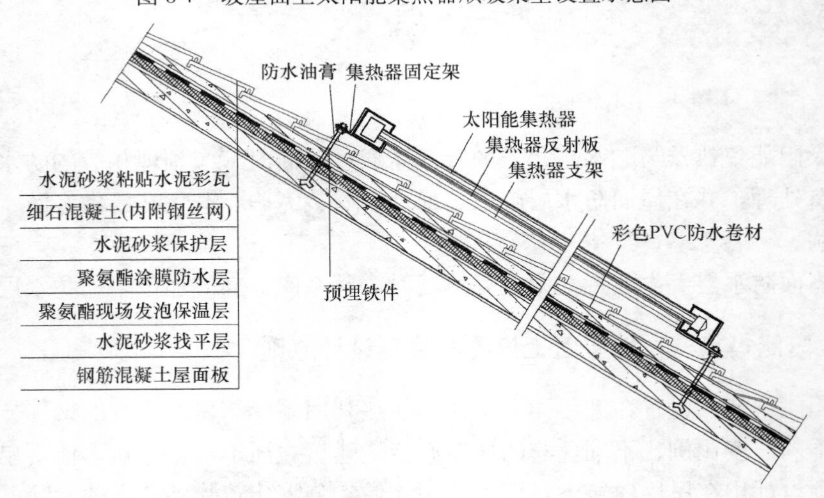

图 3-8　坡屋面上太阳能集热器顺坡架空设置做法示意图

图 3-9 坡屋面上太阳能集热器顺坡架空设置工程实例

① 顺坡架空设置的太阳能集热器支架应与埋设在屋面板上的预埋件可靠牢固连接，能承受风荷载和雪荷载。预埋件及连接部位应按建筑相关规范做好防水处理。

② 埋设在屋面结构上的预埋件应在主体结构施工时埋入，同时要与设置的太阳能集热器支架有相对应的准确位置。

③ 在坡屋面上设置太阳能集热器，屋面雨水排水系统的设计需充分考虑太阳能集热器与屋面结合处的雨水排放，保证雨水排放通畅，并不得影响太阳能集热器的质量安全。

④ 坡屋面的保温、防水、排水按常规设计，不得因装置太阳能集热器而有任何影响。

2）顺坡镶嵌设置（见图 3-10～图 3-12）：

① 顺坡镶嵌在坡屋面上的太阳能集热器与其周围的屋面材料结合连接部位需做好建筑构造处理，关键部位可做加强防水处理（如做防水附加层）。使连接部位在维持立面效果的前提下其防水、排水功能得到充分的保障。

② 太阳能集热器顺坡镶嵌在坡屋面上，屋面整体的保温、防水、排水应满足屋面的防护功能要求。太阳能集热器（无论是平板集热器还是真空管集热器）有一定的厚度，如果不采取相应措施，自然会影响到铺设太阳能集热器下方屋面的保温功能。因此，建筑设计需采取一定的技术措施保证屋面整体的保温防护功能要求。可采取局部降低屋面板的方法或增加太阳能集热器之外部分屋面保温层厚度的方法来满足整体屋面保温防护的功能要求。

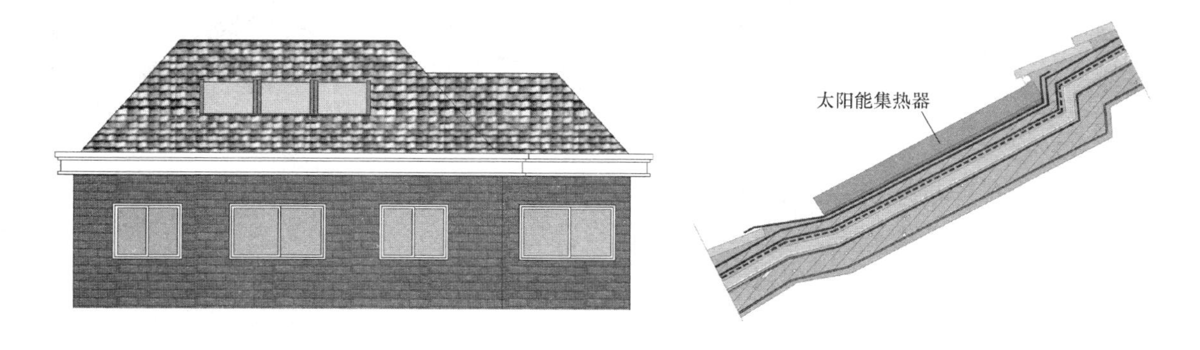

图 3-10 坡屋面上太阳能集热器顺坡镶嵌设置示意图

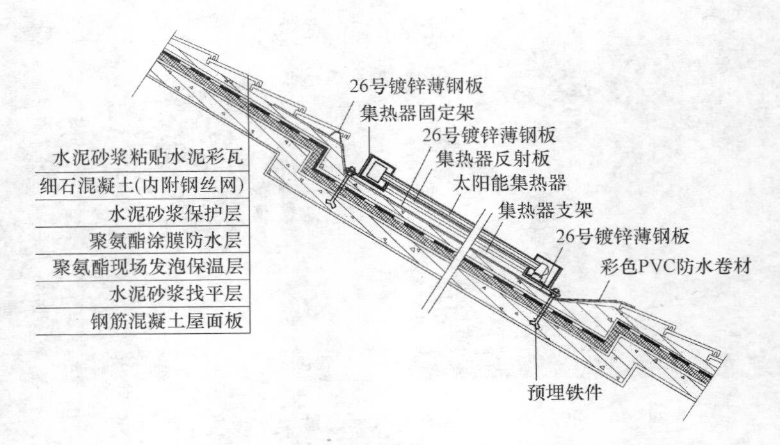

图 3-11　坡屋面上太阳能集热器顺坡镶嵌设置作法示意图

图 3-12　坡屋面上太阳能集热器顺坡镶嵌设置工程实例

（5）太阳能集热器与贮水箱相连的管线需穿过坡屋面时，应预埋相应的防水套管，防水套管需做防水处理，并在屋面防水施工前安设完毕。

（6）建筑设计应为太阳能集热器在坡屋面上的安装、维护提供可靠的安全设施。如在坡屋面屋脊上适当位置埋设金属挂钩用来拴牢系在专业安装人员身上的安全带，或者钩牢用作安装人员操作的特制的坡屋顶上活动扶梯。在不影响建筑整体屋面效果的前提下，屋面适当部位设有上人孔，方便维护人员安全出入等技术设施，为专业人员安装维修、更换坡屋面上的太阳能集热器提供安全便利的条件。

（7）设置太阳能集热器的坡屋面要充分考虑太阳能集热器的荷载。

3.5.3 太阳能集热器设置在外墙面的建筑设计原则

太阳能集热器设置在建筑外墙面上会使建筑有一个新颖的外观，能补充屋面上（特别是坡屋面）摆放太阳能集热器面积有限的缺陷。因此，太阳能集热器设置在建筑外墙面上的设计方式也是一种不错的选择（见图 3-13～图 3-15）。

其设计原则如下：

（1）设置太阳能集热器的外墙应充分考虑集热器（包括支架）的荷载。

（2）设置在墙面上的太阳能集热器应将其支架与墙面上的预埋件牢固连接。轻质填充墙不应作为太阳能集热器的支承结构，需在与太阳能集热器连接部位的砌体结构上增设钢筋混凝土构造柱或钢结构梁柱，将其预埋件安设在增设的构造梁、柱上，确保牢固支承在该位置上的太阳能集热器。

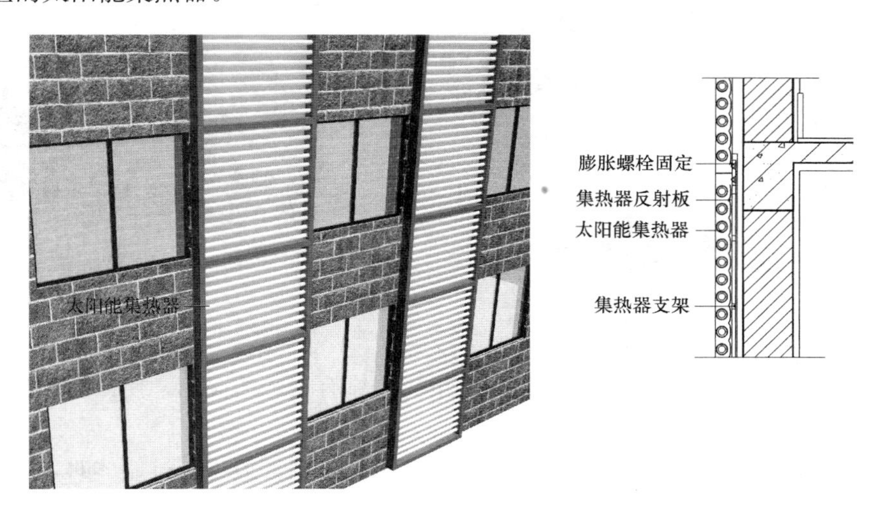

图 3-13 外墙面上太阳能集热器设置示意图

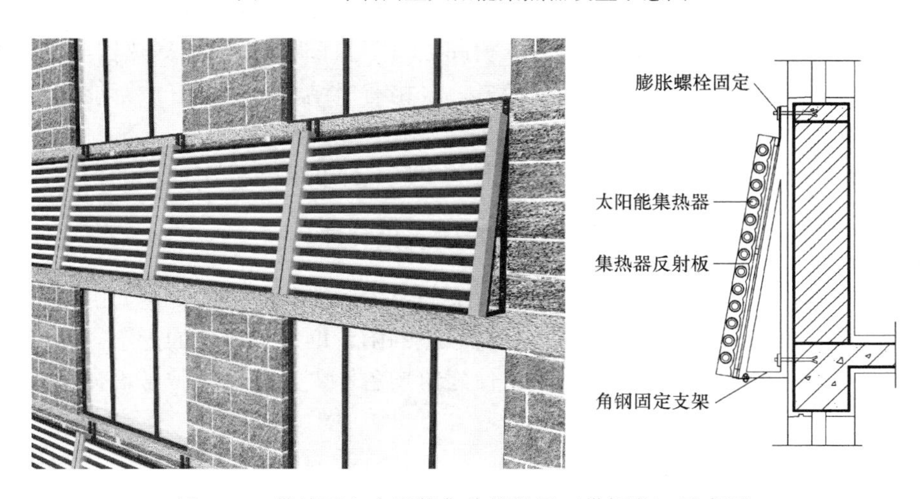

图 3-14 外墙面上太阳能集热器设置（带倾角）示意图

图 3-15　外墙面上太阳能集热器设置工程实例

（3）低纬度地区设置在墙面上的太阳能集热器应有一定的倾角，使太阳能集热器更有效地接受太阳照射。

（4）设置在墙面的太阳能集热器与室内贮水箱的连接管道需穿过墙体时，应预埋相应的防水套管，且防水套管不宜在结构梁、柱处埋设。

（5）太阳能集热器设置在墙面上，特别是镶嵌在墙面时，在保证建筑功能需求的前提下，应尽量安排好太阳能集热器的位置（窗间或窗下），调整太阳能集热器与墙面的比例，并将太阳能集热器与墙面外装饰材料的色彩、分格有机结合，处理好太阳能集热器与周围墙面、窗子的分块关系。

（6）建筑设计应为墙面上太阳能集热器的安装、维护提供安全便利的条件。

3.5.4　太阳能集热器设置在阳台栏板上的建筑设计原则

太阳能集热器结合建筑阳台设置，不仅能满足太阳能集热器接受阳光的需求，还会使建筑更加活泼、漂亮，使本来就是建筑外观点缀的阳台增加了科技的光彩，这种太阳能集热器设置在阳台栏板上的建筑设计手法会使建筑增色不少，是设计师考虑太阳能集热器设置的方式之一（见图 3-16～图 3-20）。

其设计原则如下：

（1）设置太阳能集热器的阳台应充分考虑集热器（包括支架）的荷载。

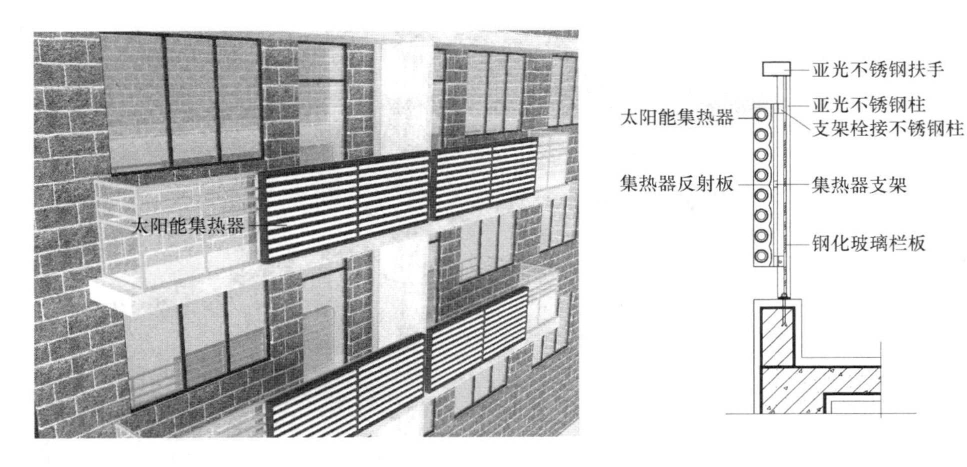

图 3-16　阳台栏板上太阳能集热器设置示意图

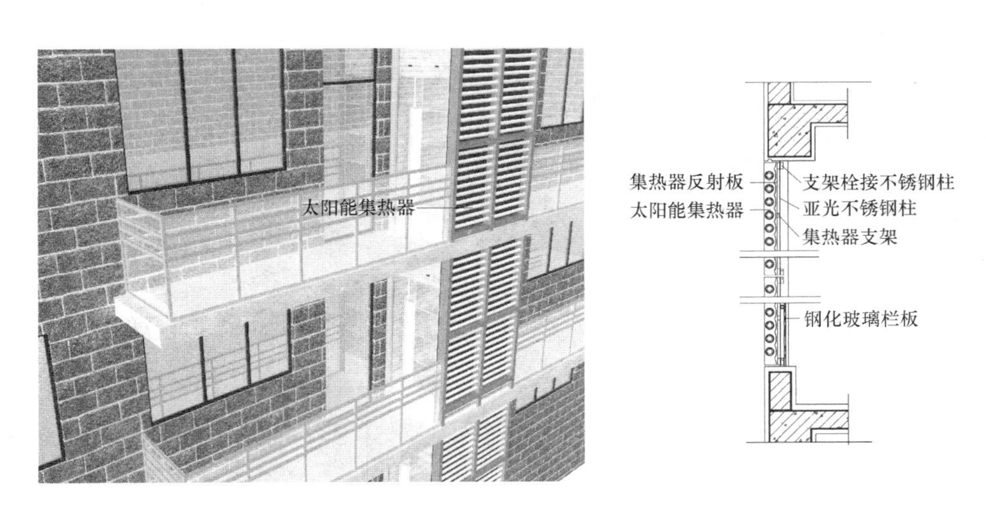

图 3-17　阳台上太阳能集热器设置示意图

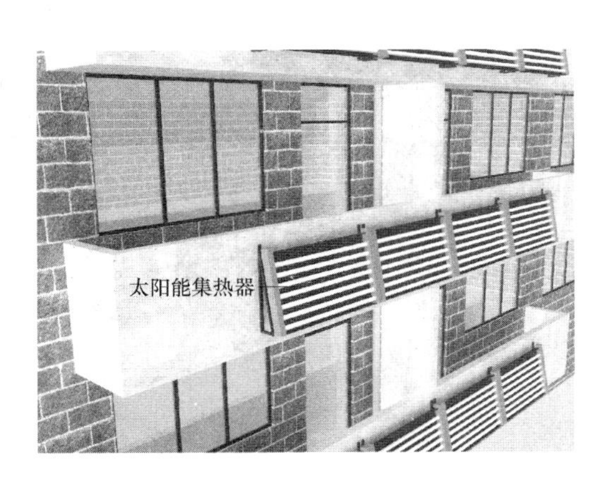

图 3-18　阳台栏板上太阳能集热器设置（有倾角）示意图

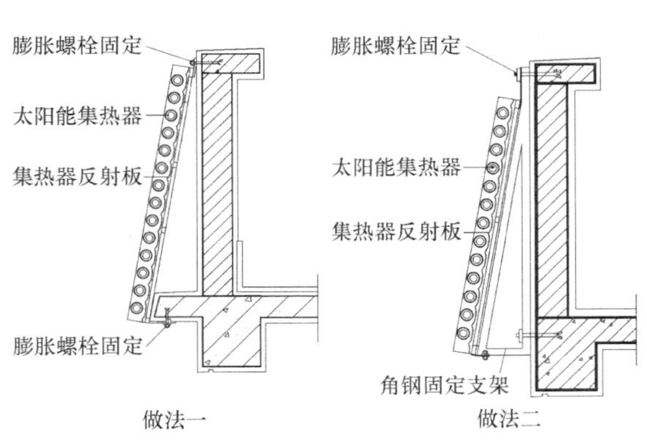

图 3-19　做法示意图

图 3-20　阳台上太阳能集热器设置工程实例

(2) 设置在阳台栏板位置的太阳能集热器其支架应与阳台栏板预埋件牢固连接。

(3) 安置太阳能集热器的阳台栏板宜采用实体栏板。特殊设计情况下，构成局部阳台栏板的太阳能集热器应与阳台结构连接牢靠，建筑设计应为其采取技术措施，满足刚度、强度以及防护功能的要求。

(4) 低纬度地区设置在阳台栏板上的太阳能集热器应有适当的倾角，使太阳能集热器接受充足有效的阳光照射。

(5) 建筑设计应为阳台栏板上太阳能集热器的安装、维护提供便利条件。

3.5.5　太阳能集热器设置在女儿墙、披檐上的建筑设计原则

太阳能集热器根据需要设置在建筑平屋面部分的女儿墙上，可为建筑整体造型风格增添色彩，相比直接放置在平屋面上的方式更巧妙。当然还必须在建筑允许的情况，以及考虑安装太阳能集热器面积的多少来综合确定太阳能集热器的设置位置和方式。在平屋面的女儿墙、披檐上设置太阳能集热器，也是建筑设计考虑太阳能集热器放置的一种方式（见图 3-21～图 3-24）。

其设计原则如下：

(1) 装置太阳能集热器的女儿墙、披檐部位应充分考虑太阳能集热器的荷载。

(2) 设置在女儿墙、披檐上的太阳能集热器，其支架应与女儿墙、披檐上的预埋件牢

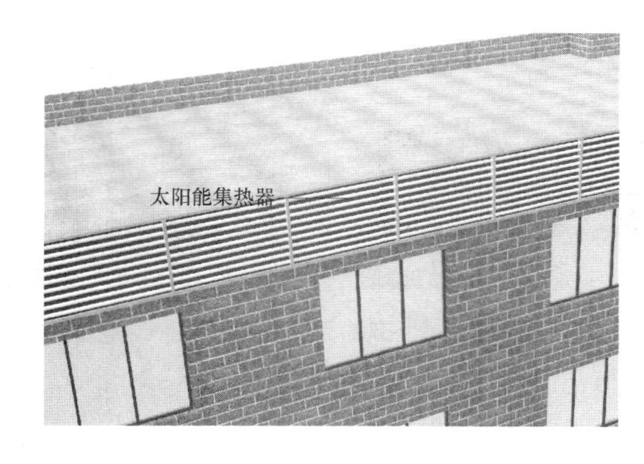

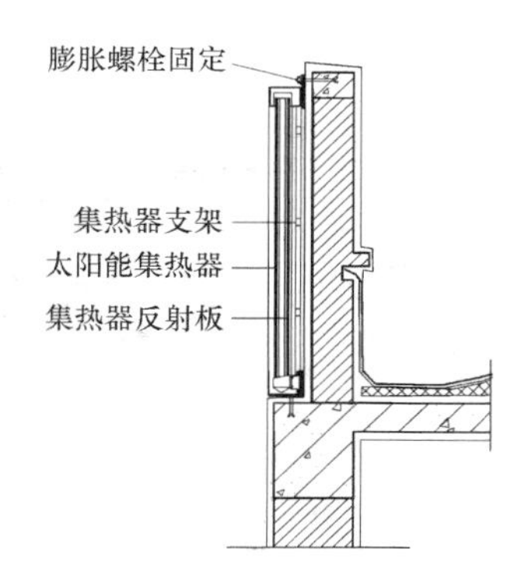

图 3-21　女儿墙上太阳能集热器设置示图

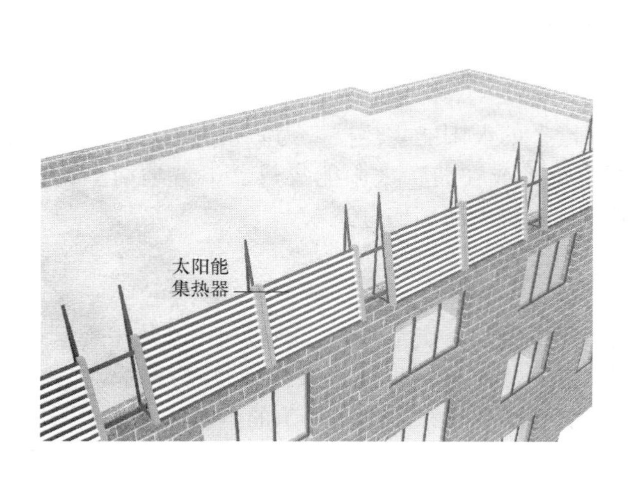

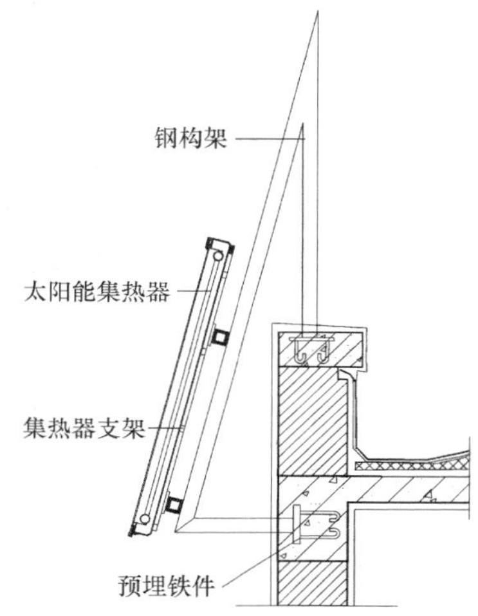

图 3-22　披檐上太阳能集热器设置示意图

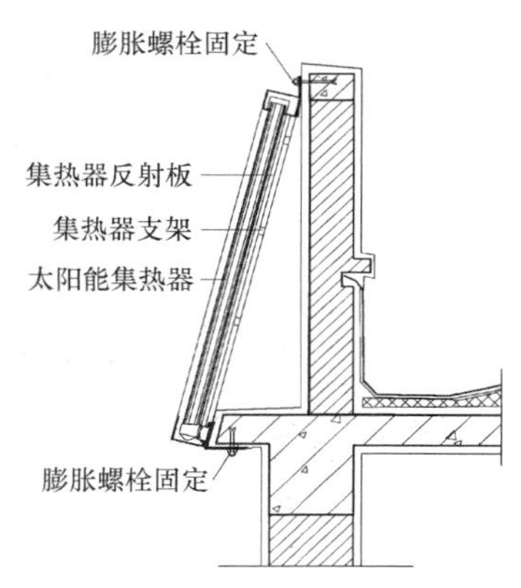

图 3-23　女儿墙上太阳能集热器做法示意图

固连接。该预埋件需预埋在女儿墙披檐内钢筋混凝土构造梁、柱、板中，以便牢固支承太阳能集热器。固定太阳能集热器的支架可由太阳能集热器厂家提供，建筑设计也可以根据

图 3-24 女儿墙、披檐上设置太阳能集热器工程实例

建筑造型在建筑上设计固定的支架，使太阳能集热器与之牢固连接即可。

（3）低纬度地区设置在女儿墙上的太阳能集热器应有一定的倾角。

装置在建筑墙面、阳台、女儿墙、披檐上的太阳能集热器，为防止其金属支架、金属锚固构件生锈对建筑墙面，特别是对浅色的阳台和外墙造成污染，建筑设计应在该部位加强防锈的技术处理或采取有效的技术措施，防止金属锈水在墙面、阳台上造成不易清理的污染。

装置在建筑墙面、阳台、女儿墙、披檐上的太阳能集热器，为防止其损坏伤人，建筑设计应采取防护措施。如精心设计护栏、挑檐或在装置太阳能集热器下方地面上种植草坪、绿化，使人员不易靠近，避免太阳能集热器损坏砸伤过路人。

3.5.6 太阳能集热器与建筑一体化设计愿景

太阳能热利用系统与建筑一体化设计很重要的一点是将太阳能热利用系统中暴露在建筑外立面上直接接受阳光照射的太阳能集热器放置好。设计不仅要满足系统的功能需求，还为建筑外观增加了科技内容，添加了不可替代的风采。这是不争的事实，也是太阳能热利用系统与建筑一体化设计反复强调的关键问题。

我国近年来，通过企业、厂商及建筑设计人员的不断努力、创新，已取得了可喜的成绩。但从宏观效果观察，作为太阳能集热器保有量堪称世界大国的国度来讲，我国与应用太阳能热利用系统先进的国家相比（如荷兰、德国等）确实还存在不小的差距，其中最直观的就是建筑的外观形象。有诸多太阳能热利用系统建筑一体化成功设计的工程实例，将太阳能集热装置与建筑有机结合，在坡顶的瓦屋面上、建筑的披檐上、建筑的墙面上，都做到了与建筑的外围护材料、建筑外部构件结合得天衣无缝，让人眼前一亮（见图3-25）。

先进国家是将太阳能集热装置（太阳能集热器）建筑模数化。例如与屋面瓦相结合的太阳能集热器的铺设就如同铺设屋面瓦一样，尺寸与材料瓦模数相匹配。再如阳台，可根据阳台的高宽设置相匹配的太阳能集热器等。因此，为达到太阳能热利用系统与建筑外观完美结合，迫切需要太阳能集热产品能够建立符合建筑常用尺寸的模数体系，实现产品标准化、规范化、多元化，使之更具有灵活性。建筑设计人员并不一定希望随心所欲，但求能灵活多变化地选用这个包含科技内容的建筑语汇，作为太阳能热利用建筑一体化设计中不可或缺的组成元素，创建建筑崭新的形式。使太阳能集热装置为建筑添彩，而不是添乱。在太阳能集热产品的开发研制中，由于建筑设计具有龙头作用，因此，建筑师应担负起责任，与太阳能行业技术人员一起，学习先进经验，努力研发、勇于创新、追求卓越，共同为太阳能热利用建筑一体化设计做出贡献。

图 3-25　太阳能集热器与建筑一体化设计工程实例

3.6　太阳能集热器的设置与定位

通常情况下，太阳能集热器宜朝向正南，或南偏东、南偏西 30°的朝向范围内设置；安装倾角宜选择在当地纬度－10°～＋20°的范围内；当受实际条件限制时，应按本书附录 3-1 进行面积补偿。合理增加集热器面积，并应进行经济效益分析。本节将介绍怎样按照建筑物的实际限定条件，合理确定太阳能集热器的倾角及方位，以及如何在集热器倾角及方位偏离最佳角度时进行太阳能集热器的面积补偿。

3.6.1　太阳能集热器的安装方位和倾角

本书附录 3-1 给出了我国 20 个城市的太阳集热器在不同安装倾角和安装方位角条件下太阳能量收集的相互关系和补偿面积比 R_S，利用 MeteoNorm V4.0 软件计算得出，表格中补偿面积比 R_S 参数的计算过程为：

（1）计算得出表中所列每一安装方位和安装倾角表面上接收到的全年太阳辐照量；

（2）定义其中年太阳辐照量最大的一组数据为补偿面积比 R_S＝100 %；

（3）将其他安装方位和安装倾角表面上接收到的全年太阳辐照量和上述最大年太阳辐照量相比，得出相对的百分比。该百分比即为该方位角和倾角下的补偿面积比 R_S。

在进行工程设计时，附录 3-1 中的城市或与之相近的地区，可以按下面的方法步骤确定太阳能集热器定位；距离偏离较大的地区可参照纬度相近地区来确定太阳能集热器定位。对东西向放置的全玻璃真空管集热器，其安装倾角可适当减小。

根据附录 3-1 确定太阳能集热器定位的方法步骤如下：

（1）太阳能集热器设置在平屋面上，而且建筑物的周围环境不会对安装方位和倾角产生限定条件时，按照附录 3-1 中对应的信息，选择 R_S 为 100 % 或大于 95 % 范围内的倾角和方位角确定太阳能集热器定位。

（2）太阳能集热器设置在坡屋面、墙面、阳台上时，由于集热器被安装在建筑围护结构表面，其定位将受到建筑物本身朝向和条件的限制。因此，会产生两种不同的情况和做法：

1）在做规划和建筑设计时，已经考虑了使建筑物朝向和坡屋面倾角符合太阳热水系统的安装要求，即建筑物本身朝向的方位角和坡屋面倾角落在附录 3-1 中对应地区表格中 R_S 为 100 % 或大于 95 % 的范围内时，则直接与坡屋面、墙面或阳台结合的太阳能集热器定位合理，不需因方位角和倾角影响而增加太阳能集热器面积，进行面积补偿。

2）当进行规划和建筑设计时条件不允许，或者是既有建筑，拟安装太阳能集热器的围护结构（坡屋面、墙面、阳台）的朝向方位角和坡屋面的倾角已经偏离附录 3-1 中 R_S 等于 100 % 或大于 95 % 的方位角和倾角范围，则由此造成的不合理的太阳能集热器定位，需要用增加集热器面积的方式来补偿。具体方法步骤如下：

按照附录 3-1 中对应地区的数值，选择近似等于太阳能集热器安装方位角和倾角所对应的 R_S 值，代入下式求得补偿后的太阳能集热器面积。

$$A_B = A_S + A_S(1 - R_S) \tag{3-1}$$

式中 A_B——进行面积补偿后实际确定的太阳能集热器面积；

A_S——用本书第 4、5、6 章相关公式计算确定的太阳能集热器面积；

R_S——附录 3-1 中近似等于太阳能集热器安装方位角和倾角所对应的补偿面积比。

（3）集热器设置在平屋面上，建筑物的周围环境对安装方位和倾角产生限定条件时，当规划和建筑设计条件不允许，或者是既有建筑、建筑物的周围环境将对太阳集热器的安装方位和安装倾角产生限定条件，例如在合理的方位角范围内会产生阳光遮挡时，应按前条所述，进行面积补偿，增加集热器面积。

3.6.2 太阳能集热器前后排间距

某一时刻太阳能集热器不被前方障碍物遮挡阳光的日照间距如图 3-26 所示。

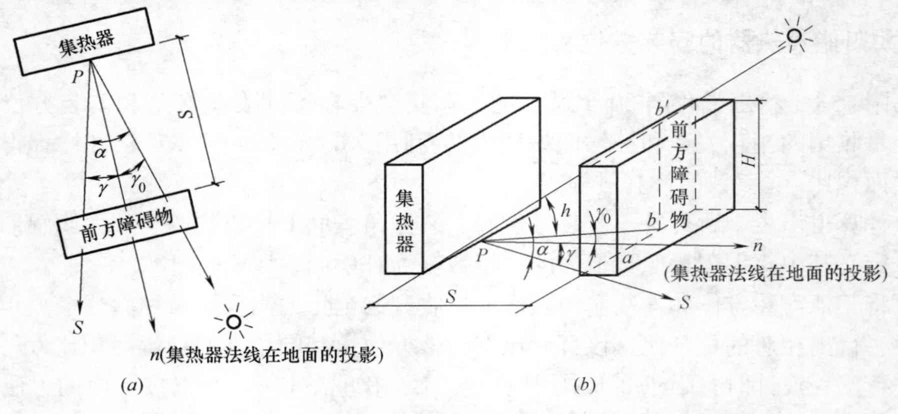

图 3-26 日照间距示意图

图中障碍物高度为 H，当要求正午前后 n 小时照射到太阳能集热器表面阳光不被遮挡时，必须满足正午前后 n 小时前方障碍物的阴影落在太阳集热器下边缘的 P 点，通过 P 点作集热器表面的法线 Pn，正南方向线为 PS，则 Pa 即为日照间距 S。

由 $S/Pb=\cos\gamma_0$，$Pb/bb'=Pb/H=\mathrm{ctg}h$ 可得：

$$S=H\mathrm{ctg}h\cos\gamma_0 \tag{3-2}$$

式中 S——日照间距，m；

H——前方障碍物的高度，m；

h——计算时刻的太阳高度角；

γ_0——计算时刻太阳光线在水平面上的投影线与集热器表面法线在水平面上的投影线之间的夹角。

角 γ_0 和太阳方位角 α 及集热器的方位角 γ（集热器表面法线在水平面上的投影线与正南方向线之间的夹角，偏东为负，偏西为正）有图 3-27 所示的关系。

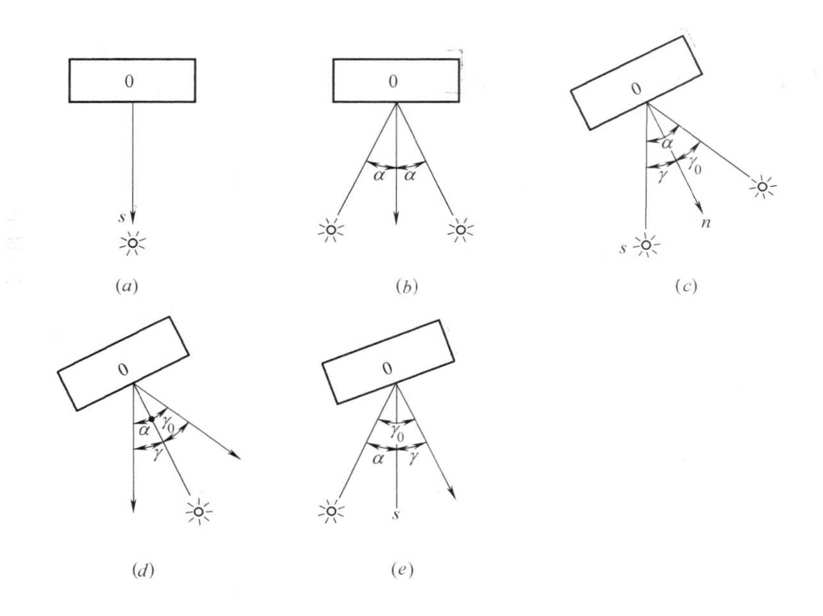

图 3-27　集热器朝向与太阳方位的关系

(a) $\gamma_0=0$，$\gamma=0$，$\alpha=0$；(b) $\gamma_0=\alpha$，$\gamma=0$；(c) $\gamma_0=\alpha-\gamma$；(d) $\gamma_0=\gamma-\alpha$；(e) $\gamma_0=\alpha+\gamma$

太阳能集热器在安装时，为充分发挥太阳能集热器的效能，要求前后排集热器之间不能相互遮挡。集热器前、后排间不相互遮挡的最小间距可由式（3-2）计算得出。计算时刻的选择，应用如下原则：

（1）全年运行系统（冬季太阳能采暖为主，其他季节太阳能热水为主）：选春分/秋分日（此时赤纬角 $\delta=0$）的 9：00 或 15：00；

（2）主要在冬季运行的系统（太阳能采暖为主）：选冬至日（此时赤纬角 $\delta=-23°57'$）的 10：00 或 14：00；

（3）太阳集热器安装方位为南偏东时，选上午时刻；南偏西时，选下午时刻。

【例 3-1】 计算北京地区全年使用的太阳热利用系统，太阳能集热器安装方位为南偏东 10°，太阳能集热器安装高度为 H 时的前后排最小不遮光间距 S。

首先查得北京的纬度 $\bar{\omega}=40°$，对应春分（或秋分）的赤纬角 $\delta=0°$，对应 9：00 的时角 $\bar{\omega}=3\times(-15°)=-45°$，集热器的方位角 $\gamma=-10°$；

$$\mathrm{Sinh}=\sin\phi\sin\delta+\cos\phi\cos\delta\cos\bar{\omega}=0.5416$$

得太阳高度角 $h=32.8°$

$$\mathrm{Sin}\alpha=\cos\delta\sin\bar{\omega}/\mathrm{cosh}=-0.8413$$

得太阳方位角 $\alpha=-57.3°$

$$\gamma_0=\alpha-\gamma=-47.3°$$

则由式（3-2）得：

$$S=H\mathrm{ctg}h\cos\gamma_0=1.05H$$

3.7 系统施工安装与工程验收

3.7.1 太阳能热利用系统与建筑一体化的施工安装

（1）太阳能热利用系统与建筑一体化的施工安装宜与建筑整体施工同步进行。

（2）用于太阳能热利用系统安装的产品、配件须质量合格，并有质量保证书。

（3）太阳能热利用系统安装，特别是太阳能集热器施工安装时，不得破坏相应部位的建筑结构和建筑功能（如防水层），不得损害建筑的外形及附属设施。

（4）太阳能热利用系统中，如水箱、管线、太阳能集热器与建筑一体化施工安装时，常采用预埋件（支架、套管等）连接，预埋件需做防水处理，预留洞、槽也均应做防水处理。

（5）伸出屋面的管道及其节点部位应采取多道设防，柔性密封，机械固定的防水措施，以提高薄弱环节处防水的可靠性。

（6）贮水箱的材质、规格及安装位置应符合设计要求，与底座固定牢靠。安装在室外时，水箱的防冻、防腐、防老化等需严格按设计要求施工。

（7）太阳能热利用系统的一系列管路，安装前需与采暖、通风、电气等专业人员密切配合，施工时应依据设计要求，有序地安排在管道井中，并且需要便于检查维修。

（8）系统中室内外热水管道均应进行保温防腐处理。

（9）太阳能热利用系统安装后应能满足避雷等设计要求，确保系统的安全性。

3.7.2 太阳能热利用系统与建筑一体化的工程验收

按照相关标准，工程验收的要求和程序如下：

（1）太阳能热利用系统建筑一体化设计工程验收，应按建筑安装工程的程序与建筑施工同步进行工程验收。

（2）太阳能热利用系统建筑一体化工程验收有分项验收及竣工验收之分。

（3）分项工程验收宜根据工程施工特点分期进行，对于影响工程安全和系统性能的工序，必须在该工序验收合格后才能进入下一道工序的施工。这些工序包括以下部分：

1）在屋面太阳能集热系统工程施工前，进行屋面防水工程的验收；

2）贮水箱就位前，进行贮水箱检漏的验收；在贮水箱进行保温前，进行贮水箱检漏的验收；

3）在太阳能集热器支架就位前，进行支架承重和固定基座的验收；

4）在建筑管道井封口前，进行预留管路的验收；

5）在系统管路保温前，进行管路水压试验；

6）隐蔽工程中隐蔽项目等应在未隐蔽之前进行现场施工质量验收；

7）太阳能热利用系统电气、强弱电预留线路的验收；

8）设计图纸注明需要验收合格后才能进入下一道施工工序时，必须进行该工序验收。

（4）系统竣工验收在分项验收合格后、工程移交用户前进行，竣工验收的检验及水质热性能等均应符合国家标准规范的规定。

（5）太阳能集热系统中太阳能集热器的安装验收应符合设计及其规范要求；贮水箱安装验收应检查位置正确与否，并与底座固定牢靠，水箱内外壁应按设计要求做防腐处理，内壁防腐涂料需无毒、卫生，当贮存的热水温度达至最高时，仍能符合饮用水的标准。太阳能热利用系统工程所使用的材料、配件、设备均须有质量合格证明文件，管道及其附件的敷设布置安装应符合设计及国家标准的相关规定。

（6）其他辅助能源加热设备的选用及安装均应满足设计要求，工程质量检验与验收应符合现行国家有关规范规程和标准的规定。

第 4 章　太阳能热水

4.1　总则

太阳能热水系统是将太阳辐射能转变为热能，并将热量传递给工作介质，从而获得热水的供热水系统。太阳能热水系统主要由太阳能集热系统和热水供应系统构成，包括太阳能集热器、贮水箱、循环管道、支架、控制系统、热交换器和水泵等设备和附件。

热水供应系统热源的选择首先要考虑节能，优先利用可再生能源、工业余热、废热等。在《建筑给水排水设计规范》GB 50015—2003（2009 版）已经明确规定，太阳能在满足要求的情况下作为热水供应系统优先选用的热源之一，即当日照时数大于 1400h/a 且年太阳辐照量大于 4200MJ/m² 及年极端最低气温不低于－45℃的地区，宜优先采用太阳能作为热水供应热源。

太阳能热水系统及其选用的部件产品必须符合国家相关产品标准的规定，有产品合格证和安装使用说明书；应有国家授权质量检验机构出具的性能参数检测报告和证书。在设计时，宜优先采用通过产品认证的太阳能热水系统及部件产品。

太阳能热水系统要满足安全、适用、美观的原则，同时要便于安装、清洁、维护和部件的更换。

太阳能集热系统是太阳能热水系统特有的组成部分，是太阳能是否得到合理利用的关键。热水供应系统负责将集热系统制成的热水供给热用户使用，其设计与常规的生活热水供应系统类似，可以参照常规的建筑给水排水手册进行设计，本书不做详细阐述。本章将重点讨论太阳能热水系统的类型和系统设计。

4.2　通用技术要求

4.2.1　系统供水质量

1. 供水方式

太阳能热水系统设计时应该按《建筑给水排水设计规范》GB 50015—2003（2009 版）的要求，以 24h 或定时供应热水方式全年为用户提供生活热水；条件暂时不具备时，按照用户要求可以改为季节生活热水供应，同时设计时预留便于将来扩容的相关技术措施。

2. 供水量和水温

采用太阳能热水系统供应热水时，各类建筑供热水量、水温和系统使用时间、卫生器具使用水温，一次和一小时热水用水量应符合 GB 50015—2003（2009 版）的规定，见附录 4-1～附录 4-3。其中淋浴器使用水温要按照气候条件、使用对象和使用习惯确定；洗衣机、餐厅厨房等用水温度都根据用途确定。对于设置集中热水供应系统的住宅，配水点的水温不应低于 45℃。

3. 卫生指标

太阳能热水系统供应生活热水的水质卫生指标，应符合国家现行标准《生活饮用水卫生标准》GB 5749 的要求。太阳能热水系统集中供应热水时原水的水处理，应根据当地水质，系统供水水量、水温、使用要求和太阳能集热器构造等因素，经技术经济比较按 GB 50015—2003（2009 版）中第 5.1.3 条规定。

4. 水压要求

太阳能热水系统的供水压力，应符合 GB 50015—2003（2009 版）的相关要求。同时应能满足卫生器具要求的最低工作压力，详见附录 4-4。

4.2.2 投资收益比

太阳辐照量会随地区、季节、天气状况发生变化，这是太阳能热水系统不稳定的主要因素，而民用建筑需要稳定供应热水。因此，太阳能热水系统中必须配置常规能源辅助加热装置，以保证在不利气候条件下用户的热水需求，即太阳能热水系统需要太阳能集热系统和常规能源辅助加热装置 2 个热源，从而造成太阳能供热系统的初投资会高于常规系统。

太阳能供热系统在工作运行时节约了常规能源消耗，而获得节能环保等收益和回报。太阳能热水系统的节能效益或者说投资收益比常用增投资回收期（也称增投资回收年限）和费效比来表证。二者的计算方法见本书第 7 章。

一个设计合理的太阳能热水系统，应在太阳能集热系统的使用寿命期内，用节约的常规能源使用费用完全补偿回收太阳能热水系统增加的初投资；如果不能回收，则该系统的设计在经济上是不合理的。经过技术经济比较，进行优化设计的太阳能热水系统，处在太阳能资源丰富区的地区，其静态投资回收期宜在 5 年以内，资源较富区宜在 8 年以内，资源一般区宜在 10 年以内，资源贫乏区宜在 15 年以内。

太阳能热水系统的费效比指的是热水系统增投资与系统在寿命期内的节能量的比值，太阳能热水系统费效比一般不宜超过 0.25 元/kWh。

4.2.3 太阳能保证率

太阳能热水系统的太阳能保证率是太阳能热水系统中由太阳能部分提供的能量占系统总负荷的百分率。太阳能保证率的大小和取值与系统使用期内当地的太阳辐照、气候条件，系统的投资回收期等经济性参数以及用户要求等因素有关。

为尽可能发挥太阳能热水系统所能起到的节能作用，太阳能热水系统的太阳能保证率不应取的太低，按我国的具体情况，取值宜在 30%～80%之间。不同太阳能资源区太阳能保证率选值范围参见表 4-1。

不同地区太阳能保证率的选值范围　　表 4-1

资源区划	年太阳辐照量 [MJ/(m² · a)]	太阳能保证率(%)	资源区划	年太阳辐照量 [MJ/(m² · a)]	太阳能保证率(%)
Ⅰ资源丰富区	≥6700	≥60	Ⅲ资源一般区	4200～5400	40～50
Ⅱ资源较富区	5400～6700	50～60	Ⅳ资源贫乏区	<4200	≤40

在太阳能资源丰富区，太阳能热水系统的年太阳能保证率宜大于 60%；较富区宜大于 50%；一般区宜大于 40%。

在太阳能资源贫乏区，设计使用太阳能热水系统应进行技术经济分析，太阳能保证率的取值可降至40%以下。

4.2.4 使用寿命

太阳能热水系统的正常使用寿命应在10年以上。

4.2.5 系统（产品）性能

在建筑上安装使用的太阳能热水系统中的全部部件都应是合格产品。全部产品在出厂前必须逐个进行出厂检验；正常生产情况下，至少两年应进行一次型式检验，并应向用户提供经国家质量监督检验机构出具的性能检验测试报告。在对工程进行评价或者验收时，也需要针对太阳能热水系统应用工程节能环保等效益进行测试与评价，应满足相应标准规范的要求。

对水箱容积小于600L的小型太阳能热水系统（太阳能集热器与贮热水箱分离安装），其水温和热性能应符合《家用太阳能热水系统技术条件》GB/T 19141—2011中要求的合格指标。国家强制性标准《家用太阳能热水系统能效限定值及能效等级》GB 26969—2011自2012年8月1日开始实施，标准将家用太阳能热水系统的能效标识分为三个等级，一级最优，二级较好，三级合格，只有达到三级的要求才允许销售。因此，用户在购买家用太阳能热水系统时，应注意其是否有能效标识且该标识应满足以上要求。

水箱容积大于600L的太阳能热水系统，其工程评价应以实际测试参数为基础，当条件具备时应优先选用长期测试，否则应选用短期测试。其测试方法以及性能评价指标应符合《可再生能源建筑应用工程评价标准》GB/T 50801—2013的相关要求。太阳能热水系统相关性能评价指标包括太阳能保证率、集热效率、贮热水箱热损因数以及供水温度。

4.2.6 耐压

太阳能热水系统应具备一定的承压能力，承受系统设计所规定的工作压力，并通过水压试验检验。试验压力应符合设计要求；设计未注明时，试验压力应为系统顶点的工作压力加0.1MPa，同时在系统顶点的试验压力不小于0.3MPa。

4.2.7 系统运行控制

为保证太阳能热水系统能获取良好的节能效益，系统运行时需根据天气条件进行调节，并在太阳能系统和常规能源系统之间进行运行切换。因此，太阳能热水系统应设置安全、可靠、灵活的控制系统。

系统运行宜选择全自动控制系统，因初投资限制或暂时条件不具备时，非关键部件的控制可选择手动控制，但必须能够保证系统的安全、稳定运行。

4.2.8 其他能源水加热设备配置（系统辅助热源）

由于受日照时间和雨雪的影响，太阳能不能全天候工作或供热不足，在要求热水供应不间断的场所，应另行配置辅助能源加热设备。

24h供应热水的太阳能热水系统应配置其他能源水加热设备（辅助热源装置），定时供应热水的太阳能热水系统宜配置其他能源水加热设备（辅助热源装置）。辅助热源设备的选用和安装按《建筑给水排水设计规范》GB 50015—2003和其他相关规定执行。

4.3 系统类型与特点

太阳能热水系统从功能上可划分成两部分：一部分是太阳能集热系统，相当于常规生活热水系统的热源部分；另一部分是热水配水系统，将热水送到各用水点，形式与常规生活热水系统基本相同；贮水箱是这两部分的结合点。下面详细阐述太阳能热水系统类型和特点。

4.3.1 太阳能热水系统的分类

安装在民用建筑上的太阳能热水系统，根据不同的分类标准，可以分成不同形式。

（1）按太阳能集热与供热水范围可分为集中供热水系统、集中—分散系统和分散供热水系统。

集中供热水系统是指为几幢建筑、单幢建筑或多个用户供水的系统；集中—分散系统是采用集中的太阳能集热器和分散的贮水箱供给单幢建筑或建筑物内某一局部单元或单个用户所需热水的系统；分散供热水系统是指为建筑物内某一局部单元或单个用户供热水的系统。

（2）按太阳能集热系统运行方式可分为自然循环系统、直流式系统和强制循环系统。

自然循环系统是指太阳能集热系统仅利用传热工质内部的温度梯度产生的密度差进行循环的太阳能热水系统，也称热虹吸系统，在集中、集中—分散热水系统中基本不采用；直流式系统是指传热工质一次流过集热器系统加热后，进入贮水箱或用热水处的非循环太阳能热水系统；强制循环系统是指利用机械设备等外部动力迫使传热工质通过集热器进行循环的太阳能热水系统。

（3）按太阳能集热系统加热方式可分为直接式系统（也称一次循环系统）和间接式系统（也称二次循环系统）。

直接式系统是指在太阳能集热器中直接加热水供给用户的系统；间接式系统是指在太阳能集热器中加热某种传热工质，再利用该传热工质通过热交换器加热水供给用户的系统。由于热交换器阻力较大，间接式系统一般采用强制循环系统。考虑到用水卫生、减缓集热器结垢以及防冻因素，在投资允许的条件下，一般优先推荐采用间接式系统。

（4）按辅助热源安装位置可分为内置加热系统和外置加热系统。

为了保证建筑太阳能热水系统可以全天候运行，通常将太阳能热水系统与使用的辅助能源加热设备联合使用，共同构成带辅助能源的太阳能热水系统。内置加热系统是将辅助能源加热设备安装在太阳能热水系统的贮水箱中；外置加热系统是将辅助能源的加热设备安装在贮热水箱外，如在贮热水箱附近的燃气热水器或其他加热设备。

（5）按辅助能源的启动方式可分为按需手动启动系统、全日自动启动系统和定时自动启动系统。

辅助能源启动方式与建筑类型用途等紧密相关，如公共建筑中游泳馆、公共浴室即可采用定时或按需手动的启动系统。随着控制技术的迅猛发展，全日自动启动系统已逐渐占据市场的主流位置。

（6）按照热水的循环方式可分为全循环管网、半循环管网和不循环管网。

全循环管网即所有配水干管、立管和分支管都设有相应回水管道，可以保证配水管网中任意点的水温。半循环管网仅热水干管设有回水管道，只能保证干管中的水为设计温度。非循环管网即不设置回水管道。

（7）按照热水管网运行方式可分为全天循环方式和定时循环方式。

全天循环即全天任何时刻，管网中都维持有不低于循环流量的热水，使设计管段的水温在任何时刻都保持不低于设计温度。定时循环即在集中使用前，利用水泵和回水管道是管网中已经冷却的水强制循环加热，在热水管道中的热水达到规定温度后再开始使用。

（8）按照热水供应系统是否敞开可分为闭式热水供应系统和开式热水供应系统。

闭式热水供应系统就是在所有配水点关闭后，整个系统与大气隔绝，形成密闭系统。开式热水供应系统就是所有配水点关闭后，系统内的水仍与大气相通。

本章主要按供热水范围来划分太阳能热水系统并进行讨论。

太阳能热水系统的系统设计应遵循节水节能、经济实用、安全可靠、维护简便、美观协调、便于计量的原则，根据使用要求、耗热量及用水点分布情况，结合建筑形式、其他可用能源种类和热水需求量等条件，来选择太阳能热水系统的形式。

4.3.2 集中供热水系统

集中供热水系统是采用集中的太阳能集热器和集中的贮水箱供给一幢或多幢建筑物，或多个用户（如为住宅某一单元用户）所需热水的系统。太阳能集热系统的集热器面积由系统所供应的全部用户共享，设有集中贮水箱和集中辅助热源。

集中供水系统的特点：集热器和其他加热设备集中设置，便于集中维护管理；卫生器具的同时使用率较低，设备总容量较小；各热水使用场所不必设置加热装置，占用总建筑面积较少；使用较方便舒适。设备、系统较复杂，建筑投资较大；需要有专门维护管理人员；管网较长，热损失较大；一旦建成后，改建、扩建较困难。

集中系统应具备用能计量的功能。太阳能热水系统以节约能源为目的，初投资高于常规热水系统，但所增加的投资可用系统投入运行后节省的常规能源费用补偿回收。在系统投入运行后，将涉及房地产开发商和物业公司的获益分享问题，因此，系统应能够计量实际耗费的常规能源，以作为计算节能费用和收益的依据。

下面从太阳能集热系统运行方式和热水配水系统的类型和特点进行阐述。

1. 太阳能集热系统运行方式

不同运行方式的太阳能集热系统都有其适用条件。自然循环系统较适用于分散系统，不适用于建造大型太阳能热水系统，因为大型系统的贮热水箱容积很大，系统要形成热虹吸效应，需将巨大的贮热水箱置于集热器上方，在建筑布置和承重结构设计上都会带来很多问题；直流式系统适用条件详见后面的介绍；强制循环系统适用于大、中、小型各种规模的太阳能热水系统。

集中供热水系统中太阳能集热系统采用贮水箱与太阳能集热器分离的形式，系统循环宜选用机械循环方式；宜优先选用间接换热系统，即在太阳能集热系统中循环运行的是传热工质，传热工质通过热交换器再加热供给用户的生活热水的系统。实际工程中太阳能集热系统运行方式以强制循环系统为主，部分使用直流式系统。

（1）强制循环系统是利用控制器和循环水泵使系统根据集热系统得热量强制循环传热工质加热的系统。系统由水泵驱动强制循环，其系统形式较多，按集热工质换热方式主要有直接式和间接式两种。直接系统一般采用变流量定温放水的控制方式或温差循环控制方式。我国过去多采用直接系统，直接系统是把供给用户的生活热水在太阳能集热器中直接加热，主要是考虑不影响系统热性能，以及降低初始投资，但水质不易保证，需要增加阻垢除垢的水处理装置。间接系统的控制方式以温差循环控制方式为主。世界上各发达国家对水质的要求高，所以一般是采用间接系统。目前，随着人们生活水平的不断提高，今后我国对生活用水水质的要求将会越来越严格，所以，优先选用间接系统是合理的。

强制循环系统需要增加循环水泵，对集热系统阻力没有限制，水箱可放置在阁楼、技术夹层或地下室，不影响建筑外观设计；由于增加水泵故增加了系统的造价。通过系统控制，可以实现集热系统的防冻和防过热的功能。该系统可以在较大规模的太阳能热水系统中应用。

（2）直流式系统是利用控制器使传热工质在自来水压力或其他附加动力作用下，直接流过集热器加热的系统。直流式系统一般采用变流量定温放水的控制方式，当集热系统出水温度达到设定温度时，电磁阀打开，集热系统中的热水流入热水贮水箱中；当集热系统出水温度低于设定温度时，电磁阀关闭，补充的冷水停留在集热系统中吸收太阳能被加热。直流式系统只能是直接式系统，可以采用非承压集热器，集热系统造价较低。在国内的中小型建筑中使用较多；由于存在生活用水可能被污染、集热器易结垢和防冻问题不易解决的缺点，国外较少使用。

直流式系统要求自来水压力稳定、硬度较小的场合，或者增加阻垢除垢的水处理装置，否则水垢易积附在集热器上，生活热水水质要求和系统防冻要求不高的场合；集热系统资用压头受自来水上水压力限制，集热器面积不宜过大，同时，直流式系统无法通过系统的运行控制实现防冻功能，冬季只能采用放空系统中水来达到防冻目的。直流式系统适用于供水规模较小的系统中。太阳能集热系统与热水供水系统采用直接式系统。对于希望能尽早得到热水的用户，如理发馆、食堂、餐厅等，一般系统容量不大，集热器面积都在 $50m^2$ 以下，可选用直流式系统。

2. 集中供热水配水系统

集中系统的供热水配水系统形式可按《建筑给水排水设计规范》的相关规定和用户的具体要求选择确定，系统循环管道宜采用同程布置方式，并设循环泵，采用机械循环。

热水配水系统应具有计量供水功能，应在入户供热水管路上装设热水表，按每一单位用户实行用热水计量。

集中供热水配水系统管网有多种分类方式，本节则以热水管网的循环方式和系统是否敞开来说明其特点。

（1）按照热水管网的循环方式分类

为保证热水管网中的水随时保持一定的温度，热水管网除配水管道外，根据具体情况和使用要求还要设置不同形式的回水管道。当配水管道停止配水时，使管网中仍维持一定的循环流量，以补偿管网热损失，防止温度降低过多。常用的循环管网和循环方式有全循环系统（见表 4-2 中序号 2、4、5 图式）、半循环系统（见表 4-2 中序号 3 图式）和非循环系统（见表 4-2 中序号 1 图式）。

全循环管网所有配水干管、立管和分支管都设有相应回水管道，可以保证配水管网任意点的水温，其供水质量较高，有利于节水，该循环方式多采用机械循环方式，增加水泵和管路会有一定的耗能和耗材。全循环管网适用于要求能随时获得设计温度热水的建筑，如宾馆、高层民用建筑、医院、疗养院等。在配水分支管很短，或一次用水量较大时（如浴盆等），或对水温没有特殊要求时，分支管也可以不设回水管道。对要求随时取得不低于规定温度的热水的建筑物，应保证支管中的热水循环，或有保证支管中热水温度的措施。目前，工程中以全循环管网为主。

半循环管网仅热水干管设有回水管道，只能保证干管中的水为设计温度，适用于对水温要求不甚严格，支管、分支管较短，用水较集中或一次用水量较大的建筑，如某些工业企业的生产和生活用水、一般住宅和集体宿舍等。

非循环管网即不设置回水管道的热水管网，使用时放出的冷水较多，不利于节水，也无法保证供水质量。适用于连续用水的建筑，如公共浴室、某些工业企业的生产和生活用水等。

（2）按照热水供应系统是否敞开分类

在集中供热水系统中还可以按照热水系统是否与大气相通分为开式和闭式系统。开式热水供应系统就是在所有配水点关闭后，系统内的水仍与大气相通，如设有高位热水箱的系统、设有开始膨胀水箱或膨胀管的系统，因为水温不可能超过100℃，水压也不会超过最大静水压力或水泵压力，所以不必另设安全阀。

闭式热水供应系统就是在所有配水点关闭后，整个系统与大气隔绝，形成闭式系统，所以水质不易受外界污染。但这种系统若设计、运行不当会使水温、水压升高超过要求，从而造成事故，所以必须设置温度或压力安全阀。

开式热水供水系统可设有高位水箱、开式膨胀水箱或膨胀管，因系统与大气相通，水温不可能超过100℃，水压也不会超过最大静水压力或水泵压力，系统运行安全，也不必另设安全阀。

当给水管道的水压变化较大且用水点要求水压稳定时，宜采用开式系统或采取稳压措施；水质要求较高和不宜设置高位水箱的建筑，宜采用闭式系统。

（3）集中供热水系统汇总

常用的5种集中供热水系统的图式、特点见表4-2。

4.3.3 集中—分散供热水系统

集中—分散系统是采用集中的太阳能集热器和分散的贮水箱供给一幢建筑物或多个用户（如为住宅某一单元用户）所需热水的系统。该系统中太阳能集热系统的太阳能集热器面积由系统所供应的全部用户共享，贮水箱则分散设置在其供应热水的每个用户的户内，相应的辅助热源也分散设置在每个用户的户内。

集中—分散系统中的太阳能集热器必定与贮水箱分离，而且是采用机械循环方式。宜优先选用间接系统，以保证水质，并利于严寒和寒冷地区的系统防冻。

集中—分散系统同样需具备用能计量的功能，最好能为每个用户安装热量表；但为降低系统的初投资，也可采用仅安装水表，计量每个用户的用水量。

集中—分散系统从太阳能集热系统的形式上与集中供热水系统并无区别，主要差异在于供热水范围以及水箱数量和设置方面。下面以集热系统强制循环的加热方式分为太阳能直接加热和间接加热系统；用户户内可设置分户水箱或不设置分户水箱；分户水箱可以分为直接加热分户水箱和间接加热分户水箱。

集中—分散系统中的太阳能集热器必定与贮水箱分离，常用的3种集中—分散供热水系统的图式、特点和适用条件见表4-3。

常用集中供热水系统汇总 **表 4-2**

序号	名称	图式	特点
1	强制循环开式单水箱间接系统	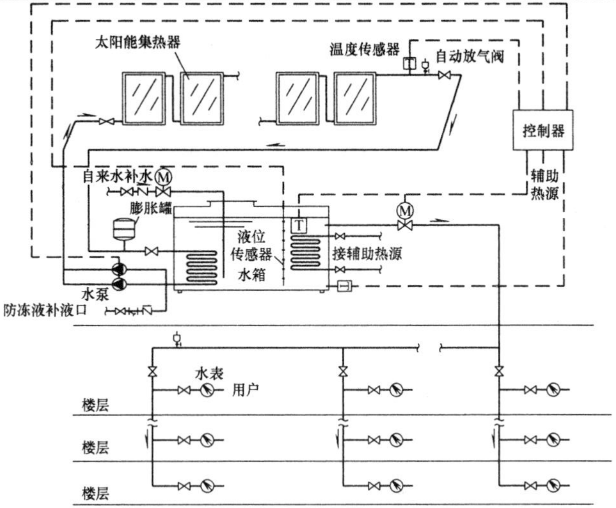 太阳能集热器 温度传感器 自动放气阀 控制器 辅助热源 自来水补水 膨胀罐 液位传感器 水箱 接辅助热源 水泵 防冻液补液口 水表 用户 楼层 楼层 楼层	水箱可放置在阁楼或技术夹层，对系统阻力没有限制，不影响建筑外观设计，可以在较大规模的太阳能热水系统中应用； 系统既可依靠自来水水压顶水供水，又可依靠水箱重力自流供水； 太阳能集热系统运行效率较直接式略有降低； 集热系统采用间接系统，水质不易污染，有保障。可采用防冻液方式防冻； 热水供应系统没有循环管路，使用时需先放冷水，不利节水和提高热水供应质量
2	强制循环开式双水箱间接系统	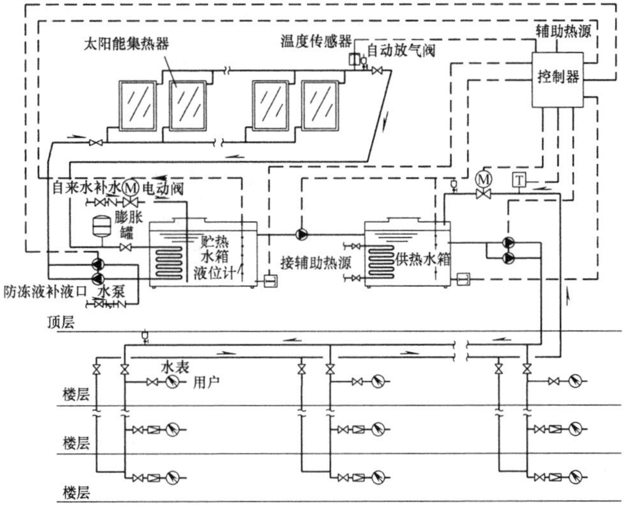 太阳能集热器 温度传感器 自动放气阀 辅助热源 控制器 自来水补水 电动阀 膨胀罐 贮热水箱 液位计 接辅助热源 供热水箱 防冻液补液口 水泵 顶层 水表 用户 楼层 楼层 楼层	水箱放置在阁楼或技术夹层，对系统阻力没有限制，不影响建筑外观设计，可以在大规模的太阳能热水系统中应用； 配备了供热水箱，系统蓄热功能增强，太阳能集热系统运行效率提高，但水箱热损增加； 系统可依靠自来水水压顶水供水，又可依靠水箱重力自流供水； 集热系统采用间接系统，水质不易污染，有保障。可采用防冻液方式防冻； 热水供应系统没有循环管路，使用时需先放冷水，不利节水和提高热水供应质量

续表

序号	名　称	图　式	特　点
3	强制循环闭式供热水双水箱直接系统	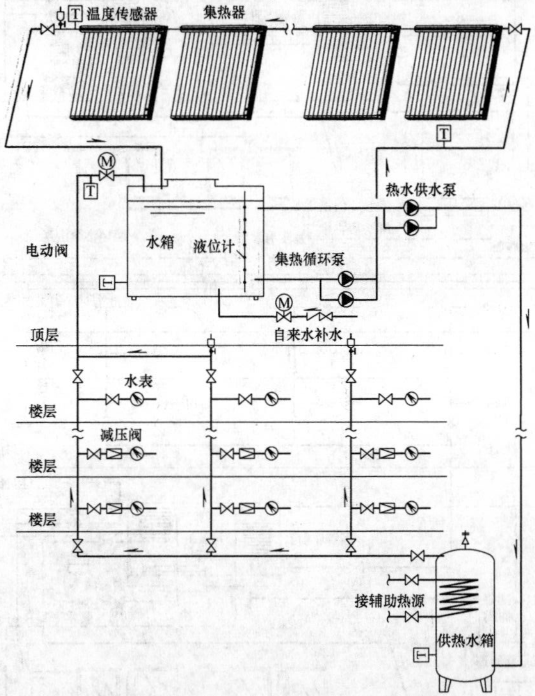	供热水箱放置在地下机房，对系统阻力没有限制，不影响建筑外观设计，可以在较大规模的太阳能热水系统中应用； 配备了供热水箱，系统蓄热功能增强，热水供水质量比较有保障，太阳能集热系统运行效率进一步提高，但水箱热损增加； 闭式供热水箱设在底层，适用于集中辅助热源设在下部的情况（例如燃气热水锅炉）；水箱内设置一组辅助热源加热盘管，可采用容积式热交换器； 供水系统采用全循环闭式系统； 热水供应系统采用了干管和立管循环的方式，热水供应质量进一步提高，但竣工前需调试以防短路； 需要循环水泵，投资和运行费用较高

续表

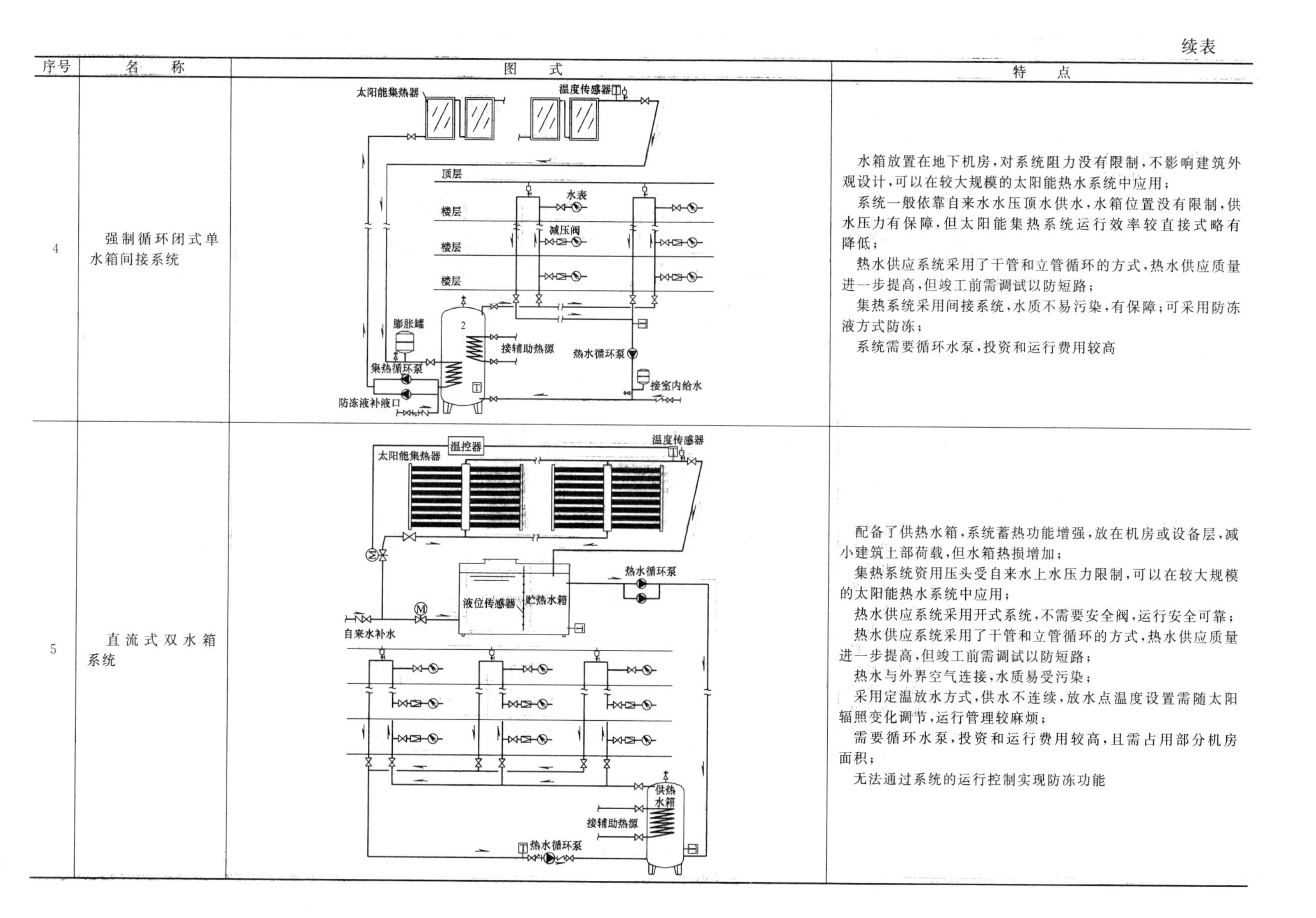

序号	名称	图式	特点
4	强制循环闭式单水箱间接系统		水箱放置在地下机房，对系统阻力没有限制，不影响建筑外观设计，可以在较大规模的太阳能热水系统中应用； 系统一般依靠自来水水压顶水供水，水箱位置没有限制，供水压力有保障，但太阳能集热系统运行效率较直接式略有降低； 热水供应系统采用了干管和立管循环的方式，热水供应质量进一步提高，但竣工前需调试以防短路； 集热系统采用间接系统，水质不易污染，有保障；可采用防冻液方式防冻； 系统需要循环水泵，投资和运行费用较高
5	直流式双水箱系统		配备了供热水箱，系统蓄热功能增强，放在机房或设备层，减小建筑上部荷载，但水箱热损增加； 集热系统资用压头受自来水上水压力限制，可以在较大规模的太阳能热水系统中应用； 热水供应系统采用开式系统，不需要安全阀，运行安全可靠； 热水供应系统采用了干管和立管循环的方式，热水供应质量进一步提高，但竣工前需调试以防短路； 热水与外界空气连接，水质易受污染； 采用定温放水方式，供水不连续，放水点温度设置需随太阳辐照变化调节，运行管理较麻烦； 需要循环水泵，投资和运行费用较高，且需占用部分机房面积； 无法通过系统的运行控制实现防冻功能

常用集中—分散供热水系统汇总 **表 4-3**

<table>
<tr><th>序号</th><th>名称</th><th>图式</th><th>特点及适用条件</th></tr>
<tr><td>1</td><td>强制循环开式直接系统＋闭式分户水箱</td><td>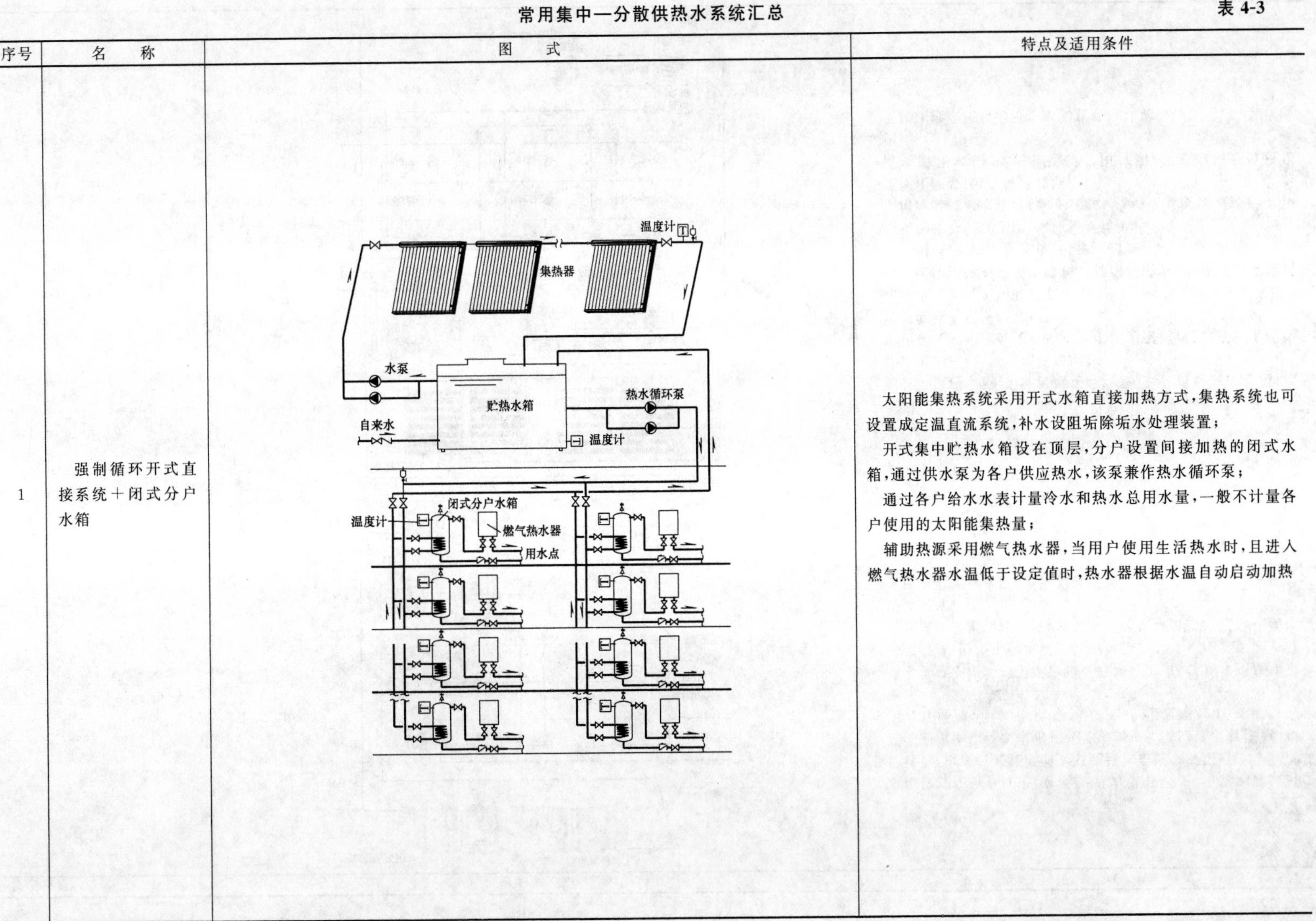
</td><td>太阳能集热系统采用开式水箱直接加热方式，集热系统也可设置成定温直流系统，补水设阻垢除垢水处理装置；
开式集中贮热水箱设在顶层，分户设置间接加热的闭式水箱，通过供水泵为各户供应热水，该泵兼作热水循环泵；
通过各户给水水表计量冷水和热水总用水量，一般不计量各户使用的太阳能集热量；
辅助热源采用燃气热水器，当用户使用生活热水时，且进入燃气热水器水温低于设定值时，热水器根据水温自动启动加热</td></tr>
</table>

序号	名　　称	图　　式	特点及适用条件
2	强制循环开式间接系统＋闭式分户水箱	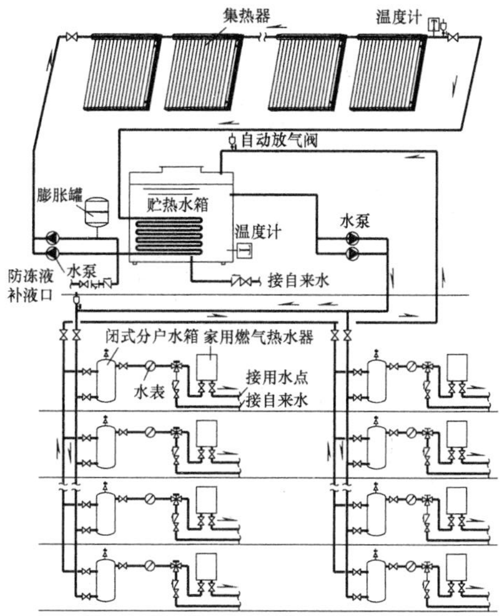	太阳能集热系统采用间接闭式承压循环方式，管道内加防冻液； 集中开式贮热水箱设在顶层，可利用高位水箱水压，通过供水泵为各户供应热水，该泵兼作热水循环泵； 分户设置闭式水箱，水箱出口设置热水表，分户计量用热水量； 辅助热源采用燃气热水器。当用户使用生活热水时，且进入燃气热水器水温低于设定值时，热水器自动启动加热，达到或超过设定温度时，自动停止加热

续表

序号	名称	图式	特点及适用条件
3	强制循环开式间接系统＋家用燃气热水器直接加热	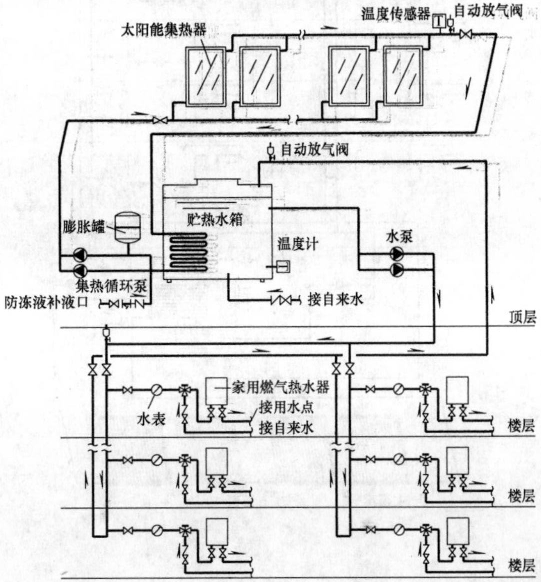 温度传感器 自动放气阀 太阳能集热器 自动放气阀 贮热水箱 膨胀罐 水泵 温度计 集热循环泵 防冻液补液口 接自来水 顶层 家用燃气热水器 水表 接用水点 接自来水 楼层 楼层 楼层	太阳能集热系统采用间接闭式承压循环方式，管道内加防冻液； 开式集中贮热水箱设在顶层，可利用高位水箱水压，通过供水泵为各户供应热水，并兼作热水循环泵； 各户无热水贮热水箱，设置干管循环，可充分利用太阳能热量； 进入各户的太阳能热水设置热水表，分户计量用热水量； 辅助热源采用燃气热水器。当用户使用生活热水，且进入燃气热水器水温低于设定值时，热水器根据水温自动启动加热

集中—分散系统中如果采用户内循环，其系统及控制如图 4-1 所示。

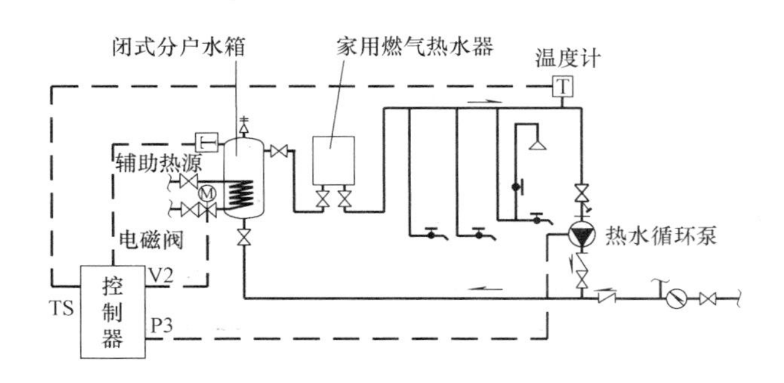

图 4-1　户内循环系统及控制原理图

4.3.4　分散供热水系统

分散供热水系统是采用分散的太阳能集热器和分散的贮水箱供给各个用户所需热水的小型系统。只为单个用户，如单栋别墅或单栋建筑物按户分配集热器面积，分户供应热水、分户设置贮水箱和辅助热源的系统。在实行辅助热源热计量的前提下，分散系统的热水配水系统可不设热水计量装置。

分散系统中的太阳能集热系统宜采用贮水箱和太阳能集热器分离的形式，系统循环根据具体条件选用机械循环或自然循环，宜优先选用机械循环、间接系统。机械循环系统与集中系统的一样，此处不再赘述。下面介绍自然循环系统。

通常采用的自然循环系统见表 4-4 中序号 1 图式。在自然循环系统中，贮热水箱中的水在热虹吸作用下通过集热器被不断加热，并由自来水的压力顶水或通过高位水箱落水给热用户使用。自然循环定温放水系统多设一个可以放在集热器下部的供热水箱，原有贮热水箱体积可以大大缩小，当贮热水箱中水温达到设定值时，利用自来水压力将贮热水箱中的热水顶到供热水箱中待用。自然循环定温放水系统安装和布置较自然循环系统容易，但

常用分散供热水系统汇总　　　　**表 4-4**

序号	名　称	图　式	特　点
1	自然循环系统＋燃气热水器辅助热源	家用燃气热水器 阳台户外墙 供热水箱温度传感器 T ≥500mm 阳台外墙 集热器 控制器 卫生间 厨房 热水循环泵 接室内给水 阳台 室内地面	集热系统采用自然循环闭式间接加热，水箱底部须高于集热器最高点至少 5m，此系统适用于有南向阳台的小户型； 闭式单水箱采用循环阻力小的双内胆结构水箱，热媒为防冻工质； 冷水给水补水压力可保证生活热水压力； 当进入燃气热水器水温低于设定值时，热水器根据水压、流量和水温自动启动加热

续表

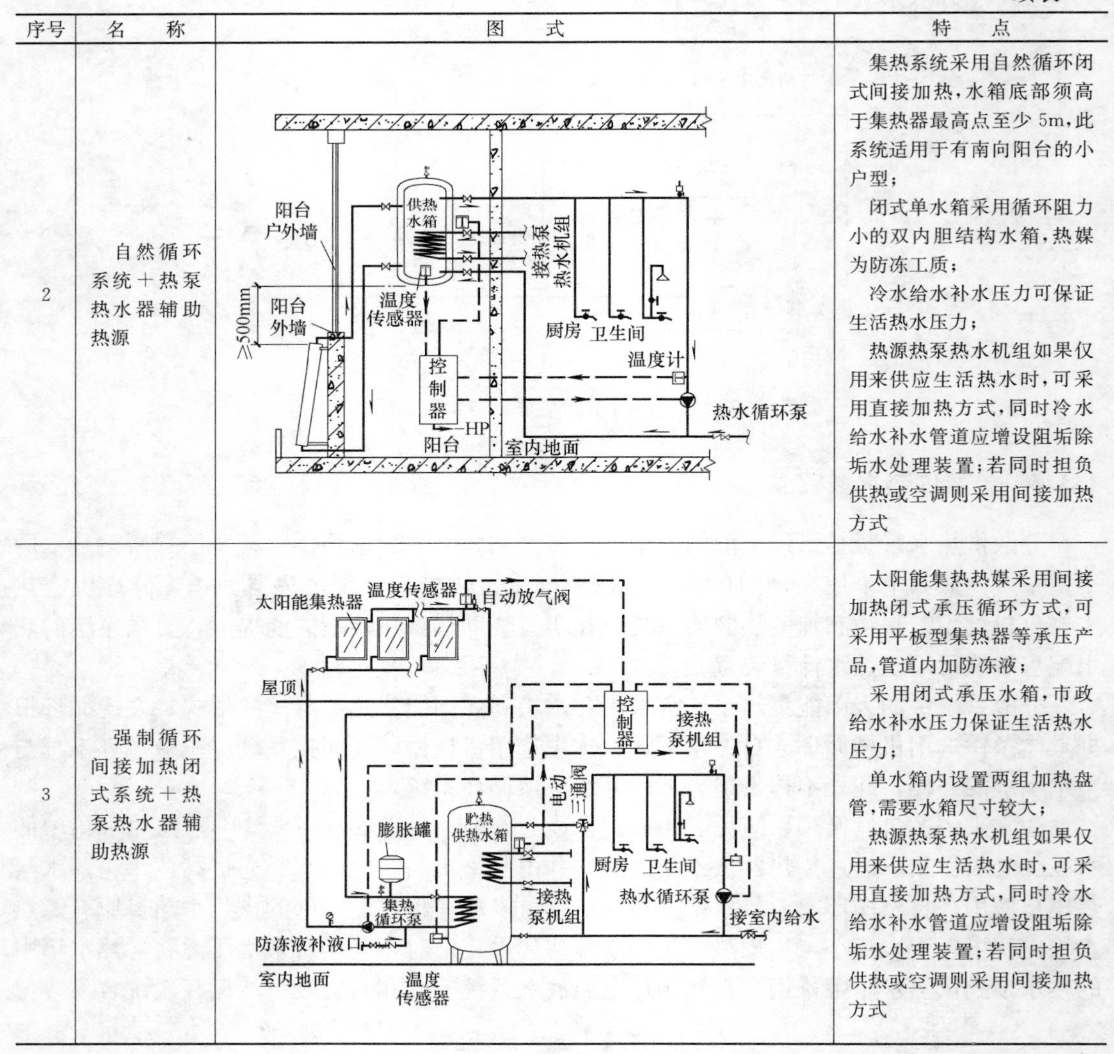

序号	名　称	图　式	特　点
2	自然循环系统＋热泵热水器辅助热源		集热系统采用自然循环闭式间接加热，水箱底部须高于集热器最高点至少 5m，此系统适用于有南向阳台的小户型； 闭式单水箱采用循环阻力小的双内胆结构水箱，热媒为防冻工质； 冷水给水补水压力可保证生活热水压力； 热源热泵热水机组如果仅用来供应生活热水时，可采用直接加热方式，同时冷水给水补水管道应增设阻垢除垢水处理装置；若同时担负供热或空调则采用间接加热方式
3	强制循环间接加热闭式系统＋热泵热水器辅助热源		太阳能集热热媒采用间接加热闭式承压循环方式，可采用平板型集热器等承压产品，管道内加防冻液； 采用闭式承压水箱，市政给水补水压力保证生活热水压力； 单水箱内设置两组加热盘管，需要水箱尺寸较大； 热源热泵热水机组如果仅用来供应生活热水时，可采用直接加热方式，同时冷水给水补水管道应增设阻垢除垢水处理装置；若同时担负供热或空调则采用间接加热方式

造价有所提高。自然循环系统可以采用非承压的太阳能集热器，不需要循环水泵，其造价较低。自然循环系统不需要专门的维护管理，但由于自然循环系统的贮水箱必须高于集热器以提供热虹吸动力，这种系统在与建筑结合的设计中贮水箱的位置不好布置，仅在有南向阳台且使用较少。

4.4 系统设计

太阳能热水系统设计流程如图 4-2 所示。

4.4.1 热水负荷计算

太阳能热水系统的两个不同子系统——太阳能集热系统和热水供应系统，在选型时所参照的系统负荷是不一样的。太阳能集热系统根据月平均日用热水量来选取太阳能集热器

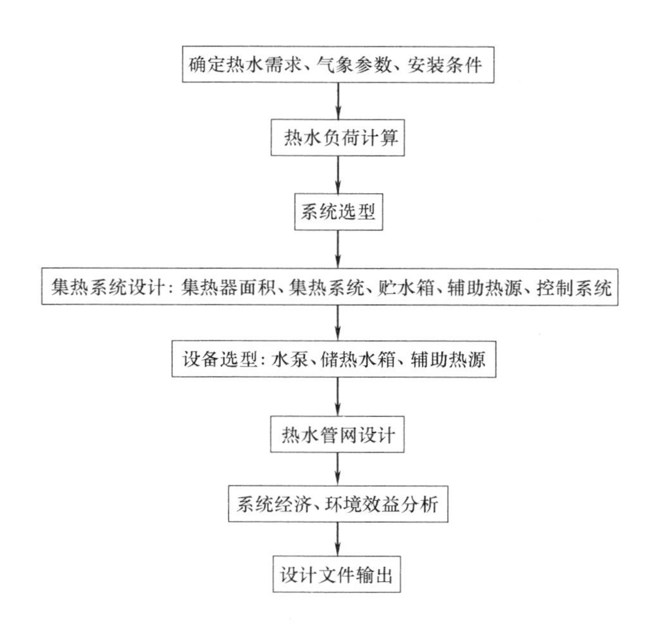

图 4-2　太阳能热水系统设计流程

的面积；而热水供应系统则根据最高日用水定量来确定系统设备和管路。本节主要讨论与热水供应系统有关的负荷，与太阳能集热系统相关的负荷和参数计算将在下节中进行讨论。

住宅和公共建筑内，生活热水用水定额应根据水温、卫生设备完善程度、热水供应时间、当地气候条件、生活习惯和水资源情况等确定。根据《建筑给水排水设计规范》，集中供应热水时，各类建筑的热水用水定额应按附录 4-1、附录 4-2 确定。卫生器具的一次和一小时热水用水定额和水温应按附录 4-3 确定。在计算热水系统的耗热量时，冷水温度应以当地最冷月平均水温资料确定。无水温资料时，可参照附录 4-5 确定。水加热器的出口最高水温和配水点的最低水温参见附录 4-6。盥洗用、沐浴用和洗涤用热水的水温参见附录 4-7。

1. 系统日耗热量、热水量计算

全日供热水的住宅、别墅、招待所、培训中心、旅馆、宾馆、医院住院部、养老院、幼儿园、托儿所（有住宿）等建筑的集中热水供应系统的日耗热量、热水量可分别按下列公式计算：

$$Q_d = q_r c \rho (t_t - t_L) m / 86400 \tag{4-1}$$

式中　Q_d——日耗热量，W；

q_r——热水用水定额，L/(人・d) 或 L/(床・d)，参见附录 4-1、附录 4-2；

c——水的比热容，c=4187J/(kg・℃)；

ρ——热水密度，kg/L；

t_r——热水温度，t_r=60℃；

t_L——冷水温度，℃，参见附录 4-5；

m——用水计算单位数（人数或床位数）。

$$q_{rd}=\frac{86400Q_d}{cp(t'_r-t'_L)} \tag{4-2}$$

$$q_{rd}=q_r \cdot m \tag{4-3}$$

式中 q_{rd}——设计日热水量，L/d；

t'_r——设计热水温度，℃；

t'_L——设计冷水温度，℃；

q_r——热水用水定额，L/(人·d) 或 L/(床·d)，参见附录 4-1、4-2；

m——用水计算单位数（人数或床位数）。

2. 设计小时耗热量、热水量计算

（1）设计小时耗热量计算

1）设有集中热水供应系统的居住小区的设计小时耗热量按下列情况分别计算：

① 当居住小区内配套公共设施的最大用水时段与住宅的最大用水时段一致时，应按两者的设计小时耗热量叠加计算。

② 当居住小区内配套公共设施的最大用水时段与住宅的最大用水时段不一致时，应按住宅的设计小时耗热量加配套公共设施的平均小时耗热量叠加计算。

2）全日供应热水的宿舍（Ⅰ、Ⅱ类）、住宅、别墅、酒店式公寓、招待所、培训中心、旅馆与宾馆的客房（不含员工）、医院住院部、养老院、幼儿园、托儿所（有住宿）、办公楼等建筑的集中热水供应系统的设计小时耗热量应按下列公式计算：

$$Q_h=K_h\frac{mq_rC(t_r-t_L)\rho_r}{3600T} \tag{4-4}$$

式中 Q_h——设计小时耗热量，W；

m——用水计算单位数（人数或床位数）；

q_r——热水用水定额，L/(人·d) 或 L/(床·d) 见附录 4-1、附录 4-2；

C——水的比热容，$c=4187$J/(kg·℃)；

t_r——热水温度，$t_r=60$℃；

t_L——冷水温度，℃，参见附录 4-5；

ρ_r——热水密度，kg/L；

T——每日使用时间，h；

K_h——小时变化系数，见表 4-5。

热水小时变化系数 K_h 值 **表 4-5**

类别	住宅	别墅	酒店式公寓	宿舍（Ⅰ、Ⅱ类）	招待所培训中心、普通旅馆	宾馆	医院、疗养院	幼儿园托儿所	养老院
热水用水定额[L/(床·d)]	60～100	70～110	80～100	70～100	25～50 40～60 50～80 60～100	120～160	60～100 70～130 110～200 100～160	20～40	50～70
使用人(床)数	≤100～≥6000	≤100～≥6000	≤150～≥1200	≤150～≥1200	≤150～≥1200	≤150～≥1200	≤50～≥1000	≤50～≥1000	≤50～≥1000
K_h	4.8～2.75	4.21～2.47	4.00～2.58	4.80～3.20	3.84～3.00	3.33～2.60	3.63～2.56	4.80～3.20	3.20～2.74

注：1. K_h 应根据热水用水定额高低、使用人（床）数多少取值，当热水用水定额高、使用人（床）数多时取低值，反之取高值，使用人（床）数小于或等于下限值及大于或等于上限值的，K_h 就取下限值及上限值，中间值可用内插法求得；

2. 设有全日集中热水供应系统的办公楼、公共浴室等表中未列入的其他类建筑的 K_h 值可按给水的小时变化系数选值。

3）定时供应热水的住宅、旅馆、医院及工业企业生活间、公共浴室、宿舍（Ⅲ、Ⅳ类）、剧院化妆间、体育场（馆）运动员休息室等建筑物的集中热水供应系统的设计小时耗热量应按式（4-5）计算：

$$Q_h = \sum q_h (t_r - t_L) \rho_r n_0 bc / 3600 \tag{4-5}$$

式中 Q_h——设计小时耗热量，W；

q_h——卫生器具的小时用水定额，L/h，按照附录 4-3 采用；

c——水的比热容，c=4187J/(kg·℃)；

t_r——热水温度，℃，按照附录 4-3、附录 4-6 和附录 4-7 采用；

t_L——冷水温度，℃，按照附录 4-5 采用；

n_0——同类型卫生器具数；

b——卫生器具的同时使用百分数，住宅、旅馆、医院、疗养院病房，卫生间内浴盆或淋浴器可按 70%～100%计，其他器具不计，但定时连续供水时间应大于等于 2h 工业企业生活间、公共浴室、学校、剧院、体育场（馆）等浴室内的淋浴器和洗脸盆均按 100%计。住宅一户带多个卫生间时，可只按一个卫生间计算；

ρ_r——热水密度，kg/L。

注：住宅、旅馆、医院、疗养院病房定时连续供水时间≥2h。

4）具有多个不同使用热水部门的单一建筑或具有多种使用功能的综合性建筑，当其热水由同一热水供应系统供应时，设计小时耗热量可按同一时间内出现用水高峰的主要用水部门的设计小时耗热量加其他用水部门的平均小时耗热量计算。

（2）设计小时热水量计算

设计小时热水量按式（4-6）计算：

$$q_{rh} = \frac{Q_h}{(t_r - t_L) c \rho_r} \tag{4-6}$$

式中 Q_h——设计小时耗热量，W；

q_{rh}——设计小时热水量，L/h；

t_r——设计热水温度，℃；

t_L——设计冷水温度，℃；

c——水的比热容，c=4187J/(kg·℃)；

ρ_r——热水密度，kg/L。

4.4.2 系统选型

太阳能热水系统的设计选型主要涉及两部分，即太阳能集热系统和热水配水系统。工程设计人员和相关人员可以根据项目的实际情况和具体要求，即用户的用水温度、用水量、用水时间以及用水方式，并结合当地气象资料、建筑条件、经济指标等进行综合分析。可以从表 4-1～表 4-3 中选择适宜的系统形式；也可以根据太阳能集热系统和热水供应系统的特点，按照实际需要组合出新的系统形式来应用。

1. 集中供热水系统

对于热水用量较大、用水点比较集中的建筑，如较高级的居住建筑、旅馆、宾馆、公共浴室、医院、疗养院、体育馆、游泳池、大型饭店等公用建筑，布置较集中的工业企业建筑等，宜选择集中供热水系统。太阳能集中供热水系统选型见表 4-6。

太阳能集中供热水系统选型 **表 4-6**

建筑类型			居住建筑			公共建筑		
			低层	多层	高层	宾馆	游泳馆	公共浴室
集中供热水系统			●	●	●	●	●	●
太阳能集热系统类型	系统运行方式	自然循环系统	●	●	—	○	●	●
		强制循环系统	●	●	●	●	●	●
		直流系统	●	●	●	●	●	●
	辅助热源启动方式	全日自动启动系统	●	●	●	●	—	—
		定时自动启动系统	●	●	●	—	●	●
		按需手动启动系统	●	—	—	—	●	●
	传热方式	直接系统	●	●	●	●	—	●
		间接系统	●	●	●	●	●	●
热水管网	循环方式	全循环	●	●	●	●	●	●
		半循环	○	○	○	○	○	●
		不循环	—	—	—	—	—	●
	管网运行方式	全天循环	●	●	●	●	—	—
		定时循环	●	●	●	—	●	●
	系统是否敞开	闭式热水供应系统	●	●	●	●	●	—
		开式热水供应系统	○	○	○	○	—	●

注：表中“●”为可选用；“○”为有条件选用；“—”为不宜选用。

2. 集中—分散供热水系统

对于用水量大、用水点不集中的建筑，如入住率不能得到保证的商品住宅，或者计量收费管理困难的建筑，适宜选择集中—分散供热水系统。太阳能集中—分散供热水系统选型见表 4-7。

太阳能集中—分散供热水系统选型 **表 4-7**

建筑类型			居住建筑			公共建筑		
			低层	多层	高层	宾馆	游泳馆	公共浴室
集中—分散供热水系统			●	●	●	●	●	●
太阳能集热系统类型	系统运行方式	自然循环系统	●	●	—	●	●	●
		强制循环系统	●	●	●	●	●	●
		直流系统	●	●	●	●	●	●
	辅助热源启动方式	全日自动启动系统	●	●	●	●	—	—
		定时自动启动系统	●	●	●	—	●	●
		按需手动启动系统	●	—	—	—	●	●
	传热方式	直接系统	●	●	●	●	—	●
		间接系统	●	●	●	●	●	●

续表

建筑类型			居住建筑			公共建筑		
			低层	多层	高层	宾馆	游泳馆	公共浴室
热水管网	循环方式	全循环	●	●	●	●	●	●
		半循环	○	○	○	○	○	●
		不循环	—	—	—	—	—	●
	管网运行方式	全天循环	●	●	●	●	—	—
		定时循环	●	●	●	—	●	●
	系统是否敞开	闭式热水供应系统	●	●	●	●	●	—
		开式热水供应系统	○	○	○	○	—	●

注：表中“●”为可选用；“○”为有条件选用；“—”为不宜选用。

3. 分散供热水系统

分散式热水系统多用于居住建筑，一般不用于公共建筑。根据经济条件选择太阳能集热系统类型和热水供水系统循环方式。居住建筑分散供热水系统选型见表 4-8。

太阳能分散供热水系统选型 **表 4-8**

建筑类型			居住建筑		
			低层	多层	高层
分散供热水系统			●	●	○
太阳能集热系统类型	系统运行方式	自然循环系统	●	●	●
		强制循环系统	●	●	●
		直流系统	●	●	●
	辅助热源启动方式	全日自动启动系统	●	●	●
		定时自动启动系统	●	●	●
		按需手动启动系统	●	●	●
	传热方式	直接系统	●	●	●
		间接系统	●	●	●
热水管网	循环方式	全循环	●	●	●
		半循环	○	○	○
		不循环	●	●	●

注：表中“●”为可选用；“○”为有条件选用；“—”为不宜选用。

4.4.3 太阳能集热系统设计

太阳能集热系统主要包含太阳能集热器、水箱、辅助热源和控制系统，强制循环系统还包括循环水泵，间接式系统还包括换热器。

太阳能集热器是太阳能热水系统中的集热部件，也是太阳能热水系统的核心部件，其性能优劣直接影响到太阳能热水系统的性能。太阳能集热系统的设计主要围绕着它来进行，但系统其他附件的合理选择及设计，对充分利用集热器所收集的太阳能也起决定性的作用。

1. 太阳能集热器面积的确定

太阳能集热器的总面积是太阳能热水系统中的一个重要参数，它与系统的节能特性和经济性紧密相关。

根据我国现行的标准体系，按照贮热水箱容积大小区分家用系统和工程系统。贮热水箱容积小于 600L 为家用太阳能热水系统，贮热水箱容积大于或等于 600L 的为工程用太阳能热水系统，二者的相应技术要求和热性能指标是不同的，系统的选型计算也有所不同。贮热水箱容积小于 600L 的家用太阳能热水系统是工厂生产的定型产品，可以直接进行系统选型；而贮热水箱容积大于或等于 600L 的太阳能热水系统则需要设计人员进行各部件产品的选型后，再进行系统设计；集热器是系统中最为重要的产品部件，所以系统设计的一个重要环节即是对太阳能集热器的选型及确定集热器总面积。下面将分别给出贮热水箱容积大于或等于 600L 时，在集中供热水和集中—分散供热水系统中太阳能集热系统的集热器总面积确定方法，以及水箱容积小于 600L 时的分散供热水系统中太阳能集热器面积确定方法。

(1) 集中、集中—分散供热水系统太阳能集热器总面积的确定

1) 直接式系统太阳能集热器总面积的确定

直接式太阳能热水系统的集热器总面积根据系统的日平均用水量、用水温度、当地辐照条件、集热器性能等参数确定，按式（4-7）进行计算：

$$A_c=\frac{Q_w c\rho_r(t_{end}-t_L)f}{J_T\eta_{cd}(1-\eta_L)} \tag{4-7}$$

式中 A_c——直接式系统集热器总面积，m^2；

Q_w——日平均用热水量，平均日用水定额按不高于附录 4-1 和附录 4-2 热水最高用水定额的下限值取值，L_e；热水日平均用水量 Q_w 通常与当地人们的生活水平、生活习惯和气候条件等因素密切相关，在目前缺乏实际调研数据的情况下，设计人员可以根据具体情况取不低于规范规定的最高日用水定额下限值的某一数值作为太阳能集热系统的计算依据；

c——水的定压比热容，kJ/(kg·℃)；

ρ_r——水的密度，kg/L；

t_{end}——贮水箱内水的终止设计温度，℃；贮水箱内水的终止设计温度指热水用水温度，按照附录 4-3 中相应用水设备选取；

t_L——水的初始温度，℃；指自来水上水温度，可按照当地条件参照本附录 4-6 选取；

J_T——当地集热器总面积上的年平均日或月平均日太阳辐照量，kJ/m^2；

f——太阳能保证率，无量纲；根据系统使用期内的太阳辐照、系统经济性及用户要求等因素综合考虑后确定，可参照表 4-1 选取；

η_{cd}——集热器年或月平均集热效率，无量纲，具体取值根据集热器产品的实际测试结果而定，按附录 4-8 计算；

η_L——管路及贮水箱热损失率，%，按附录 4-9 计算。

集热器总面积更准确的计算可使用国际上通用的 F-Chart、RETScreen 等软件或类似的软件进行，详细介绍见本手册第 9 章。

2) 间接式系统太阳能集热器总面积的确定

间接系统与直接系统相比，由于存在换热器内外传热温差，使得在保证系统具有相同

加热能力时，间接系统运行时平均工作温度高于直接系统，致使集热器效率降低，因此在获得相同的热水时，间接系统的集热器面积大于直接系统。

间接系统的集热器总面积 A_{IN} 可按式（4-8）计算：

$$A_{IN}=A_c\cdot\left(1+\frac{F_RU_L\cdot A_C}{U_{hx}\cdot A_{hx}}\right) \tag{4-8}$$

式中 A_{IN}——间接系统集热器总面积，m^2；

A_c——直接系统集热器总面积，m^2；

F_RU_L——集热器总热损系数，W/(m^2·℃)，平板型集热器取 4～6，真空管集热器取 1～2，具体数值要根据集热器产品的实际测试结果而定；

U_{hx}——换热器传热系数，W/(m^2·℃)，查产品样本得出；

A_{hx}——间接系统换热器换热面积，m^2，查产品样本得出。

（2）贮热水箱容积小于 600L 时分散系统集热器面积确定

分散式系统的贮热水箱容积小于 600L，可直接选用企业的定型产品（户用系统），再利用企业产品样本中通过检测给出的系列成套产品的得热量方程进行校核计算，以符合用户要求。图 4-3 为得热量方程曲线示意图。具体的选型步骤如下。

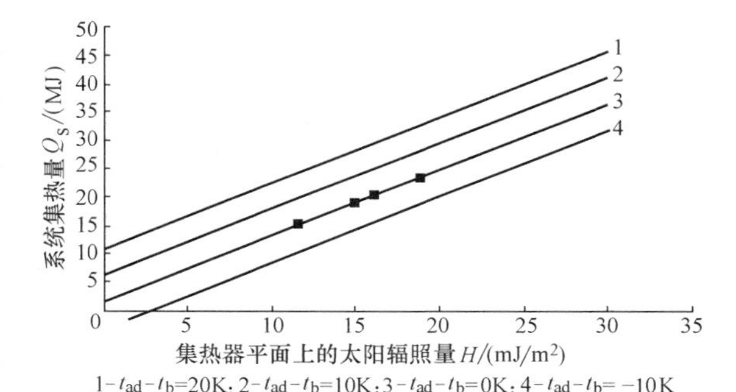

图 4-3 家用太阳能热水系统得热量曲线示意

1）选择水箱容积与设计的日平均用热水量最为接近的产品；

2）用该产品的得热量方程计算太阳能热水系统的得热量 Q_S；

3）计算该产品（户用系统）的太阳能保证率 f；用此太阳能保证率做节能效益及经济分析，符合业主要求、选型完成，否则，重新选择。

太阳能热水系统的得热量方程表示如下：

$$Q_S=a_1H+a_2(t_{ad}-t_b)+a_3 \tag{4-9}$$

式中 t_{ad}——当地的年平均或设计月的月平均环境空气温度，℃；

t_b——集热器工质进口温度，℃；

H——当地的年平均日太阳辐照量或设计月的月平均日太阳辐照量，MJ/m^2；

a_1、a_2、a_3——常数项，无单位。

系统的太阳能保证率 $f=Q_S/Q_L$，其中 Q_L 为满足用户的平均用热水量时，系统的设计日耗热量，该数值按式（4-1）计算得出。

2. 水箱设计

水箱容积应根据集热器规模、太阳能保证率、辅助热源特点、用水量、用水习惯来确定。太阳能热水系统中一般会设置贮热水箱和供热水箱。通常将太阳能集热系统的贮水箱称为贮热水箱，热水供应系统的贮水箱简称为供热水箱。

集中供热水系统中，当供热水箱的容积小于太阳能集热系统所选贮热水箱容积的40%时，太阳能热水系统可采用单水箱的方式。当热水供应系统需要的供热水箱容积大于太阳能集热系统所选贮热水箱容积的40%时，既可以采用单水箱的方式，水箱容积按所需供热水箱容积的2.5倍确定；也可以采用双水箱的形式，贮热水箱容积按照后面计算得出，第二个水箱按照供热水箱的要求选取。集中供热水系统宜采用双水箱或多水箱的条件为：太阳能保证率低的大型热水系统；需要全天24h热水供应系统；以燃气、燃油和生物质锅炉为辅助热源的热水系统。

集中—分散供热水系统一般情况下设置一个贮热水箱，在户内根据辅助热源类型决定是否设置分户水箱。采用电作为辅助热源一般需要设置分户水箱，若燃气热水器为辅助热源，则视具体情况而定。设置分户水箱一般都是闭式分户水箱。设计时分户水箱作为供热水箱应满足户内用热水要求。

(1) 贮热水箱设计

一般来说，集中供热水系统和集中—分散供热水系统的贮热水箱容积应根据太阳能集热器总面积选配。目前，工程中常采用单位面积太阳能集热器配置贮热水箱容积为40～100L，推荐采用的配比通常为每平方米太阳能集热器总面积对应75L贮热水箱容积。需要精确计算时，可以通过相关模拟软件进行长期热性能分析得到。随着技术的发展，今后的趋势是企业通过检测，按其实际的热性能和使用地区确定单位面积集热器配置贮热水箱容积，在其样本中给出优化好的配比，供用户使用。

为更好地利用因温差产生的贮热水箱内水的分层效应，应注意设置热水供水管、辅助热源、集热系统换热器和自来水补水管的位置。热水供水管宜安装在水箱顶部，自来水补水管宜安装在水箱最下部，出水口距水箱底部10cm左右。辅助热源应设置在热水供水管下部集热系统换热器上部。若集热系统为直接系统，其进水口距水箱底部10～15cm左右以防止其将水箱底部的沉淀物吸入集热器，集热系统的出水需接到进水口上部，辅助热源之下。图4-4为水箱接管示意。

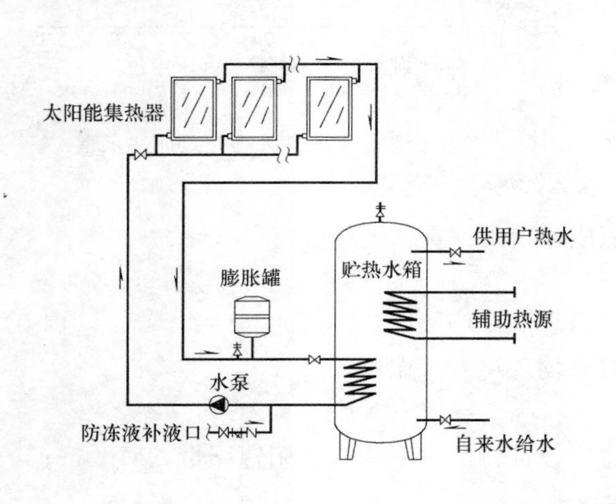

图4-4 水箱接管示意图

(2) 供热水箱容积计算

根据相关给水排水设计规范，集中热水供应系统的水箱容积应根据日用热水小时变化曲线及太阳能集热系统的供热能力和运行规律，以及常规能源辅助加热装置的工作制度、加热特性和自动温度控制装置等因素按积分曲线计算确定。间接式系统太阳能集热器产生的热水用作容积式水加热器或加热水箱的一次热媒时，贮水箱的贮热量不得小于表4-9贮水箱的贮热量中所列的指标。

贮水箱的贮热量 **表4-9**

加热设备	太阳能集热系统出水温度≤95℃	
	工业企业淋浴室	其他建筑物
容积式水加热器或加热水箱	≥60minQ_h	≥90minQ_h

注：Q_h为设计小时耗热量/W。

3. 辅助热源设计

为了保证太阳能热水系统的可靠性，系统应设置其他辅助能源加热/换热设备。辅助热源的设置应根据当地实际情况，应做到因地制宜、经济适用。太阳能热水系统常用的辅助热源种类主要有：城市热网、工业余热、燃油或燃气、电、热泵。由于太阳能热水的供应具有很大的不确定性，为了保证生活热水的供应质量，辅助热源的选型应该按照热水供应系统的负荷选取，一般不考虑太阳能的份额。

辅助热源的设置需要考虑水箱的设置。当采用单水箱方式时，辅助加热设备一般直接放在水箱中，当采用电、水—水或水—汽换热盘管等作为辅助能源时，辅助加热装置放在水箱上部；由于燃气或燃油辅助加热装置一般从水箱底部加热，会影响水箱的分层和集热器效率，不建议直接作为单水箱系统辅助加热能源。当采用双水箱系统时，辅助热源设置在供热水箱中。贮热水箱一般作为预热水箱，供热水箱作为辅助加热水箱。

辅助热源一般通过水加热设备的形式向系统提供热量，辅助热源提供的热量即为水加热器的供热量。常见的水加热器种类可以分为容积式水加热器、半容积式水加热器及半即热式、快速式水加热器。

集中热水供应系统中，水加热设备的设计小时供热量应根据日热水用水量小时变化曲线、加热方式及水加热设备的工作制度经积分曲线计算确定。当无条件时，可按下列原则确定。

（1）容积式水加热器或贮热容积与其相当的水加热器、热水机组，按式（4-10）计算：

$$Q_g = Q_h - 1.163\frac{\eta V_r}{T}(t_r - t_l)\rho_r \tag{4-10}$$

式中 Q_g——容积式水加热器（含导流型容积式水加热器）的设计小时供热量，W；

Q_h——设计小时耗热量，W；

η——有效贮热容积系数，容积式水加热器 η=0.7～0.8，导流型容积式水加热器 η=0.8～0.9；第一循环系统为自然循环时，卧式贮热水罐 η=0.80～0.85；立式贮热水罐 η=0.85～0.90；第一循环系统为机械循环时，卧、立式贮热水罐 η=1.0；

V_r——总贮热容积，L，单水箱系统时取水箱容积的40%，双水箱系统取供热水箱容积；

T——设计小时耗热量持续时间，T=2～4h；

t_r——热水温度,℃，按设计水加热器出水温度或贮水温度计算；

t_l——冷水温度,℃，宜按表1-16采用；

ρ_r——热水密度，kg/L。

注：当 Q_g 计算值小于平均小时耗热量时，Q_g 应取平均小时耗热量。

（2）半容积式水加热器或贮热容积与其相当的水加热器、燃油（气）热水机组的设计小时供热量应按设计小时耗热量计算。

（3）半即热式、快速式水加热器及其他无贮热容积的水加热设备的设计小时供热量应按设计秒流量所需耗热量计算。

4. 强制循环太阳能集热系统循环泵的选型

强制循环太阳能集热系统流量与太阳能集热器种类有关，单位集热器面积流量选取见表 4-10。

太阳能集热系统流量推荐值 **表 4-10**

系统类型		太阳能集热器单位面积流量/[$m^3/(h \cdot m^2)$]
小型热水系统	平板型集热器	0.072
	全玻璃真空管型集热器	0.036～0.072
大型热水系统（集热器面积＞$100m^2$）		0.021～0.06
分散供热水系统		0.024～0.036

循环泵的流量为太阳能集热器单位面积流量乘以系统采光面积。循环水泵扬程按照太阳能集热系统管路最不利环路的阻力确定，一般考虑 10%的余量。水泵扬程按照集热系统内液体情况，分为充满和不充满。当集热系统采用防冻液作为工质时，需要根据所采用的防冻液特性进行修正。最为常见的防冻液为 25%～30%的乙二醇水溶液，25%的乙二醇水溶液在 5℃时管道阻力修正系数为 1.22，30%的乙二醇水溶液在 5℃时管道阻力修正系数为 1.257。

当太阳能集热系统为充满液体时，太阳能集热系统循环水泵扬程按式（4-11）计算：

$$H_b = 1.1(H_1 + H_2 + H_3) \tag{4-11}$$

式中 H_b——太阳能集热系统循环泵的扬程，kPa；

H_1——太阳能集热器与水箱间的供、回水管路水头损失，kPa；

H_2——太阳能集器阻力损失，kPa；

H_3——太阳能集系统中储热水箱、换热器等阻力损失，kPa。

当太阳能集热系统为不充满液体时，如回流系统或者排空系统，太阳能集热系统循环水泵扬程按式（4-12）计算：

$$H_b = 1.1\max[(H_1 + H_2 + H_3), H_4] \tag{4-12}$$

式中 H_4——水泵克服水箱水面到集热器最高点高差所需扬程，kPa。max 表示取二者中最大值。

5. 控制系统设计

太阳能供热采暖系统的热源是不稳定的太阳能，系统中又设有常规能源辅助加热设备，为保证系统的节能效益，系统运行最重要的原则是优先使用太阳能，这就需要通过相应的控制手段来实现。本节重点讨论太阳能集热系统的控制方式。

自然循环系统是利用不同温度的水密度差为动力循环，一般不需要作任何控制。自然循环定温放水系统的控制与直流系统类似，在这里只讨论直流式系统和强制循环系统的控制问题。控制系统在设计时需要考虑到系统所有可能的运行模式，如集热、放热、停电保护、防冻保护、辅助加热、过热保护、排水等。控制系统要遵循简单可靠的原则，相应设置的电磁阀、温度控制阀、压力控制阀、泄水阀、自动排气阀、止回阀、安全阀等控制元件性能应符合相关产品标准要求。自动控制系统中使用的温度传感器，其测量不确定度不应大于 0.5℃。

（1）运行控制

太阳能热水系统的运行控制方式主要有定温控制、温差控制、光电控制、定时器控制四种。定温控制和温差控制是指以温度或温差作为驱动信号来控制系统阀门的启闭和泵的启停，是最为常见的控制方式。光电控制一般指设置光敏元件，在有太阳辐射时控制集热系统运转采集太阳能，没有太阳辐射时集热系统停止运行并采取相应的防冻措施。定时器控制是指通过设定的时间来控制集热系统的运行。这两种控制方式应用较少。

定温放水的控制方式主要使用在直流式系统，即当集热系统的出水温度达到设定温度时，控制阀或水泵开启，将热水顶入水箱备用；同时，被顶入集热系统的冷水被继续加热。

强制循环系统一般采用温差循环运行控制。根据集热系统工质出口和贮热装置底部介质的温差，控制太阳能集热系统的运行循环，是最常使用的系统运行控制方式。其依据的原理是：只有当集热系统工质出口温度高于贮热装置底部温度时（贮热装置底部的工作介质通过管路被送回集热系统重新加热，该温度可视为是返回集热系统的工质温度），工作介质才可能在集热系统中获取有用热量；否则，说明由于太阳辐照过低，工质不能通过集热系统得到热量，如果此时系统仍然继续循环工作，则可能发生工质通过集热系统反而散热，使贮热装置内的工质温度降低。

温差循环的运行控制方式是：在集热系统工质出口和贮热装置底部分别设置温度传感器，当二者温差大于设定值（宜取 5～10℃）时，通过控制器启动循环泵，系统运行，将热量从集热系统传输到贮热装置；当二者温差小于设定值（宜取 2～5℃）时，关闭循环泵，系统停止运行。

太阳能集热系统可以根据太阳辐照条件的变化直接改变系统流量，或因太阳辐照不同引起的温差变化间接改变系统流量，从而实现系统的优化运行。

为保证太阳能供热采暖系统的稳定运行，当太阳辐照较差，通过太阳能集热系统的工作介质不能获取相应的有用热量，不能使工质温度达到设计要求时，辅助热源加热设备应启动工作；而太阳辐照较好，工质通过太阳能集热系统可以被加热到设计温度时，辅助热源加热设备应立即停止工作，以实现优先使用太阳能，提高系统的太阳能保证率。所以，应采用定温（工质温度是否达到设计温度）自动控制来完成太阳能集热系统和辅助热源加热设备的相互工作切换。

（2）防冻控制

太阳能热水系统在冬季温度可能低于 0℃的地区使用时，需要考虑防冻问题。对较为重要的系统，即使在温和地区使用也应考虑防冻措施。太阳能集热系统防冻措施包括排空、排回、循环或者防冻液防冻等多种形式中的一种或几种的联合。

采用排空、排回和循环防冻措施的直接或间接式太阳能集热系统宜采用定温控制。当太阳能集热系统出口水温低于设定的防冻执行温度时，开始执行防冻措施。开始执行防冻措施的温度一般取 3～4℃。

1）直接系统

直接系统一般建议在温度不是很低、防冻要求不是很严格的场合使用，多采用排空（drain-down）系统，如图 4-5 所示。当可能会有冻结发生或停电时，系统自动通过多个阀门的启闭将太阳能集热系统中的水排空，并将太阳能集热系统与市政供水管网断开。当使用排空系统时，对集热系统集热器和管路的安装坡度有严格要求，以保证集热系统中的水能完全排空。

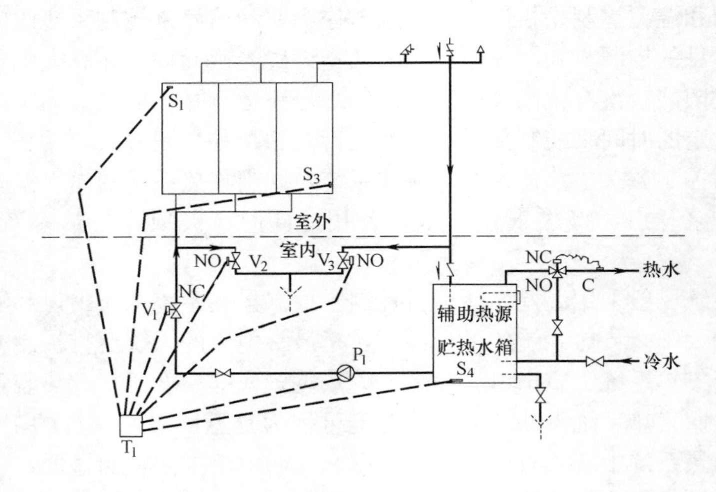

图 4-5　排空系统

2）间接系统

对间接系统而言，一般主要采取排回（drain-back）系统或防冻液系统。

① 排回系统　在排回系统中，集热系统一般仍采用水作为热媒。如图 4-6 所示，除贮热水箱外，系统中还设了一个贮水箱，贮存防冻控制实施时从集热系统排回的水。当太阳能集热系统出口水温低于贮水箱水温时，太阳能集热系统停止工作，循环泵关闭，太阳能集热系统中的水依靠重力作用流回贮水箱。

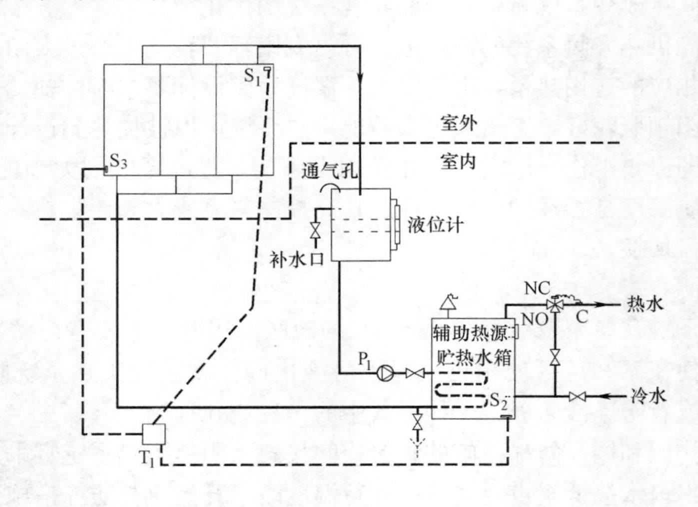

图 4-6　排回系统

在开式排回系统中，对集热系统包括集热器和管路的安装有严格要求，管路安装坡度要求在 1%左右，以保证集热系统中的水能完全排回贮水箱。为保证集热器中水能排回贮水箱，贮水箱位置不能高于集热器位置。

在闭式排回系统中，贮水箱同时也是膨胀水箱，需要安装放气阀和安全阀。闭式排回系统防冻原理是：当集热系统停止工作时，集热系统中的水因密度差产生的虹吸作用回到贮水箱中，将贮水箱中的空气顶入需要防冻保护的集热系统；冻结危险解除，集热系统恢复工作时，通过水泵用水将集热系统中的空气顶回贮水箱中。因此，设计中贮水箱的容积必须足够大，贮水箱中的空气容积应该比需要防冻保护的集热系统部分的设备和管道容积大。此外，贮水箱和管路设计时要注意使空气和水流形成活塞流，避免管路中形成气液两相流，导致防冻失败。

② 防冻液系统　闭式太阳能集热系统中最为常用的防冻措施是防冻液系统，如图 4-7 所示。闭式太阳能集热系统循环水泵的扬程只需要克服管路阻力，不用考虑集热器的安装高度，因此集热器的放置位置没有严格限制。此外，防冻液系统也没有严格的管路坡度要求，管路系统中常用的防冻剂主要为乙二醇溶液，其他可供选用的防冻剂还包括氯化钙、乙醇（酒精）、甲醇、醋酸钾、碳酸钾、丙二醇和氯化钠等。由于防冻液通常带有腐蚀性，因此系统采用的热交换器一般需用双层结构以免污染生活热水或防止生活热水进入防冻液对防冻液的功能产生影响。防冻液的组成成分对其冰点有关键性影响，集热系统不应设自动补水，以免破坏防冻液成分。在大型系统中，使用防冻液的集热系统应设旁通管路，如图 4-8 所示，以防集热系统清晨启动时防冻液温度过低将热交换器或水箱中水冻结。防冻

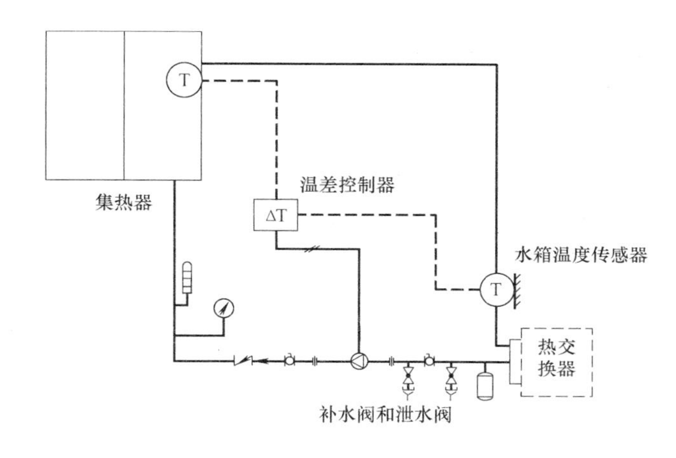

图 4-7　防冻液系统

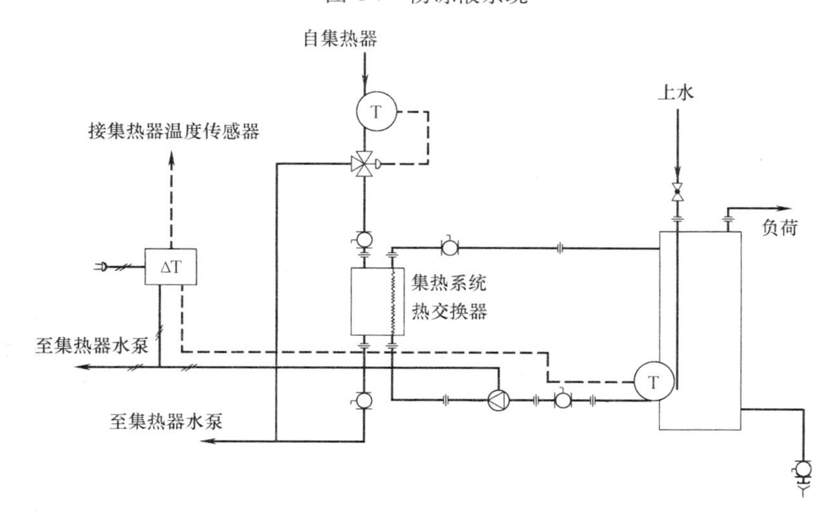

图 4-8　带旁通管路的防冻液系统

液的选择对系统的性能影响很大，需要谨慎选取防冻液类型。防冻液根据生产商要求应定期更换，没有具体要求时最多5年必须进行更换。

在集热系统水容量较大或室外易冻结管路较长时，为减少白天集热系统启动时防冻液预热所需消耗的太阳能，可以在防冻液系统中采取如图4-6所示的排回系统，在夜间将防冻液排回保温的贮水箱中保存。但集热系统必须采用承压的闭式系统，以防止防冻液因为与外界空气持续接触氧化失去功效。

必要时也可以采用防冻循环的方式，即开启集热系统循环泵，用水箱中热水冲刷管道和集热器，以防止设备冻裂。

(3) 过热防护

太阳能热水系统过热产生的原因和现象有很多。当系统长期无人用水时，贮热水箱中热水温度会发生过热，产生烫伤危险甚至沸腾，产生的蒸汽会堵塞管道甚至将水箱和管道挤裂。集热系统过热的情况有两种：当集热系统的循环泵发生故障、关闭或停电时可能导致集热系统过热，对集热器和管路系统造成损坏；当采用防冻液系统时，防冻液达到一定温度时具有强烈的腐蚀性，对系统部件会造成损坏。因此，为保证系统的安全运行，在太阳能热水系统中应设置过热防护措施。

过热防护系统一般由过热温度传感器和相关的控制器和执行器组成。水箱防过热温度传感器应设置在贮热水箱顶部，防过热执行温度应设定在80℃以内，以免发生烫伤危险；系统防过热温度传感器应设置在集热系统出口，防过热执行温度的设定范围应与系统的运行工况和部件的耐热能力相匹配。

在排空系统或排回系统中，只需设置水箱过热防护，集热器系统不考虑过热防护。当水箱过热温度传感器探测到过热发生时，控制器首先将集热系统循环泵关闭，停止向水箱中输送太阳能，太阳能集热系统中的热媒被排回到水箱，集热器处于空晒状态。在这种情况下，在选择集热器时，必须考虑到集热器能承受的空晒温度。过热消除后，将水箱中的水重新注入集热器时，还要考虑到集热器能承受相应的热冲击或采取措施减小热冲击。

在闭式系统中，当水箱发生过热时，循环水泵停止运行，集热系统处于闷晒状态。当闷晒温度过高时，集热系统热媒会沸腾，防冻液的性能也会被破坏。故在闭式集热系统设置安全阀作为过热防护措施。安全阀设置压力应在系统所有部件承压能力之下，一般为350kPa左右，对应的温度大约为150℃。集热系统膨胀罐在选型时应适当放大以容纳热媒部分汽化后产生的蒸汽。

防冻液系统可以采用如图4-9所示的带集热系统过热防护的带空气冷却器的防冻液系统。在系统发生水箱过热时，集热系统循环泵继续运行，但热媒不进入水箱热交换器，而是通过三通阀进入一个空气冷却器回路向环境散热，但风机暂不启动。当集热系统发生过热时，控制器开启风扇强制向环境散热，以确保集热系统温度在设定温度内。这种系统形式会浪费部分太阳能，过热温度传感器安装在集热系统出口，一般根据系统部件的耐热能力设定在95～120℃，过热时控制器启动过热保护程序，直到集热系统和水箱水温恢复正常。

(4) 太阳能和常规能源的运行工况切换控制

太阳能集热系统和辅助热源加热设备的相互工作切换宜采用定温控制，温度传感器应设置在贮热装置内的供热介质出口处。当介质温度低于设计供热温度时，应通过控制器启动辅助热源加热设备工作，当介质温度高于设计供热温度时，辅助热源加热设备应停止工作。

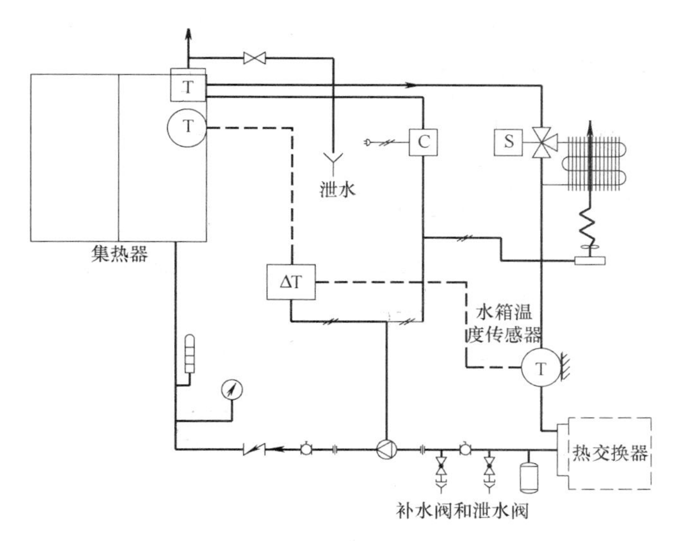

图 4-9　带空气冷却器的防冻液系统

4.5　典型工程实例

4.5.1　北京市某小区坡屋面住宅集中供热水系统

1. 设计施工说明

(1) 设计依据

1)《建筑给水排水设计规范》GB 50015—2003 (2009 版);

2)《民用建筑太阳能热水系统应用技术规范》GB/T 50364—2005;

3)《太阳热水系统设计、安装及工程验收技术规范》GB/T 18713—2002。

(2) 工程概况

该工程位于北京市某小区，纬度：北纬 39°48′，经度：东经 117°。该工程为坡屋面 7 层住宅，第 7 层为跃层；建筑面积 4800m²，分为 3 个单元，每单元 7 户，共 21 户，立面效果如图 4-10 所示。

图 4-10　建筑立面效果图

该工程采用的太阳能热水集中式系统，直接式系统，24 小时全日供应热水，双水箱 [贮热水箱和供热水箱 (容积式换热器)]；太阳集热器安装在坡屋面上，为嵌入式安装；水箱等设备安装在地下一层设备机房内；辅助热源为容积式热交换器，由小区供热天然气锅炉提供一次热水，一次热水供/回水温度为 85℃/60℃。

(3) 设计参数

1) 气象参数

年太阳辐照量：水平面为 5570.481MJ/m^2；40°倾角表面为 6281.993MJ/m^2。

年平均日太阳辐照量：水平面为 15.252MJ/m^2；40°倾角表面 J_T为 17.211MJ/m^2。

年日照时数：2755.5h；年平均日照时数 S_Y：7.5h。

年平均温度 t_a：11.5℃；

2）热水设计参数

日最高用水定额 q_r：100L /(人・日)。

日平均用水定额 q_{ar}：取日最高用水定额的 50%，50L/(人・日)。

设计热水温度 t_r：60℃。

冷水设计温度 t_L：10℃。

3）常规能源费用

天然气价格：2.05 元/Nm^3（2010 年价格）。

4）太阳集热器性能参数

集热器类型：平板型太阳集热器。

集热器规格：2000mm×1000mm（长×宽）。

（4）热水系统负荷计算

1）用水人数

总户数 21 户，每户用水人数以 2.8 人计，总用水人数按 59 人考虑。

2）系统日耗热量、热水量计算

① 系统设计日用热水量

$$q_{rd}=q_r \cdot m$$

式中，q_r=100L/(人・日)；m=59 人；

计算得：q_{rd}=5900L/日。

② 系统平均日用热水量

$$Q_w=q_{ar} \cdot m$$

式中，q_{ar}=50L/(人・日)；m=59 人；

计算得：Q_w=2590L/日。

（5）设计小时耗热量计算

设计小时耗热量

$$Q_h=K_h\frac{mq_rc(t_r-t_L)\rho_r}{86400}$$

式中，K_h=4.8；m=59 人；q_r=100L/(人・日)；c=4187 J/(kg・℃)；t_r=60℃；t_L=10℃；ρ_r=1kg/L。

计算得：Q_h=68620W

（6）太阳集热系统设计

1）太阳集热器的定位

太阳集热器与建筑同方位，为正南；与坡屋面倾角为 40°。

2）确定太阳集热器总面积

直接式系统集热器总面积计算：

$$A_c=\frac{Q_W c\rho_r(t_{end}-t_L)f}{J_T\eta_{cd}(1-\eta_L)}$$

式中，$Q_w=2950$L/d；$c=4.187$KJ/(kg·℃)；$\rho_r=1$kg/L；$t_{end}=60$℃；$t_L=10$ ℃；$J_T=17211$kJ/m^2；$\eta_L=0.2$。

① 太阳能保证率 f 的确定

北京属太阳能资源一般区，系统偏重于春、夏、秋三季使用，取太阳能保证率 $f=0.5$。

② 确定管路及贮热水箱热损失率 η_L

由于系统保温的热水管路和贮热水箱等部件都在室内，环境温度较高，η_L 取低值为 0.20。

③ 集热器全日集热效率 η_{cd}

归一化温差

$$X=\frac{(t_i-t_a)}{G}$$

式中，$t_i=\frac{t_L}{3}+\frac{2[f(t_{end}-t_L)+t_L]}{3}=26.7℃$；$t_a=11.5℃$。

年平均日太阳能辐照度 G：$G=\frac{J_T}{3.6S_Y}$

式中，$J_T=17211$kJ/m^2，$S_Y=7.5$h。

计算得　$G=637$W/m^2。

则归一化温差 X 为 0.0238m^2·℃/W。

根据归一化温差查集热器生产厂家提供的集热器效率曲线图得，η_{cd} 为 0.62。

将以上参数带入集热器总面积计算公式得，$A_c=36.16$m^2，集热器的规格为 2m^2 一块，则需要集热器 19 块，实际集热器面积为 38m^2。

(7) 设备选型

1) 贮热水箱

按每平方米太阳能集热器面积对应 75L 贮热水箱容积确定：

水箱的有效容积 $V_r=75A_c=75\times38=2850$L；选水箱规格为 2850L。

2) 集热系统循环水泵

根据经验每平方米集热器的流量按 0.02kg/(m^2·s) 计算，计算得到集热系统的流量为 2736L/h，集热系统循环水泵的流量亦为 2736L/h。

3) 容积式热交换器选型

贮水容积计算：容积式热交换器贮热量保证系统用户 90min 设计小时耗热量，即

$$Q'=90\times60Q_h=370.5\text{MJ}$$

$$V=\frac{Q'}{c\rho_r(t_r-t_L)}=1770\text{L}$$

2. 太阳热水系统设计原理图（图 4-11）

3. 与建筑结合节点图（见图 4-12）

4. 系统节能效益分析

该工程将太阳能热水系统与天然气作为辅助能源的系统相比较，进行效益分析。

(1) 基础参数

太阳热水系统增投资：$A=52000$ 元；

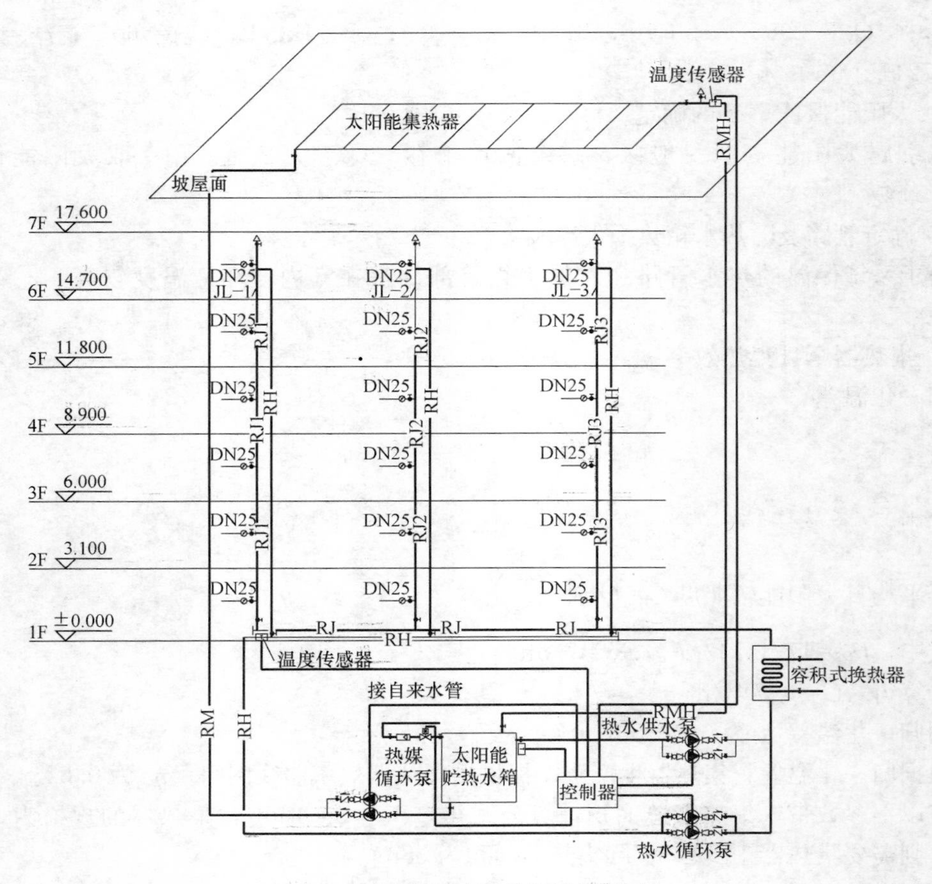

图 4-11　太阳热水系统设计原理图

天然气价格：2.05 元/m^3。

天然气热值：35000kJ/m^3。

（2）太阳热水系统的节能量

$$Q_{hu} = \sum_{i=1}^{365} J_{Ti} A_c (1 - \eta_L) \eta_{cdi}$$

式中，A_c=38m^2；J_{Ti}=17.211MJ/m^2；η_{cdi}=0.62；η_L=0.2。

计算得：Q_{hu}=118403MJ。

取燃气锅炉的效率为 80%，则太阳能热水系统的年节能量 ΔQ_{hu}=148004MJ。

（3）寿命期内太阳热水系统的总节省费用

$$SAV = PI(C_{hu} - A \cdot DJ) - A$$

式中，$C_{hu}=C_{hu}=\Delta Q_{hu} \cdot P_{hu}$=10804.3；$d$=5.94%（2008 年执行）；$e$=1%；$n$=15 年；$P_{hu}$=0.073 元/MJ；$A$=52000 元；$DJ$=1%。

$$PI = \frac{1}{d-e}\left[1 - \left(\frac{1+e}{1+d}\right)^n\right] \quad d \neq e$$

计算得　PI=10.353。

计算得 15 年内节省燃料费用：SAV=54473 元。

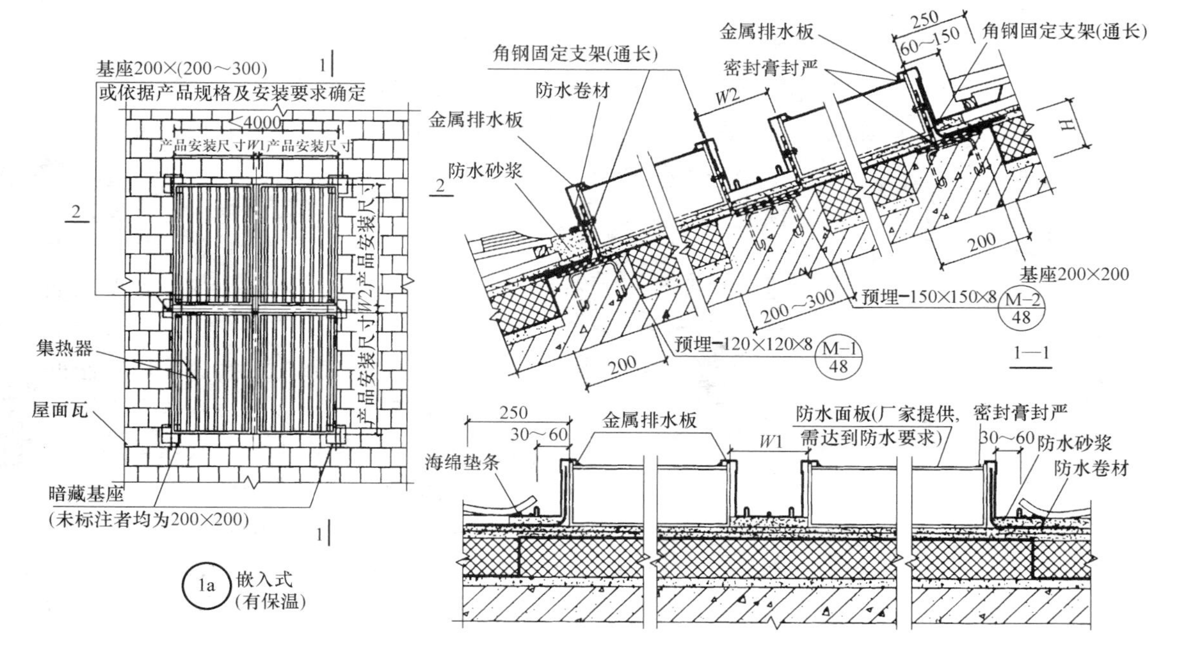

图 4-12　集热器与屋面结合节点图

(4) 回收年限

系统回收年限为系统节省的总费用等于系统增加的投资时的年数即为回收年限。

计算得该系统的实际折现系数为：$PI=A/(C-A\cdot DJ)=5.06$。

则回收年限：$N_e=\dfrac{\ln[1-PI(d-e)]}{\ln\left(\dfrac{1+e}{1+d}\right)}=6.02$年。

(5) 太阳能热水系统的费效比

$$B=\frac{3.6A}{n\Delta Q_{hu}}$$

计算得　$B=0.08$ 元/kWh。

(6) 太阳能热水系统的环保效益

该系统寿命期内的节能量折合标准煤：

$$C_s=\frac{n\Delta Q_{hu}}{29.307}$$

计算得　$C_s=75.7$t，天然气为辅助热源，二氧化碳排放因子为 1.481，二氧化硫排放因子为 0.02，烟尘排放因子为 0.01，则太阳能热水系统寿命期内减排量：

二氧化碳减排量为 112.211t；

二氧化硫减排量为 1.514t；

烟尘减排量为 0.757t。

4.5.2　天津某小高层住宅供热水系统

1. 设计施工说明

(1) 设计依据

1)《建筑给水排水设计规范》GB 50015—2003(2009 版)。

2)《民用建筑太阳能热水系统应用技术规范》GB/T50364—2005。

3)《太阳热水系统设计、安装及工程验收技术规范》GB/T 18713—2002。

(2) 工程概况

该工程位于天津市某小区，纬度：北纬 39°05′，经度：东经 117°04′；坡屋面小高层住宅，共 11 层；44 户，鸟瞰图如图 4-13 所示。

图 4-13 项目鸟瞰效果图

该工程的太阳能热水系统采用强制循环开式直接系统+闭式分户水箱，太阳能集热器安装在坡屋面上。双水箱系统，贮热水箱和供热水箱分开设置，贮热水箱放置在屋面，供热水箱放置在用户卫生间内，通过供热水箱内的换热器将贮热水箱中太阳能集热系统收集的热量传给生活用水。每户为一个厨房一个卫生间，热水用水点为 3 个，24 小时全日供应热水。供热水箱辅助热源为电加热器，日照不足及阴雨天气时，保证生活热水供应。

(3) 设计参数

1) 气象参数

年太阳辐照量：水平面为 5268.474MJ/m²；39°05′倾角表面为 5464.229MJ/m²。

年平均日太阳辐照量：水平面为 14.434MJ/m²；39°05′倾角表面 J_T 为 14.970MJ/m²。

年日照时数：2612.7h；年平均日照时数 S_Y：7.2h。

年平均温度：12.2℃。

2) 热水设计参数

日最高用水定额：100L/(人·日)。

日平均用水定额：取日最高用水定额的 50 %，50L/(人·日)。

设计热水温度：50℃。

冷水设计温度：10℃。

3) 常规能源费用

电费：0.55 元/度(2012 年价格)。

4) 太阳集热器性能参数

集热器类型：热管式真空管型太阳能集热器。

集热器规格：2000mm×1055mm(长×宽)。

(4) 热水系统负荷计算

1) 用水人数

每户用水人数以 3 人计，44 户，共 132 人。

2) 系统日耗热量、热水量计算

① 系统设计日用热水量

$$q_{rd}=q_r \cdot m$$

式中，q_r＝100L/（人·日）；m＝132 人。

计算得：q_{rd}＝13200L/日。

② 系统平均日用热水量

$$Q_w = q_{ar} \cdot m$$

式中，q_{ar}＝50L/（人·日）；m＝132 人。

计算得：Q_w＝6600L/日。

（5）设计小时耗热量计算

设计小时耗热量

$$Q_h = K_h \frac{m q_r c (t_r - t_L) \rho_r}{86400}$$

式中，K_h＝4.8；m＝132 人；q_r＝100L/（人·日）；c＝4187J/（kg·℃）；t_r＝50℃；t_L＝10℃；ρ_r＝1kg/L。

计算得：Q_h＝122818.7W。

（6）太阳集热系统设计

1）太阳集热器的定位

太阳集热器与建筑同方位，为正南；其倾角为 39°。

2）确定太阳集热器总面积

直接式系统集热器总面积计算：

$$A_c = \frac{Q_w c \rho_r (t_{end} - t_L) f}{J_T \eta_{cd} (1 - \eta_L)}$$

式中，Q_w = 6600L/d；c = 4187J/（kg·℃）；ρ_r = 1kg/L；t_{end} = 50℃；t_L = 10℃；J_T＝14970KJ/m²；η_L＝0.2。

① 太阳能保证率 f 的确定

天津市属太阳能资源一般区，系统全年运行，取太阳能保证率 f＝50%。

② 确定管路及贮热水箱热损失率 η_L

由于系统保温的热水管路和贮热水箱等部件都在室内，环境温度较高，η_L 取低值为 0.20。

③ 集热器全日集热效率 η_{cd}

归一化温差

$$X = \frac{(t_i - t_a)}{G}$$

式中：$t_i = \frac{t_L}{3} + \frac{2[f(t_{end} - t_L) + t_L]}{3}$＝23.3℃；$t_a$＝12.2℃。

$$G = \frac{J_T}{3600 S_Y}$$

式中，S_Y＝7.2h。

计算得　G＝578 W/m²。

则归一化温差 X 为 0.0192m²·℃/W。

根据归一化温差查集热器生产厂家提供的集热器效率曲线图得，η_{cd} 为 0.56。

将以上参数带入直接式系统集热器总面积计算公式得，$A_c=82.4m^2$。

间接系统的集热器总面积 A_{IN} 可按式（4-8）计算：

$$A_{IN}=A_c\cdot\left(1+\frac{F_RU_L\cdot A_c}{U_{hx}\cdot A_{hx}}\right)$$

式中，$A_c=82.4m^2$；$F_RU_L=1.5$；$U_{hx}=379.14W/(m^2\cdot℃)$，查产品样本得出；$A_{hx}=1.0m^2$。

将以上参数带入公式，计算得 $A_{IN}=109.3m^2$。

集热器的规格为 $2.11m^2$ 一块，则需要块集热器 52 块，实际集热器面积为 $109.7m^2$。

（7）设备选型

1）贮热水箱

按每平方米太阳集热器采光面积对应 75L 贮热水箱容积确定：

水箱的有效容积 $V_r=75A_c=75\times109.7=8227.5L$；选水箱规格为 8300L。

2）集热系统循环水泵：

根据经验每平方米集热器的流量按 $0.02kg/(m^2\cdot s)$ 计算，计算得到集热系统的流量为 7898.4L/h，集热系统循环水泵的流量亦为 7898L/h。

3）供热水箱

供热水箱设计为每户一个，辅助加热为电加热，放置在供热水箱中，这种形式的供热水箱可以按容积式电加热器考虑，其贮热量应保证每户 90min 的设计小时耗热量计算，计算过程如下：

① 用水人数

每户用水人数以 3 人计。

② 系统日耗热量、热水量计算

（a）系统设计日用热水量

$$q_{rd}=q_r\cdot m$$

式中，$q_r=100L/人\cdot日$；$m=3$ 人。

计算得：$q_{rd}=300L/日$。

（b）系统平均日用热水量

$$Q_w=q_{ar}\cdot m$$

式中，$q_{ar}=50L/人\cdot日$；$m=3$ 人。

计算得：$Q_w=150L/日$。

（c）设计小时耗热量计算

设计小时耗热量

$$Q_h=K_h\frac{mq_rc(t_r-t_L)\rho_r}{86400}$$

式中，$K_h=4.8$；$m=3$ 人；$q_r=100L/(人\cdot日)$；$c=4187J/(kg\cdot℃)$；$t_r=50℃$；$t_L=10℃$；$\rho_r=1kg/L$。

计算得：$Q_h=2791.3W$。

则 $$Q'=90\times60Q_h=15.1MJ。$$

则供热水箱体积为：

$$V_k = \frac{Q'}{c\rho(t_r - t_L)} = 90\text{L}$$

选水箱规格为 100L。

(d) 辅助电加热器耗电量

对于以电为热源的容积式水加热器按下式计算：

$$Q_g = Q_h - 1.163\frac{\eta V_k}{T}(t_r - t_L)\rho_r$$

式中，$\eta = 0.75$；$T = 3\text{h}$；$t_r = 50℃$；$t_L = 10℃$；$\rho_r = 1\text{kg/L}$。

计算得：$Q_g = 1814.4\text{W}$。

电加热的效率 E_{ff} 按 95%考虑，则电加热的加热量为 1814.4/0.95＝1909.9W。选择电加热器额定功率为 2kW。

2. 太阳热水系统设计原理图（见图 4-14）

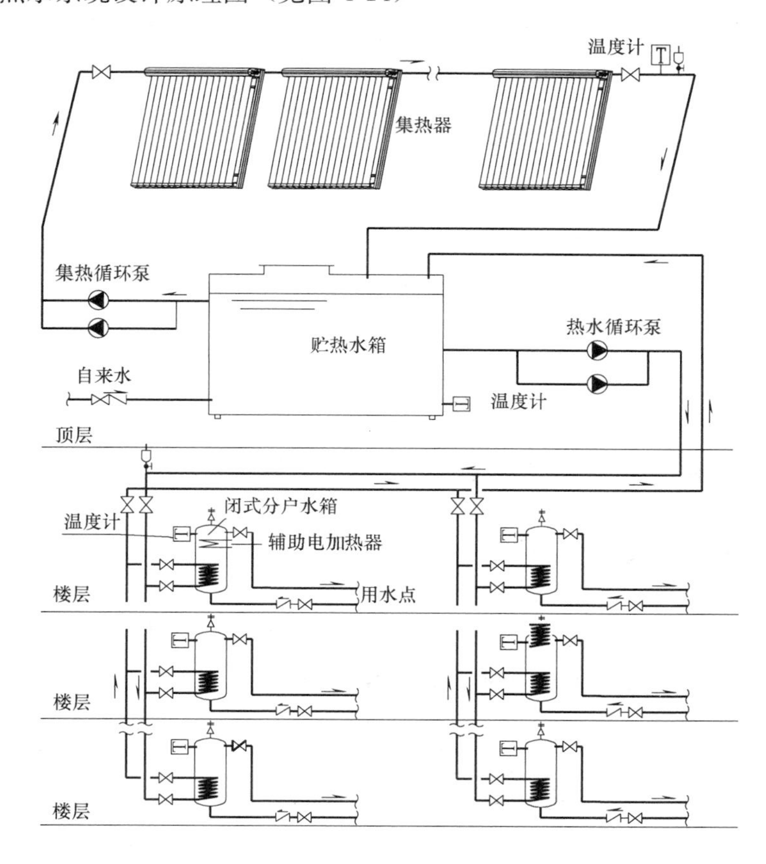

图 4-14　太阳能热水系统设计原理图

3. 与建筑结合节点图（见图 4-15）

4. 系统节能效益分析

该工程将太阳能热水系统与电作为能源的系统相比较，进行效益分析。

(1) 基础参数

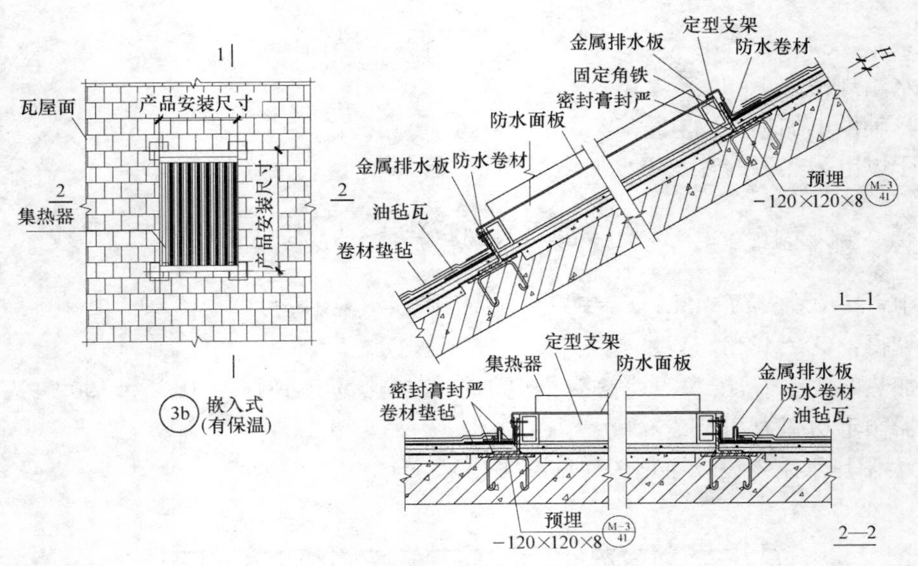

图 4-15　集热器与屋面结合节点图

太阳热水系统增投资：A＝200000 元；

电价：0.55 元/度。

（2）太阳热水系统的节能量

$$Q_{hu}=\sum_{i=1}^{365}J_{Ti}A_c(1-\eta_L)\eta_{cdi}$$

式中，$A_c=109.7\text{m}^2$；$J_{Ti}=14.97\text{MJ/m}^2$；$\eta_{cd}=0.56$；$\eta_L=0.2$。

计算得：$Q_{hu}=268534\text{MJ}$。

取电加热的效率按 95%，太阳能热水系统的年节能量为：

$$\Delta Q_{hu}=282667\text{MJ}$$

（3）寿命期内太阳热水系统的总节省费用

$$SAV=PI(C_{hu}-A\cdot DJ)-A$$

式中，$C_{hu}=C_{hu}=\Delta Q_{hu}\cdot P_{hu}=45509.5$ 元；$d=5.94\%$（2008 年执行）；$e=1\%$；$n=$15 年；$P_{hu}=0.161$ 元/MJ；$A=200000$ 元；$DJ=1\%$。

$$PI=\frac{1}{d-e}\left[1-\left(\frac{1+e}{1+d}\right)^n\right]\quad d\neq e$$

计算得　$PI=10.353$。

计算得 15 年内节省燃料费用：$SAV=250454$ 元。

（4）回收年限

系统回收年限为系统节省的总费用等于系统增加的投资时的年数即为回收年限。

计算得本系统的实际折现系数为：$PI=A/(C-A\cdot DJ)=4.60$

则回收年限：$N_e=\dfrac{\ln[1-PI(d-e)]}{\ln\left(\dfrac{1+e}{1+d}\right)}=5.40$ 年。

（5）太阳能热水系统的费效比

$$B=\frac{3.6A}{n\Delta Q_{hu}}$$

计算得　$B=0.17$ 元/kWh。

（6）太阳能热水系统的环保效益

该系统寿命期内的节能量折合标准煤：

$$C_s=\frac{n\Delta Q_{hu}}{29.307}$$

计算得　$C_s=144.7$t，电辅助热源，二氧化碳排放因子为2.662，二氧化硫排放因子为0.02，烟尘排放因子为0.01，则太阳能热水系统寿命期内减排量：

二氧化碳减排量为385.191t；

二氧化硫减排量为2.894t；

烟尘减排量为1.447t。

第 5 章　太阳能供热采暖

5.1　总则

太阳能供热采暖系统是将太阳能转变为热能，将热量传递给工作介质，利用泵或风机等动力供给建筑物冬季采暖和全年热水及其他用热的系统。系统首先应做到全年的综合利用，即采暖期为建筑物供热采暖，非采暖期向本建筑物或相邻建筑物提供生活热水或其他用热。

通常情况下，建筑物的供暖负荷远大于供热水负荷，这就使得太阳能供热采暖系统的集热器面积要比单一功能太阳能热水系统的集热器面积大很多，造成太阳能供热采暖系统在满足用户冬季供暖需求时，会在其他季节产生超出同一用户热水需求的多余热水。如果不能在规划、设计阶段做到统筹考虑，必然会给系统带来安全隐患，严重影响系统的使用功能和工作寿命，也使系统的节能效果和经济效益大打折扣。所以，太阳能供热采暖系统与建筑一体化，需要结合建筑外形及可利用的安装面积，结合太阳能供热采暖系统特点与建筑的负荷特性，进行系统选型和优化设计，最大限度地利用太阳能系统所发热量，使系统效益充分得以发挥。

5.2　系统类型与特点

太阳能供热采暖系统是指借助电力驱动的水泵或风机，把经太阳能加热过的水或空气送入室内，达到供热采暖的目的。太阳能供热采暖系统造价较被动式太阳房略高，但能更有效地利用太阳能，随着经济的发展和技术的进步得到了越来越广泛的应用。

5.2.1　太阳能供热采暖系统的分类

太阳能供热采暖系统一般由太阳能集热系统、蓄热系统、末端供热采暖系统、自动控制系统和其他能源辅助加热/换热设备集合构成。根据建筑的具体需求和条件，以上设备可以构成不同类型的太阳能供热采暖系统。

太阳能集热系统主要由太阳能集热器、循环管路、水泵或风机等动力设备和相关附件组成；蓄热系统主要包括贮热水箱、蓄热水池或卵石蓄热堆等蓄热装置和管路、热交换设备和相关附件；末端供热采暖系统主要包括热媒配送管网、用热设备和相关附件；其他能源辅助加热/换热设备是指使用电、燃气等常规能源的锅炉和换热装置等设备。

按照太阳能集热系统、蓄热能力、末端供热采暖系统以及系统运行方式的不同，可以分为不同类型的太阳能供热采暖系统。

1. 按所使用的太阳能集热器类型分类

可分为液体工质集热器太阳能供热采暖系统和太阳能空气集热器供热采暖系统。

虽然在太阳能供热采暖系统中可以使用的太阳能集热器种类很多，但按集热器的工作介质划分，均可归到空气集热器和液体工质集热器两大类中。采用不同类型集热器的太阳能供热采暖系统在设计选型、适用场合等方面都有很大区别。因此，按选用的太阳能集热器种类划分系统类型时，将现有的各类太阳能集热器归于空气和液态工质两大类型。

空气集热器太阳能供热采暖系统主要用于建筑物内需要局部热风采暖的部位，有庞大的风管、风机等系统设备，占据较大空间，而且目前空气集热器的热性能相对较差，为减少热损失，提高系统效益，空气集热器距送热风点的距离不能太远，所以，空气集热器太阳能供热采暖系统不适宜用于多层和高层建筑。液态工质集热器相对较成熟，可广泛应用于各类建筑中。

2. 按系统的运行方式分类

可分为直接式太阳能供热采暖系统和间接式太阳能供热采暖系统。

太阳能集热系统的运行方式和系统安装使用地点的气候、水质等条件和系统的初投资等经济因素密切相关，由于太阳能供热采暖系统的功能是兼有供暖和供热水，一般根据卫生要求，供暖系统和热水系统应分别运行，不能相互连通；太阳能集热系统与末端供热采暖系统之间也通常采用换热装置隔开，这种系统通常称为间接式太阳能供热采暖系统。考虑到我国是发展中国家，自然条件和技术经济发展不均衡，为降低系统造价，在气候相对温暖和软水质的地区，也可将太阳能集热系统与末端的生活热水系统连通，生活热水直接进入集热器中加热后供给用水点，供暖系统仍通过换热装置与集热系统隔开，这种系统称为直接式太阳能供热采暖系统。

3. 按所使用的末端采暖系统分类

可分为低温热水地板辐射采暖系统、水—空气处理设备采暖系统、散热器采暖系统和热风采暖系统。

太阳能供热采暖系统与常规供热采暖系统的主要不同点是使用的热源不同。太阳能供热采暖系统的热源是低品位的太阳能，目前市场上的液态工质太阳能集热器多为供生活热水而设计生产，冬季的工作温度较低，一般在40℃左右，与之匹配最适宜的末端供暖系统是低温热水地板辐射供暖系统，太阳能空气集热器也可以很好地与常用的热风采暖系统匹配；而常规供热采暖系统的热源是煤、天然气等高品位能源，可以产生包括100℃以上的高温，满足目前常用的各种采暖系统的需求。但从发展的眼光来看，随着高效中高温液态工质太阳能集热器新产品的开发，目前常用的水—空气处理设备采暖系统、散热器采暖系统和热风采暖系统等末端供暖系统也可以很好地与液态工质太阳能集热系统相匹配。

太阳能集热器的工作温度越低，室外环境温度越高，其热效率越高。严寒地区冬季的室外温度较低，对集热器的实际工作热效率有较大影响。为提高系统效益，应使用低温热水地板辐射采暖末端供暖系统，如因供水温度低，出现地板可铺面积不够的情况，可将地板辐射扩展为顶棚辐射、墙面辐射等，以保证室内的设计温度；寒冷地区冬季的室外温度稍高，但对集热器的工作效率还是有影响，所以仍应采用低温供水采暖，选用地板辐射采暖末端供暖系统或散热器均可，但应适当加大散热器面积以满足室温设计要求；而在夏热冬冷和温和地区，冬季的室外环境温度较高，对集热器的实际工作热效率影响不大，可以选用工作温度稍高的末端供暖系统，如散热器等，以降低投资；在夏热冬冷地区，夏季普遍有空调需求，系统的全年综合利用可以冬季供暖、夏季空调，冬夏季使用相同的水—空气处理设备，从而降低造价，提高系统的经济性。

4. 按蓄热能力分类

根据蓄热装置蓄热能力的大小，太阳能供热采暖系统可分为短期蓄热太阳能供热采暖系统和季节蓄热太阳能供热采暖系统。短期蓄热系统是指仅设置具有数天贮热容量设备的太阳能供热采暖系统，一般不超过一周，使用的系统蓄热媒质范围较广，可有水、空气、相变材料等多种选择；季节蓄热系统是指所设置的贮热设备容量，可贮存在非采暖期获取的太阳能量，用于冬季供热采暖的太阳能供热采暖系统，蓄热媒质一般为热容较大的水或相变材料。目前国内基本上是以短期蓄热系统为主，但国外已有较多季节蓄热太阳能供热采暖系统工程实践和十多年的工程应用经验，技术较成熟，太阳能可替代的常规能源量更大，可供我们借鉴。

太阳能的不稳定性决定了太阳能供热采暖系统必须设置相应的蓄热装置，具有一定的蓄热能力，从而保证系统稳定运行，并提高系统节能效益。应根据系统的投资规模和工程应用地区的气候特点选择蓄热系统。一般来说，气候干燥，阴、雨、雪天较少和冬季气温较高地区可用短期蓄热系统，选择蓄热能力较低和蓄热周期较短的蓄热设备；而冬季寒冷、夏季凉爽、不需设空调系统的地区，更适宜选择季节蓄热太阳能供热采暖系统，以利于系统全年的综合利用，提高系统的太阳能采暖保证率。夏热冬冷和温和地区的供暖需求不高，供暖负荷较小，短期蓄热即可满足要求；夏热冬冷地区的系统全年综合利用可以用夏季空调来解决，所以，在这两个气候区，不需要设置投资较高的季节蓄热系统。

下面就较为常见的液态工质短期蓄热供热采暖系统、液态工质季节蓄热供热采暖系统、空气集热器供热采暖系统等三种系统形式的特点加以介绍。

5.2.2 液态工质短期蓄热供热采暖系统

液态工质集热器短期蓄热太阳能供热采暖系统通常采用液态工质太阳能集热器，系统多采用间接方式运行，末端采暖系统可采用低温热水地板辐射采暖系统、水—空气处理设备采暖系统或散热器采暖系统等，可同时供应生活热水，系统蓄热方式采用短期蓄热。

由于太阳能集热系统采用的工质为液态工质，系统热媒输送和蓄热所需空间小，与水箱等常用短期蓄热装置的结合较容易，与锅炉等常用辅助热源的配合也较方便，不但可以直接供应生活热水，还可与目前成熟的采暖系统如采暖散热器采暖、水—空气处理设备（如风机盘管）采暖和地板辐射采暖系统等配套应用，在辅助热源的帮助下可以保证建筑全天候都具备舒适的热环境。

但是，采用水或其他液体作为传热介质也为系统带来了一些弊端。首先，系统如果因为保养不善或冻结等原因发生漏水时，不但会影响系统正常运行，还会给建筑内居民的财产带来损失，在可能发生冻结的地区采用必须采取防冻措施；其次，系统在非采暖季往往会出现过热现象，需要采取措施防止过热的发生；采用短期蓄热装置的蓄热能力有限，无法有效利用非采暖季的太阳得热；限于所蓄能量有限，要长时间保证能源的可靠供应，必须配备可靠的常规能源作为辅助热源。

液态工质集热器短期蓄热太阳能供热采暖系统实施要求的技术经济水平相对较高，造价也较高，比较适宜于技术经济比较发达、对建筑室内热环境要求比较高的地区推广应用。

5.2.3 液态工质季节蓄热供热采暖系统

液态工质集热器季节蓄热太阳能供热采暖系统与液态工质集热器短期蓄热太阳能供热采暖系统类似，二者之间的区别在于前者采用了季节蓄热方式，而后者采用的是短期蓄热方式。

目前，常用的季节蓄热方式主要有保温水箱或水池蓄热、天然水体或岩石蓄热、地下土壤蓄热等方式，未采取有效保温措施的季节蓄热方式往往不能提供足够高品位的热量供末端系统直接使用，一般需要通过热泵或其他辅助加热设备提升后供给末端供热采暖系统。

液态工质集热器季节蓄热太阳能供热采暖系统与液态工质集热器短期蓄热太阳能供热采暖系统大部分优缺点都相同，只是由于蓄热方式的不同，使其具有不同的特点和适用性。

在太阳能空调系统技术经济性较差的情况下，季节蓄热系统可以有效利用非采暖季的太阳得热，更能有效利用太阳能，是太阳能规模化应用的发展方向。但是，季节蓄热一般投资较大，蓄热和用热之间要跨越较长的时间段，所蓄热量的损失比较大，设计蓄热温度过高和保温未做到位的情况下实际能利用的热量甚至可能会不到所蓄热量的一半。蓄热温度高会造成热损失增加，集热系统效率降低，但可以降低蓄热系统容积，系统造价也会降低；蓄热温度低虽然可以降低热损失，提高集热系统效率，但蓄热系统容积会很大，系统造价会提高。因此，在设计季节蓄热系统时，应通过技术经济分析方法，选择最优的蓄热温度。

液态工质集热器季节蓄热太阳能供热采暖系统技术较复杂，造价较高，相关研究尚不充分，主要用于大型的太阳能区域供热工程中，在实施前应对其进行详细的技术经济分析，以确定其可行性。

5.2.4 空气集热器供热采暖系统

空气集热器短期蓄热太阳能供热采暖系统以空气作为传热介质，以空气集热器等集热部件为主要集热元件，采用卵石床结合建筑围护结构蓄热，末端采暖系统一般采用热风采暖系统，也可与常规的散热器采暖等系统配合使用。系统一般仅用于供暖，不供应生活热水。

与液态工质供热采暖系统相比，以空气作为热媒的供热采暖系统的优点是系统不会出现漏水、冻结、过热等隐患，太阳得热可直接用于热风采暖，省去了利用水作为热媒必需的散热装置和换热装置；系统控制使用方便，可与建筑围护结构和被动式太阳能建筑技术很好地结合，基本不需要维护保养，系统即使出现故障也不会带来太大的危害。在非采暖季，需要时通过改变进出风方式，不但不会产生过热，还可以强化建筑物室内通风，起到辅助降温的作用。此外，由于采用空气采暖，热媒温度不要求太高，对集热装置的要求也可以降低，可以对建筑围护结构进行相关改造使其成为集热部件，降低系统造价。

空气集热器短期蓄热太阳能供热采暖系统可以看作太阳能被动采暖技术的加强版，由于空气的容积比热比水的容积比热要小很多，热媒的输送和热量的储存都需要很大的空间，只能与短期蓄热系统配合使用。常用的辅助热源也较难与系统直接结合，很难单独依靠空气采暖系统来保证建筑室内全天候都具备舒适的热环境，该系统更多的功能在于改善建筑室内热环境，要确保建筑室内环境的舒适度还需要与其他采暖系统配合使用。

空气集热器短期蓄热太阳能供热采暖系统造价较低，系统更为简单可靠，比较适宜于技术经济比较落后、冬季室内环境条件比较恶劣、太阳能资源相对丰富的我国广大村镇地区用于改善室内热环境用。此外，该系统也可用于仅需白天采暖的学校、办公以及其他公共建筑中。

目前，空气集热器短期蓄热太阳能供热采暖系统在我国使用尚不普遍，缺少必要的产业和技术支持，技术的实施和推广还需要做许多的基础推广工作。

5.3 系统设计

5.3.1 总则

太阳能供热采暖系统选用的系统形式和产品应与当地的太阳能资源和气候条件、建筑物类型和投资规模相适应，在保证系统使用功能的前提下，使系统的性价比最优。太阳能供热采暖系统应根据不同地区和使用条件，采取防冻、防结露、防过热、防雷、防雹、抗风、抗震和保证电气安全等技术措施。太阳能供热采暖系统应设置其他能源辅助加热/换热设备，做到因地制宜、经济适用。应优先选用工业余热、生物质燃料等低品位热能的应用。

与常规能源相比，太阳能是一种不稳定热源，会受到阴天和雨、雪天气的影响，这主要体现在太阳辐照、室外环境气温和系统工作温度等条件对太阳能集热器运行效率的影响。

如图 5-1 所示，在相同的太阳辐照下，在冬季太阳能采暖工况时，集热器工作温度 T_m 可能为 50℃，环境温度 T_{amb} 可能为 10℃，二者温差为 40℃，此时集热器的输出功率仅为 1.5kW，集热器效率为 58%；假定集热器工作温度 T_m 不变，仍为 50℃，环境温度 T_{amb} 下降至 −10℃，二者温差达到 60℃，此时集热器的输出功率为 1.25kW，集热器效率下降到 48%，集热器效率受室外环境气温和系统工作温度的影响很大。而对于常规能源系统，如燃气锅炉系统，一旦设备选定，系统工作温度等参数选定，其加热效率基本不变，受环境温度的影响比较小。因此，在进行集热器设计选型时一定要针对设计运行参数进行计算，否则可能会造成集热器面积的偏差，导致节能效果的偏差。

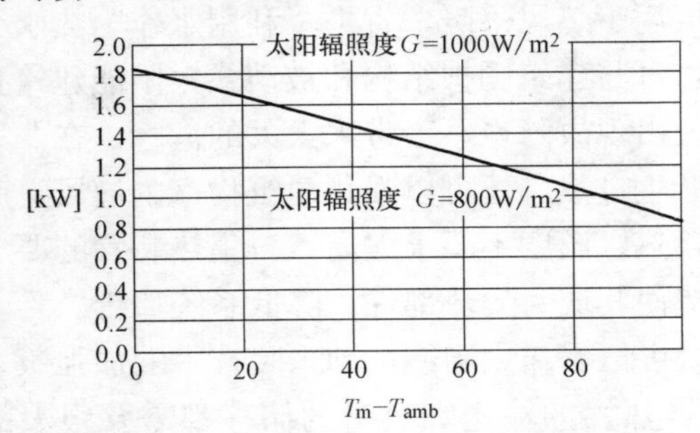

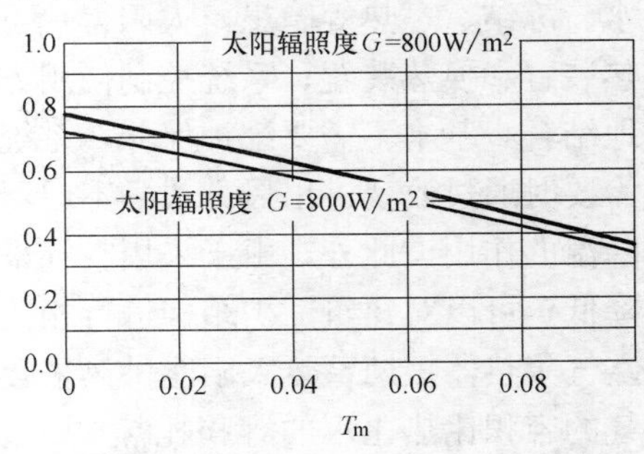

图 5-1 集热器效率随工作温度与环境温度差的变化趋势

太阳能供热采暖系统最显著的特点是利用太阳能替代常规能源，从而节约供热采暖系统的能耗，减轻环境污染。因此，在系统设计完成后，进行系统节能、环保效益预评估非常重要，预评估结果是系统方案选择和开发投资的重要依据，当业主或开发商对评估结果不满意时，可以调整设计方案、参数，进行重新设计，所以，效益预评估是不可缺少的设计程序。

太阳能供热采暖系统的设计计算与太阳能热水系统类似，在进行集热器面积、系统热损失计算时根据太阳能供热采暖系统特点输入相应的参数即可。

5.3.2 系统选型

太阳能供热采暖系统一般由太阳能集热系统、蓄热系统、末端供热采暖系统、自动控制系统和其他能源辅助加热/换热设备构成。图 5-2 所示为一种以液体为工质的太阳能采暖系统，主要包括集热器、集热循环泵、蓄热（换热）水箱、供暖换热器、末端采暖系统等。

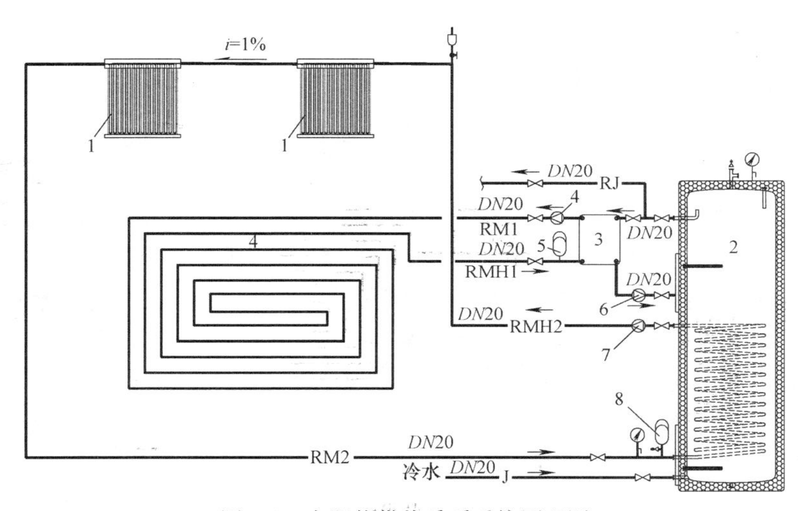

图 5-2　太阳能供热采暖系统原理图

1—集热器；2—蓄热（换热）水箱；3—供暖换热器；4—末端采暖系统；
5—供热系统膨胀罐；6—供热循环泵；7—集热循环泵；8—集热系统膨胀罐

太阳能集热系统由太阳能集热器、循环管路、集热循环泵或风机等动力设备和相关附件组成。与常规能源供热采暖系统相比，集热器是太阳能供热采暖系统所特有的，也是最关键的设备之一，主要包括液体工质集热器和空气集热器。液体工质集热器是目前应用最为广泛、市场最为主流的产品，由于液体工质集热器的太阳能采暖系统往往兼具生活热水供应的功能，因此考虑到用水卫生和防冻等因素，一般优先推荐采用间接式系统。空气的热容和密度较小，因此相同面积的集热器，空气集热器的供热能力要比液体工质集热器低。目前空气集热器多与蓄热能力较高的卵石床等结合使用在太阳能采暖中，在工业的加热、除湿等过程中也有应用，其使用范围不如液体工质集热器广泛。对于空气集热器系统多采用直接式系统。

太阳能供热采暖系统形式宜根据建筑气候分区和建筑物类型进行选择，选型表见表 5-1。

太阳能供热采暖系统选型表 **表 5-1**

建筑气候分区			严寒			寒冷			夏热冬冷、温和		
建筑物类型			低层	多层	高层	低层	多层	高层	低层	多层	高层
太阳能供热采暖系统类型	太阳能集热器	液体工质集热器	•	•	•	•	•	•	•	•	•
		空气集热器	•	—	—	•	—	—	•	—	—
	集热系统运行方式	直接系统	—	—	—	—	—	—	•	•	•
		间接系统	•	•	•	•	•	•	—	—	—
	系统蓄热能力	短期蓄热	•	•	•	•	•	•	•	•	•
		季节蓄热	•	•	•	•	•	•	—	—	—
	末端采暖系统	低温热水地板辐射	•	•	•	•	•	•	•	•	•
		水—气处理设备	—	—	—	—	—	—	•	•	•
		散热器	—	—	—	•	•	•	•	•	•
		热风采暖	•	—	—	•	—	—	•	—	—

注：表中“•”表示可选用；“—”表示不推荐选用。

5.3.3 太阳能供热采暖系统的热负荷

建筑物的供热采暖系统在设计时应对采暖负荷和供热负荷分别进行计算，采暖负荷按照现行国家标准《采暖通风与空气调节设计规范》GB 50019 中的规定计算，热水负荷按照现行国家标准《建筑给水排水设计规范》GB 50015 中的规定计算（见本书第 4 章），然后选取两者中结果较大的作为系统的设计负荷。系统设计热负荷由太阳能集热系统和其他能源辅助加热/换热设备共同负担。其中太阳能集热系统承担的采暖负荷是建筑物的耗热量，太阳能集热系统承担的供热负荷为建筑物的生活热水日平均耗热量。

1. 室内外计算参数

供热采暖系统的设计室内气象参数一般包括室内温度、风速、相对湿度和新风量等；室外气象参数则包括室外温度、相对湿度、风速、风向及频率、室外大气压力、日照百分率和供暖期天数等气象参数。《采暖通风与空气调节设计规范》GB 50019 中有国内主要城市的室外气象参数。

而对于太阳能供热采暖系统，除了上述所列的气象参数外，还需要水平面年平均日辐照量、当地纬度倾角平面年平均日辐照量、水平面 12 月份的月平均日辐照量、当地纬度倾角平面 12 月的月平均日辐照量、年平均环境温度、12 月份的月平均环境温度、计算采暖期平均环境温度、年平均每日日照小时数和 12 月份的月平均每日的日照小时数等参数。国内主要代表城市的上述太阳能气象参数见附录 5-1。

2. 太阳能集热系统负担的采暖热负荷

太阳能集热系统负担的采暖热负荷是在计算采暖期室外平均气温条件下的建筑物耗热量。考虑到太阳能资源的不稳定性，可能在某些阴、雨、雪极端天气下，太阳能集热系统完全不能工作。所以，其他能源辅助加热/换热设备的设计能力应能满足在采暖室外计算温度条件下建筑物的全部采暖热负荷需求。

计算采暖期室外平均气温条件下的建筑物耗热量由通过围护结构的传热耗热量、空气渗透耗热量和建筑物内部得热量组成，计算见下式：

$$Q_H = Q_{HT} + Q_{INF} - Q_{IH} \tag{5-1}$$

式中 Q_H——建筑物耗热量，W；

Q_{HT}——通过围护结构的传热耗热量，W；

Q_{INF}——空气渗透耗热量，W；

Q_{IH}——建筑物内部得热量（照明、电器、炊事、人体散热和被动太阳能得热等），W。

通过围护结构传热耗热量的计算按下式计算：

$$Q_{HT} = (t_i - t_e)(\sum \alpha FK) \tag{5-2}$$

Q_{HT}——通过围护结构的传热耗热量，W；

t_i——室内空气计算温度，按《采暖通风与空气调节设计规范》GB 50019 中的规定范围的低限选取，℃；

t_e——采暖期室外平均温度，℃；

α——各个围护结构温差修正系数，可按表 5-2 选取；

K——各个围护结构的传热系数，W/(m^2·℃)；

F——各个围护结构的面积，m^2。

温差修正系数 α **表 5-2**

围护结构特征	α
外墙、屋顶、地面以及与室外相通的楼板等	1.00
闷顶和与室外空气相通的非供暖地下室上面的楼板等	0.90
与有外门窗的不供暖楼梯间相邻的隔墙(1～6 层建筑)	0.60
与有外门窗的不供暖楼梯间相邻的隔墙(7～30 层建筑)	0.50
非供暖地下室上面的楼板,外墙上有窗时	0.75
非供暖地下室上面的楼板。外墙上无窗且位于室外地坪以上时	0.60
非供暖地下室上面的楼板。外墙上无窗且位于室外地坪以下时	0.40
与有外门窗的非供暖房间相邻的隔墙	0.70
与无外门窗的非供暖房间相邻的隔墙	0.40
伸缩缝墙、沉降缝墙	0.30
防震缝墙	0.70

空气渗透耗热量按下式计算：

$$Q_{INF} = 0.28 c_p \rho L (t_i - t_e) \tag{5-3}$$

式中 Q_{INF}——空气渗透耗热量，W；

c_p——空气比热容，取 1kJ/(kg·℃)；

ρ——空气密度，取 t_e条件下的值，kg/m^3；

L——渗透冷空气量（m^3/h）。

在方案设计和初步设计阶段，太阳能集热系统负担的采暖热负荷还可以由不同地区建筑节能设计标准中的耗热量限值来进行计算，计算公式如下：

$$Q_H = q_H \cdot A_b \tag{5-4}$$

式中 Q_H——建筑物耗热量，W；

q_H——节能设计标准中建筑物耗热量，W/m^2；

A_b——建筑物面积，m^2；

3. 建筑物的采暖热负荷

严寒和寒冷地区建筑物的采暖热负荷与常规能源系统的负荷计算完全相同，可按《采暖通风与空气调节设计规范》GB 50019 的规定计算。在《采暖通风与空气调节设计规范》GB 50019 规定的可不设置集中采暖的地区或建筑，例如在夏热冬冷、温和地区的居住建筑，目前当地居民对冬季室内环境温度的要求普遍不高，一般居室温度达到 14～16℃就已足够满意，并不一定要求达到规范要求的 16～24℃，对这些地区或建筑，就可以根据当地的实际情况，适当降低室内空气设计计算温度，从而减小常规能源加热/换热设备容量，降低系统投资，提高系统效益。

5.3.4 太阳能集热系统设计

太阳能供热采暖系统的集热系统设计与太阳能热水系统类似，集热器选型、定位与布置方式、连接方式等方面基本相同，但太阳能供热采暖系统集热器面积计算方法与太阳能热水系统有所区别，下面就太阳能供热采暖系统集热器面积计算方法进行阐述。

1. 直接系统集热器总面积计算方法

$$A_C=\frac{86400Q_H f}{J_T\eta_{cd}(1-\eta_L)} \tag{5-5}$$

式中 A_C——直接系统集热器总面积，m^2；

Q_H——建筑物耗热量，W；当系统用于为建筑物供热采暖时，取建筑物耗热量，按照本书第 3 章的方法确定；太阳能集热系统还可用于为土壤源热泵系统在非采暖季进行补热，土壤源地源热泵系统冬季供热时在土壤中取热 Q_r，夏季则向土壤放热 Q_l，若 $Q_r>Q_l$，此时取 $Q_H=Q_r-Q_l$，Q_r、Q_l 一般需采用专业软件如 TRNSYS 进行模拟计算得出；

J_T——当地集热器采光面上的平均日太阳辐照量，J/(m^2·d)，按附录 5-1 选取；一般情况下，太阳能集热器的安装倾角是在当地纬度－10°～＋20°的范围内，所以，公式中的 J_T 可按附录 5-1 选取；选取时，针对短期蓄热和季节蓄热系统应选用不同值，由于季节蓄热系统可蓄存全年的太阳能得热量用于冬季采暖，太阳能集热器面积可以选的小一些，而短期蓄热系统的太阳能集热器面积应稍大，以保证系统的供暖效果，所以，短期蓄热系统应选用 H_{Lt}——当地纬度倾角平面 12 月的月平均日辐照量；季节蓄热系统应选用 H_{La}——当地纬度倾角平面年平均日辐照量；

η_{cd}——基于总面积的集热器平均集热效率，%，按附录 4-8 计算；

η_L——管路及贮热装置热损失率，%，按附录 5-2 计算；

f——太阳能保证率，%，按表 5-3 选取；太阳能保证率 f 是确定太阳集热器面积的一个关键性因素，也是影响太阳能供热采暖系统经济性能的重要参数。实际选用的太阳能保证率 f 与系统使用期内的太阳辐照、气候条件、产品及系统的热性能、供热采暖负荷、末端设备特点、系统成本和开发商的预期投资规模等因素有关。

表 5-3 是根据不同地区的太阳能辐射资源和气候条件，综合合格产品的性能参数、合理的投资成本及不同末端设备等因素模拟计算得出的。具体选值时，需按当地的辐射资源

和投资规模确定，太阳辐照好、投资高的工程可选相对较高的太阳能保证率，反之，取低值。

不同地区太阳能供热采暖系统的太阳能保证率的推荐选值范围　　表 5-3

资源区划	短期蓄热系统太阳能保证率	季节蓄热系统太阳能保证率
Ⅰ资源丰富区	≥50%	≥60%
Ⅱ资源较富区	30%～50%	40%～60%
Ⅲ资源一般区	10%～30%	20%～40%
Ⅳ资源贫乏区	5%～10%	10%～20%

类似的，当太阳能集热系统用于为土壤源热泵系统在非采暖季进行补热时，也存在太阳能需要承担冬夏季取热、放热量之差 Q_H 多少份额的情况，一般情况下建议此时取 $f=80\%\sim100\%$。

2. 间接系统集热器总面积计算方法

$$A_{IN}=A_C\cdot\left(1+\frac{U_L\cdot A_C}{U_{hx}\cdot A_{hx}}\right) \tag{5-6}$$

式中　A_{IN}——间接系统集热器总面积，m^2；

A_C——直接系统集热器总面积，m^2；

U_L——集热器总热损系数，W/(m^2·℃)，测试得出；

U_{hx}——换热器传热系数，W/(m^2·℃)，查产品样本得出；

A_{hx}——间接系统换热器换热面积，m^2，按附录 5-3 计算。

由于间接系统换热器内外需保持一定的换热温差，与直接系统相比，间接系统的集热器工作温度较高，使得集热器效率稍有降低，所以，确定的间接系统集热器面积要大于直接系统。其中 A_C 用式（5-5）计算得出，U_L 和 U_{hx} 可由生产企业提供的产品样本或产品检测报告得出，A_{hx} 则用附录 5-3 给出的方法计算。

5.3.5　蓄热系统设计

1. 总则

太阳能蓄热系统应根据太阳能集热系统形式、系统性能、系统投资、供热采暖负荷、太阳能保证率进行技术经济分析，选取适宜的蓄热方式。太阳能供热采暖系统的蓄热方式可按表 5-4 进行选择。

蓄热方式选用表　　表 5-4

系统形式	蓄热方式				
	贮热水箱	地下水池	土壤埋管	卵石堆	相变材料
液体工质集热器短期蓄热系统	•	•	—	—	•
液体工质集热器季节蓄热系统	—	•	•	—	—
空气集热器短期蓄热系统	—	—	—	•	•

注：表中“•”为可选用项。

短期蓄热液体工质集热器太阳能供暖系统，宜用于单体建筑的供暖；季节蓄热液体工质集热器太阳能供暖系统，宜用于较大建筑面积的区域供暖。

蓄热水池不应与消防水池合用。

液体工质蓄热系统设计应符合下列规定：

（1）根据当地的太阳能资源、气候、工程投资等因素综合考虑，短期蓄热液态工质集热器太阳能供暖系统的蓄热量应满足建筑物1～5天的供暖需求。

（2）各类太阳能供热采暖系统对应每平方米太阳能集热器采光面积的贮热水箱、水池容积范围可按表5-5选取，宜根据设计蓄热时间周期和蓄热量等参数确定。

各类系统贮热水箱的容积选择范围 表5-5

系统类型	小型 太阳能供热水系统	短期蓄热 太阳能供热采暖系统	季节蓄热 太阳能供热采暖系统
贮热水箱、水池 容积范围（L/m^2）	40～100	50～150	1400～2100

2. 贮水箱的设计

贮水箱的设计对太阳能集热系统效率和整个供热采暖系统的性能都有重要影响。以下将太阳能集热系统的贮水箱简称为贮热水箱，供应热水的贮水箱简称为供热水箱。

（1）水箱容积

太阳能供热采暖系统贮水箱的容积既与太阳能集热器面积有关，也与系统所服务的建筑物的要求有关，当系统兼具供热水、采暖功能时，贮热水箱的功能按照体积较大的情况选取，而不是此两项功能对应水箱容积的叠加。若系统选用单水箱，则此水箱容积按照贮热容积和供热容积较大的选取，但是辅助加热的位置应确保其加热的容积大于或等于供热容积。

如表5-5所示，对应于每平方米太阳能集热器采光面积，需要的贮热水箱容积为50～150L，推荐采用的比例关系通常为每平方米太阳能集热器采光面积对应100L贮热水箱容积。需要精确计算时，可以通过相关模拟软件进行长期热性能分析得到。

如果系统具有供热水功能，根据相关给水排水设计规范，集中热水供应系统的贮水箱容积应根据日用热水小时变化曲线及太阳能集热系统的供热能力和运行规律，以及常规能源辅助加热装置的工作制度、加热特性和自动温度控制装置等因素按积分曲线计算确定。间接式系统太阳能集热器产生的热水用作容积式水加热器或加热水箱的一次热媒时，贮水箱的贮热量不得小于表5-6中所列的指标。

贮水箱的贮热量 表5-6

加热设备	太阳能集热系统出水温度≤95℃	
容积式水加热器或加热水箱	工业企业淋浴室	其他建筑物
	≥60min Q_h	≥90min Q_h

注：Q_h为设计小时耗热量，W。

当供热水箱容积在太阳能集热系统规定的范围内或小于太阳能集热系统规定的范围时，太阳能供热采暖系统可以采用单水箱的方式，贮水箱容积可按最常用的每平方米太阳集热器采光面积对应100L贮热水箱容积选取。

当热水供应系统需要的供热水箱容积大于太阳能集热系统规定的范围时，可以采用单水箱的方式，贮水箱容积按供热水箱容积确定；也可以采用双水箱的形式，贮热水箱按每平方米太阳集热器采光面积对应100L贮水箱容积选取，第二个水箱按照供热水箱的要求选取。当采用双水箱系统时，贮热水箱一般作为预热水箱，供热水箱作为辅助加热水箱，辅助热源设置在第二个水箱中。采用双水箱的方式虽然可以提高集热系统效率，但也会增加系统热损。

在条件允许的情况下，太阳能供热系统的贮水箱可在上述计算的基础上适当增大。

（2）水箱构造

应合理布置太阳能集热系统、生活热水系统、供暖系统与贮热水箱的连接管位置，实现不同温度供热、换热需求，提高系统效率。利用水箱分层导致热水上热下冷的现象，可将采暖热水与生活热水分设在水箱中上部，生活热水在采暖热水取水口上方。

水箱的分层现象表现为，水箱内部由上而下水温逐渐降低（见图 5-3）。实验数据表明，一个容积为 450L 的水箱，在没有机械扰动的情况下，水箱顶部与底部的温差达到了 32.4℃。因此，上部温度高，用于取水；下部温度低，用来换热，这样的方式将进一步提高系统的换热能力。有研究认为，如能良好地利用水箱分层现象，太阳能系统的年运行效率可提高 37%。影响水箱分层的因素有水箱的形状、换热形式、换热位置、H/D（高度/直径）比、壁厚、壁面导热性等，其中 H/D 是对分层影响较为直接的参数，当 H/D 在小于 4 的范围内，比值越大，越容易形成水箱分层。水箱进、出口处流速宜小于 0.04m/s，必要时宜采用水流分布器。

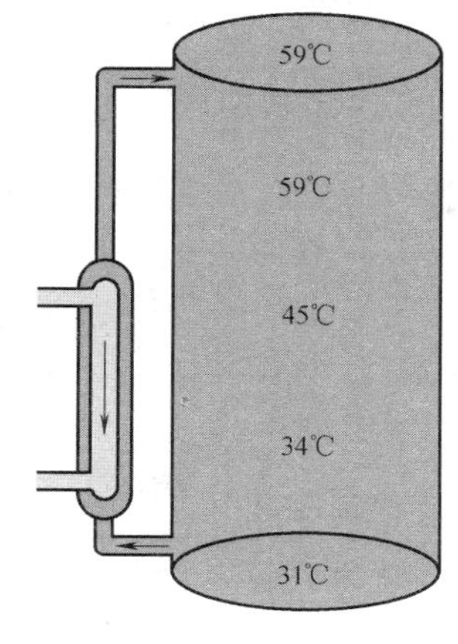

图 5-3　贮热水箱的温度分层现象

3. 蓄热水池设计

季节蓄热一般采用地下水池实现，地下水池应根据相关国家标准、规范进行槽体结构、保温结构和防水结构的设计。季节蓄热地下水池应有避免池内水温分布不均匀的技术措施。贮热水箱和地下水池宜采用外保温，其保温设计应符合《采暖通风与空气调节设计规范》GB 50019 及《设备及管道保温设计导则》GB 8175 的要求。

设计地下水池容量时，应校核计算蓄热水池内热水可能达到的最高温度。宜利用计算软件模拟系统的全年运行性能，进行计算预测。水池的最高水温应比水池工作压力对应的工质沸点温度低 5℃。

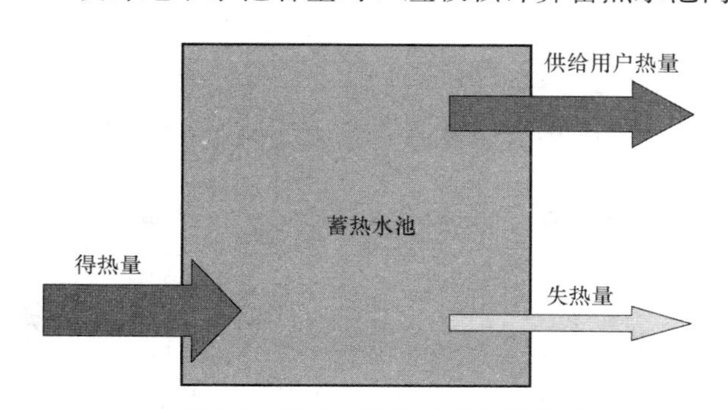

图 5-4　蓄热水池热量流动示意图

（1）传热模型

季节蓄热水池的温度预测计算较为复杂，其传热原理如图 5-4 所示。根据蓄热水池的逐时得热量和供给用户的热量（热负荷）、水池损失的热量，算出逐时的蓄热水池热量变化，再根据水的热容等参数算出全年水箱的逐时水温。

1）得热量计算

蓄热水池的逐时得热量计算见式（5-7）：

$$\Delta Q_{ak} = J_{Tk} \cdot A_c \cdot (1-\eta_c) \cdot \eta_{ck} \tag{5-7}$$

式中　ΔQ_{ak}——太阳能集热系统提供的逐时有用得热量，kJ；

A_c——太阳能集热系统采光面积，m^2；

J_{Tk}——太阳能集热器采光表面上的逐时太阳辐照量，kJ/m^2；

η_{ck}——太阳能集热器的逐时集热效率（基于采光面积），%；

η_c——管路的热损失率，%。

2）失热量计算

蓄热水池的逐时失热量计算方法见式（5-8）：

$$\Delta Q_{lk} = \sum_{i=1}^{n} 3.6k_i \cdot A_i(t_{wk} - t_{so}) \tag{5-8}$$

式中 ΔQ_{lk}——蓄热水池的逐时失热量，kJ；

k_i——蓄热水池各面的传热系数，$W/(m^2 \cdot K)$；

A_i——蓄热水池各面面积，m^2；

t_{wk}——蓄热水池壁的逐时内表面温度，℃；

t_{so}——蓄热水池壁的逐时外表面温度（土壤温度），蓄热水池侧壁面和底面外表面温度可按相应深度的土壤温度来计算，蓄热水池顶面一般离地表面较近，其外表面温度可按环境温度来计算，℃。

3）蓄热水池逐时水温计算

$k+1$ 时刻蓄热水箱的水温计算方法见下式：

$$T_k + 1 = T_k + \frac{\Delta Q_{ak} - Q_k - \Delta Q_{lk}}{\rho V C_{水}} \tag{5-9}$$

式中 Q_k——k 时刻太阳能供热采暖系统供给用户的热量，kJ；

T_k+1——$k+1$ 时刻蓄热水箱的水温，单位，℃；

T_k——k 时刻蓄热水箱的水温，单位，℃；

ρ——温度为 T_k 时的水的密度，kg/m^3；

V——蓄热水箱的容水体积，m^3；

$C_{水}$——温度为 T_k 时的水的热容，$kJ/(kg \cdot K)$。

（2）蓄热水池周边土壤原始温度

气象资料表明，大气及地面温度的变化均为周期性的温度波动，并且均可以一定的余弦函数表示。

如果将地壳看作一个半无限大的物体，根据傅立叶导热微分方程，它在周期性温度波作用下的温度场可以写为：

$$\frac{\partial \theta}{\partial \tau} = a \frac{\partial^2 \theta}{\partial y^2} \tag{5-10}$$

由于地层表面的温度与大气温度同步作余弦变化，因此，一类边界条件为：

$$\theta_{p,\tau} = A_d \cos \frac{2\pi}{Z} \tau \tag{5-11}$$

式中 θ——过余温度，℃；受埋深和时间两个因素的影响，如果地层某一深度在某一时刻的原始温度为 t_0，则过余温度 $\theta_{(y,\tau)} = t_0 - t_d$；$t_d$是全年地面平均温度，可以按最热月和最冷月地面温度的平均值计算；若累年最热月为 7 月，地面平均温度表示为 t_7，最冷月为 1 月，地面平均温度表示为 t_1，则 $t_d = \frac{1}{2}(t_7 + t_1)$；

A_d——地面温度波动振幅，℃，$A_d = t_7 - t_d$；

a——地层材料的导温系数，m²/h。

$$a = \frac{\lambda}{\gamma c} \times 3600$$

λ——地层材料的导热系数，W/(m·K)；

γ——地层材料的比重，kg/m³；

c——地层材料的比热，J/(kg·K)；

Z——温度波的波动周期，h；

τ——时间，h。

可以得到：$\theta_{(y,\tau)} = A_d e^{-y\sqrt{\frac{\pi}{aZ}}} \cos\left(\frac{2\pi}{Z}\tau - y\sqrt{\frac{\pi}{aZ}}\right)$，将 $\omega = \frac{2\pi}{Z}$ 和 $\theta_{(y,\tau)} = t_0 - t_d$ 代入，得地下土壤原始温度计算方法：

$$t_{so} = t_d + A_d e^{-y\sqrt{\frac{\omega}{2a}}} \cos\left(\omega\tau - y\sqrt{\frac{\omega}{2a}}\right) \tag{5-12}$$

$\omega = \frac{2\pi}{Z}$，表示温度波的波动频率，rad/h，对于全年的波动周期来说 $\omega = \frac{2\pi}{8760} = 0.00717$rad/h。

对于中等湿度土壤，深度每增加 1m，温度延迟 468h，公式可修改为：

$$t_{so} = t_d + A_d e^{-y\sqrt{\frac{\omega}{2a}}} \cos\left(\omega(\tau - (1+h) \cdot 468) - y\sqrt{\frac{\omega}{2a}}\right) \tag{5-13}$$

式中　h——地下蓄热水池的高，m；1 指的是水箱埋深在 1m 以下。

(3) 蓄热水池最高水温的估算

进行季节蓄热系统设计时，应优先应用计算机模拟软件进行非采暖季蓄热水池最高温度的校核计算；在条件不具备时，也可以先按照式（5-14）进行估算；但当最高水温不满足《太阳能供热采暖工程技术规范》GB 50495 的规定时，则需用软件进行校核计算；或者直接修改水池容量配比等设计参数，使重新计算的水池最高水温符合国家标准的要求。

$$t_{max} = t_0 + kA(1-\eta_L)\frac{365 J_{Ty}\eta_{cy} - J_{Th}\eta_{ch}l_h}{c\rho V} \tag{5-14}$$

式中　t_{max}——非采暖季蓄热水池可达到的最高温度，℃；

t_0——非采暖季蓄热水池初始水温，可用采暖季回水温度，℃；

A——太阳能集热器采光面积，m²；

J_{Ty}——当地太阳能集热器采光表面上的年平均日总太阳辐照量，MJ/m²；

J_{Th}——当地 12 月太阳能集热器采光表面上的月平均日总太阳辐照量，MJ/m²；

η_{cy}——太阳能集热器全年日平均集热效率，%；

η_{ch}——太阳能集热器采暖季日平均集热效率，%；

η_L——管路和水箱的热损失率，取 10%～20%，系统保温较好，环境温度较高地区取下限值，反之取上限值；

l_h——采暖季天数；

c——水的比热，MJ/(kg·℃)；

ρ——水密度，kg/m^3；

V——蓄热水池容积，m^3；

k——修正系数，根据蓄热水池壁的不同热阻值按表 5-7 选取。

蓄热水池壁不同热阻值修正系数 **表 5-7**

序号	热阻值	修正系数 k
1	$1m^2 \cdot K/W$	0.04
2	$2m^2 \cdot K/W$	0.11
3	$3m^2 \cdot K/W$	0.18
4	$4m^2 \cdot K/W$	0.22

4. 土壤埋管蓄热

对于同时设地埋管地源热泵系统和太阳能供热采暖系统的工程，可考虑利用土壤埋管进行蓄热。在蓄热时，要充分考虑地埋管系统吸热和放热的不平衡，在进行地质勘察，确定当地的土壤热物性后，采用模拟计算分析软件进行分析。同时还应设监测监控系统，以确保太阳能集热系统蓄热至地埋管系统后不影响地源热泵系统在夏季制冷时的正常使用。

在进行设计计算时，也可以结合非采暖季太阳辐照量，计算非采暖季可用于蓄热的有用热量，考虑一定的热损失因数（20%～30%）计算出非采暖季有用的蓄热量。

5. 卵石堆床蓄热

当采用空气集热时，由于空气的体积比热容很小仅为 1.25kJ/(m^3·℃)，远比水的比热容 4187kJ/(m^3·℃）要小，空气与集热器中吸热板的换热系数也要比水与吸热板的换热系数小得多，因此空气集热时需要的蓄热体积和传热面积要远大于液体工质蓄热的情况。空气集热系统蓄热可以采用蓄热墙或蓄热炕结构、卵石堆床和相变蓄热结构进行蓄热，其中卵石堆床蓄热是技术较为成熟的一种。卵石堆蓄热设计按下列规定进行：

（1）卵石堆蓄热器（卵石箱）内的卵石含量为每平方米集热器面积 250kg；卵石直径小于 10cm 时，卵石堆深度不宜小于 2m，卵石直径大于 10cm 时，卵石堆深度不宜小于 3m。卵石箱上下风口的面积应大于 8%的卵石箱截面积，空气通过上下风口流经卵石堆的阻力应小于 37Pa。

（2）放入卵石箱内的卵石应大小均匀并清洗干净，直径范围宜在 5～10cm 之间；不应使用易破碎或可与水和二氧化碳起反应的石头。卵石堆可水平或垂直铺放在箱内，宜优先选用垂直卵石堆，地下狭窄、高度受限的地点宜选用水平卵石堆。

6. 相变材料蓄热

相变材料蓄热设计应符合下列规定：

（1）空气集热器太阳能供暖系统采用相变材料蓄热时，热空气可直接流过相变材料蓄热器加热相变材料进行蓄热；液态工质集热器太阳能供暖系统采用相变材料蓄热时，应增设换热器，通过换热器加热相变材料蓄热器中的相变材料进行蓄热。

（2）应根据太阳能供热采暖系统的工作温度，选择确定相变材料，使相变材料的相变温度与系统的工作温度范围相匹配。常用相变材料特性见表 5-8。

常用相变材料特性 表 5-8

相变材料	熔点(℃)	熔化潜热(kJ/kg)	固态比重(kg/m³)	比热[kJ/(kg·℃)]	
				固态	液态
6 水氯化钙	29.4	170	1630	1340	2310
12 水磷酸二钠	36	280	1520	1690	1940
N-(碳)烷	36.7	247	856	2210	2010
粗石蜡	47	209.2	785	2890	
聚乙烯乙二醇	20～25	146	1100	2260	—
10 水碳酸钠	33	251	1440	—	—
10 水硫酸钠	32.4	253	1460	1920	3260
5 水硫代硫酸钠	49	200	1690	1450	2389
硬脂酸	69.4	199	847	1670	2300
三硬脂	56	109.8	862	—	—

5.3.6 计算机辅助设计

计算机辅助设计是太阳能供热采暖系统设计最详细、最精确的方法。通过对太阳能供热采暖系统的全年逐时模拟，可以对太阳能集热系统和其他设备进行优化设计。这种方法需要逐时的气象数据，目前国外最具有代表性的程序为美国威斯康星大学麦迪逊分校开发的 TRANSYS 软件。

在国内，由中国建筑科学研究院完成的“十一五”国家科技支撑计划课题《太阳能在建筑中规模化应用的关键技术研究》(2006BAJ01A11）研究开发了“太阳能供热采暖空调系统优化设计软件”。该软件依据《太阳能供热采暖工程技术规范》GB 50495—2009 等国家标准和规范，采用国际上成熟的计算方法，应用 VB6.0 编写程序，使用灵活、操作简便、人机界面友好，对于太阳能供热采暖空调系统设计的重要参数都能进行手动输入及修改，能够通过程序的计算，对结果进行分析，得到优化的设计方案。该软件能够对不同地区、不同建筑类型太阳能供热采暖空调系统进行负荷设计计算，完成太阳能集热器面积、蓄热水池容积、水箱、换热器、水泵等设备选型及管网水力计算，动态模拟太阳能季节蓄热水池的最高水温，为系统的安全运行提供依据，并能进行大中型太阳能热水、供暖、空调系统的效益和节能减排量分析计算。软件的产品数据库能与国家质检中心的产品性能参数测试结果同步更新，可作为建筑和太阳能行业从业人员计算、分析和设计工具。详见本书第 9 章。

5.3.7 控制系统设计

由于太阳能供热采暖系统的热源是不稳定的太阳能，需要在系统运行、防冻、防过热、与常规能源的切换等方面进行控制系统设计。一般来说，太阳能供热采暖系统的控制方式与太阳能热水系统控制方式类似，可以通过排空、排回或防冻液循环方式进行防冻。由于太阳能供热采暖系统集热器面积大，非采暖季系统集热量往往远大于热水能耗，因此，在防过热控制时，太阳能供热采暖系统要格外注意，应尽可能将非采暖季的热量蓄存或者充分利用起来，如果确实有大量多余热量难以往外输送，必要时可通过覆盖集热器表面、加装表冷器等散热装置来解决系统过热问题。

5.3.8 常规能源辅助加热/换热设备

1. 总则

加热/换热设备所使用的常规能源种类，应符合国家标准《采暖通风与空气调节设计规范》GB 50019、《公共建筑节能设计标准》GB 50189、《锅炉房设计规范》GB 50041 的规定。《采暖通风与空气调节设计规范》GB 50019 和《公共建筑节能设计标准》GB 50189 对采暖热源的适用条件和使用的常规能源种类做出了规定，除了保证技术上的合理性之外，另一重要的原因是为满足建筑节能的要求。

我国是以燃煤发电为主的国家，发电效率低、污染严重，直接将燃煤生产出的高品位电能转换为低品位的热能进行供暖，能源利用效率低、运行费用高，是不合适的。盲目推广电供暖，将进一步劣化电力负荷特性，影响民众日常用电，制约国民经济发展。太阳能供热采暖系统中使用的其他能源加热/换热设备与常规采暖系统中的热源设备没有区别，在常规设计中为满足建筑节能等方面的要求，《公共建筑节能设计标准》GB 50189 中对采暖系统的热源性能，例如锅炉额定热效率等做出了规定。太阳能供热采暖系统在选择其他能源加热/换热设备时同样应该遵守。

2. 辅助热源供热量的计算

辅助热源设计容量与设备台数应符合以下规定：

(1) 辅助热源的设计容量应根据供热采暖系统综合最大热负荷确定。

(2) 单台设备的设计容量应以保证其具有长时间较高运行效率的原则确定，实际运行负荷率不宜低于 50%。

(3) 在保证设备具有长时间较高运行效率的前提下，各台设备的容量宜相等。

(4) 设备总台数不宜过多，设备供应的用户较多时，全年使用时不应少于两台，非全年使用时不宜少于两台。

(5) 其中一台因故停止工作时，剩余设备的设计供热量应符合业主保障供热量的要求，并且对于寒冷地区和严寒地区供热（包括供暖和空调供热），剩余设备的总供热量分别不应低于设计供热量的 65%和 70%。

3. 太阳能供热采暖系统辅助热源设备选型

太阳供热采暖系统常用的辅助热源种类主要有四类：蒸汽或热水、燃油或燃气、电、热泵。由于太阳能的供应具有很大的不确定性，为了保证供热采暖系统的供应质量，辅助热源的选型应该按照供热采暖系统的负荷选取，不考虑太阳能的份额。对于分户式系统，辅助热源设备可选择国际上比较流行的将加热、换热集成为一体的多能源加热装置，也可选择户式常规能源加热器，如户式燃气炉、户式空气源热泵或电加热器等；对于集中式系统，辅助热源设备可选择各种锅炉、市政热力等形式。

(1) 多能源加热装置

国内太阳能供热采暖工程多将两种相对独立的能源设备复合在一个系统中，目前将多种能源集成于一体的加热换热装置还比较少。

城市居民的采暖与热水一般是独立的两个系统，采暖多用集中供暖，生活热水多采用太阳能热水器系统或采用电热水器，也有使用燃气壁挂炉采暖供热的。与常规系统相比，太阳能供热采暖系统需要集热水箱，占用空间相对较大，但是经济性较好，在大部分的运行时间里不会产生电或燃气的使用费用。集中供热系统的一个缺点在于住户不能自主调节室内温度，虽然现在我国也在大力提倡供热计量改革，实行分户计量等举措，但是仍存在计量产品质量不过关，热价制定政策不够成熟等困难。如果每户采用独立的采暖系统，就将完全解决室温自主调节的问题，不仅系统运行可以更人性化，还可以节省很大一部分运行费用。多能源加热装置可将系统两部分热源进行集成，并以最常见的居住建筑面积为基础进行设计，尽可能地减少了占地空间，具有较强的实用性。

国外对于多能源的加热装置已有了较为广泛的工程应用。由于国内外建筑本体的差异，国外多用在单体建筑中，而我国人口密度大，住宅建筑多为中高层建筑，所以系统分户设置对占地空间有更严格的要求。国外工程实例的计算结果显示，系统年保证率多在13%～36%之间。而我国应用太阳能供热采暖系统与国外相比在资源上占有优势，太阳能供暖比较发达的欧洲国家其太阳能资源仅相当于我国的三类或四类地区，即资源一般或贫乏区。

在欧洲，多能源加热装置的系统造价折合到每平方米集热器的价格为 600～1200 欧元不等。

中国建筑科学研究院研制开发了多能源加热设备，可使在工程设计施工环节中的加热器、换热器、水泵、管线、定压、控制系统等的设计和安装都交由生产环节实现，大大降低了人员成本，保证了产品的质量及一致性。该产品系统造价约为 2 万元，折合每平方米建筑面积约为 200 元，比常规系统平均增加投资约为 100 元/m^2，与进口产品相比将有更广阔的应用空间。研发小组以我国住宅市场 90m^2 的标准户型作为主要研究对象，研发出多能源加热装置非常有利于太阳能在建筑中的规模化应用。该产品与冰箱外形相似，占地小，类似于家电。太阳能集热换热器置于水箱内部，供热采暖换热器置于水箱外部，分别选用蛇形管换热器和板式换热器，更适应复合能源的特点。它的优点在于水箱体积不必设计得很大，系统占用空间小，利于水箱内部水温分层导致热水上热下冷的现象，将采暖热水与生活热水分设在水箱中上部，生活热水在采暖热水取水口上方，系统效率高并且经济性更优。

装置的电加热器分设两处，可利用峰谷电价蓄热。白天太阳能资源不好时，开启上部功率较小的电加热器，能在较短的时间内升温到设计温度，缩短了响应时间，既保证系统的功能需求，又尽可能地减少了电能的使用，提高了系统的运行效率。夜间随着用热量的增大，开启下部电加热器，利用峰谷电价对水箱蓄热，提高了系统的经济性。该装置外观和原理图如图 5-5 和图 5-6 所示。

在控制策略方面，产品将温度控制与作息时间相结合，温度可根据需要人性化设定，全部控制操作可实现手自动转换。

（2）户式燃气炉和户式空气源热泵供暖

居住建筑当采用燃气作为常规能源供暖时宜优先采用户式燃气炉供暖。户式燃气炉、户式空气源热泵，在日本、韩国、美国普遍应用，在我国寒冷地区也有应用。户式与集中燃气供暖相比，具有灵活、高效的特点，也可免去集中供暖管网损失及输送能耗。户式空气源热泵能效受室外温湿度影响较大，同时还需要考虑系统的除霜要求。

户式燃气炉和户式空气源热泵供暖与太阳能供热采暖系统应通过合理的控制系统设计

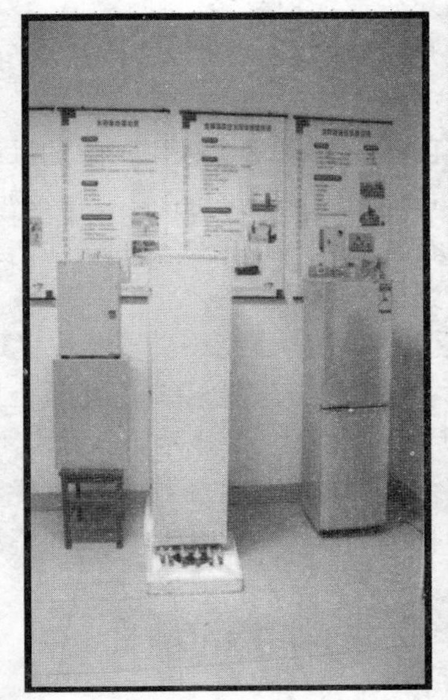
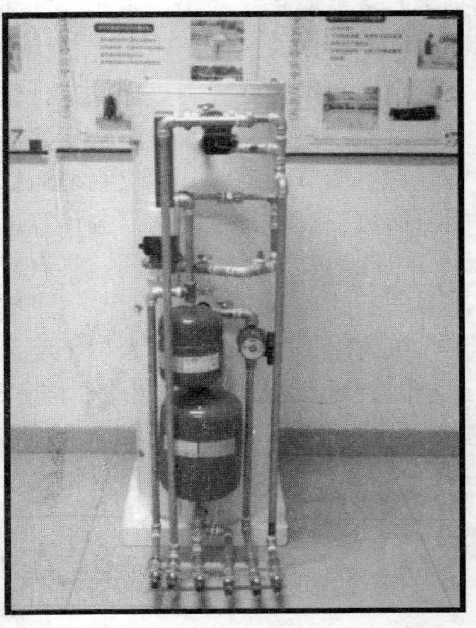

图 5-5　复合能源加热装置

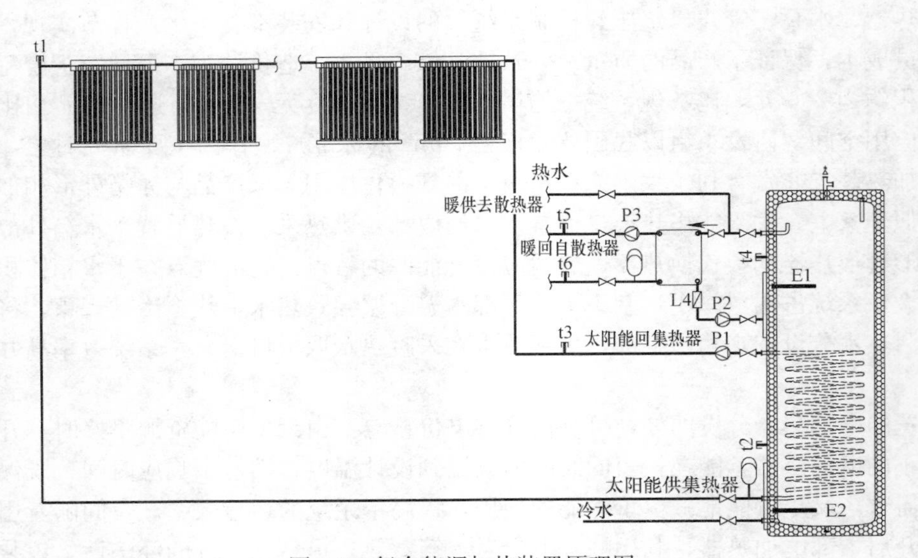

图 5-6　复合能源加热装置原理图

结合起来，主要采用温度控制的方式，当太阳能系统集热温度或蓄热水箱温度达不到供热需求时，启动相应的辅助加热装置。

户式燃气炉应采用全封闭式燃烧、平衡式强排烟型。户式燃气炉使用出现过安全问题，采用全封闭式燃烧和平衡式强制排烟的系统是确保安全运行的条件。户式燃气炉包括户式壁挂燃气炉和户式落地燃气炉两类。户式燃气炉供暖系统应保持燃气炉的排烟口空气畅通，且远离人群和新风口。户式燃气炉运行会产生有害气体，因此，系统的排烟口应保持空气畅通加以稀释，并将排烟口远离人群，且新风口避免污染和影响室内空气质量。

户式空气源热泵设计工况下供暖性能系数，热水机组应大于 2.0，热风机组宜大于

1.8。户式空气源热泵供暖系统应设置独立供电回路，并具有化霜水的排放设施。

在供暖期间，为了保证热泵供暖系统的设备能够正常启动，压缩机应保持预热状态，因此热泵供暖系统必须持续供电。若与其他电气设备采用共用回路时，在关闭其他电气设备电源的同时，也将使得热泵供暖系统断电，从而无法保证压缩机的预热，故应将系统的供电回路与其他电气设备分开。

在供暖期间，当室外温度较低时，若热泵供暖系统长时间不使用，系统的水回路易发生冻裂现象，因此系统的水泵会不定期进行防冻保护运转，同样也需要持续供电。

热泵系统在供暖运行时会有除霜运转，产生化霜水，为了避免化霜水的无组织排放，可能对周边环境及邻里关系造成影响，应采取一定的措施，如在设备下方设置积水盘，收集化霜水后集中排放至地漏或建筑集中排水管。

空气源热泵机组的性能应符合国家现行规定，并应符合下列要求：

(1) 具有先进可靠的融霜控制，融霜所需时间总和不应超过运行周期时间的 20%。

(2) 冬季设计工况时机组运行性能系数（COP）<1.80 的地区，不宜采用空气源热泵冷热风机组。

(3) 冬季设计工况时机组运行性能系数（COP）<2.00 的地区，不宜采用空气源热泵冷热水机组。

(4) 在冬季寒冷、潮湿的地区，当室外设计温度低于当地平衡点温度，或对于室内温度稳定性有较高要求的空调系统，应设置辅助热源。

(5) 对于有同时供冷、供暖要求的建筑，宜优先选用热回收式热泵机组。

注：冬季设计工况下的运行性能系数是指冬季室外空气调节计算温度条件下，达到设计需求参数时的机组供热量（W）与机组输入功率（W）之比。

选用空气源热泵冷（热）水机组时应注意的问题：

(1) 空气源热泵的单位制冷量的耗电量比水冷冷水机组大，价格也高，为降低投资成本和运行费用，应选用机组性能系数较高的产品，并应满足国家公共建筑节能设计标准的规定。此外，先进、科学的融霜技术是机组冬季运行的可靠保证。机组在冬季制热运行时，室外空气侧换热盘管低于露点温度时，换热翅片上就会结霜，会大大降低机组运行效率，严重时无法运行，为此必须除霜。除霜的方法有很多，最佳的除霜控制应是判断正确、除霜时间短、融霜修正系数高。近年来各厂家为此都进行了研究，对于不同气候条件采用不同的控制方法。设计选型时应对此进行了解，比较后确定。

(2) 空气源热泵机组比较适合于不具备集中热源的夏热冬冷地区。在冬季寒冷、潮湿的地区使用时必须考虑机组的经济性和可靠性。室外温度过低会降低机组制热量；室外空气过于潮湿使得融霜时间过长，同样也会降低机组的有效制热量。因此，必须计算冬季设计状态下机组的 COP，当热泵机组失去节能上的优势时就不宜采用。这里对于性能上相对较有优势的空气源热泵冷热水机组的 COP 限定为 2.00；对于规格较小、直接膨胀的单元式空调机组限定为 1.80。

(3) 空气源热泵的平衡点温度是该机组的有效制热量与建筑物耗热量相等时的室外温度。当这个温度比建筑物的冬季室外计算温度高时，就必须设置辅助热源。

空气源热泵机组在融霜时机组的供热量就会受影响，同时会影响到室内温度的稳定度，因此在稳定度要求高的场合，同样应设置辅助热源。设置辅助热源后，应注意防止冷凝温度和蒸发温度超出机组的使用范围。

（4）辅助加热装置的容量应根据在冬季室外计算温度情况下空气源热泵机组有效制热量和建筑物耗热量的差值确定。

（5）带有热回收功能的空气源热泵机组可以把原来排放到大气中的热量加以回收利用，提高了能源利用效率，因此对于有同时供冷、供热要求的建筑应优先采用。

空气源热泵机组的冬季制热量应根据室外空气调节计算温度，分别采用温度修正系数和融霜修正系数进行修正。

空气源热泵机组的冬季制热量受室外空气温度、湿度和机组本身的融霜性能的影响，通常采用下式计算：

$$Q=q\cdot K_1\cdot K_2 \tag{5-15}$$

式中 Q——机组制热量，kW；

q——产品样本中的瞬时制热量（标准工况：室外空气干球温度7℃、湿球温度6℃），kW；

K_1——使用地区室外空气调节计算干球温度修正系数，按产品样本选取；

K_2——机组融霜修正系数，应根据生产厂家提供的数据修正；当无数据时，可按每小时融霜一次取0.9，两次取0.8。

注：每小时融霜次数可按所选机组融霜控制方式、冬季室外计算温度、湿度选取，或向厂家咨询。对于多联机空调系统，还要考虑管长的修正。

空气源热泵或风冷制冷机组室外机的设置，应符合下列要求：

（1）确保进风与排风通畅，在排出空气与吸入空气之间不发生明显的气流短路；

（2）避免受污浊气流影响；

（3）对周围环境不造成热污染和噪声污染；

（4）可方便地对室外机的换热器进行清扫。

空气源热泵或风冷制冷机组室外机设置时必须注意的几个问题：

（1）空气源热泵机组的运行效率，很大程度上与室外机与大气的换热条件有关。考虑主导风向、风压对机组的影响，机组布置时避免产生热岛效应，保证室外机进、排风的通畅，防止进、排风短路是布置室外机时的基本要求。当受位置条件等限制时，应创造条件，避免发生明显的气流短路；如设置排风帽、改变排风方向等方法，必要时可以借助于数值模拟方法辅助气流组织设计。此外，控制进、排风的气流速度也是有效避免短路的一种方法；通常机组进风气流速度宜控制在1.5～2.0m/s，排风口的排气速度不宜小于7m/s。

（2）室外机除了避免自身气流短路外，还应避免其他外部含有热量、腐蚀性物质及油污微粒等排放气体的影响，如厨房油烟排气和其他室外机的排风等。

（3）室外机运行会对周围环境产生热污染和噪声影响，因此室外机应与周围建筑物保持一定的距离，以保证热量有效扩散和噪声自然衰减。对周围建筑物产生噪声干扰，应符合国家现行标准《声环境质量标准》GB 3096的要求。

（4）保持室外机换热器清洁可以保证其高效运行，因此很有必要为室外机创造清扫条件。

5.3.9 集热系统管网设计

1. 太阳能集热系统的设计流量

太阳能集热系统的设计流量按下式计算：

$$G_S = gA \tag{5-16}$$

式中 G_S——太阳能集热系统的设计流量，m^3/h；

g——太阳能集热器的单位面积流量，$m^3/(h \cdot m^2)$；

A——太阳能集热器的采光面积，m^2，是用式（5-5）或式（5-6）计算的总面积换算得出的采光面积。

优化系统设计流量的关键是要合理确定太阳能集热器的单位面积流量。太阳能集热器的单位面积流量应根据太阳能集热器生产企业给出的数值确定。在没有企业提供相关技术参数的情况下，根据不同的系统，可按表 5-9 给出的范围取值。

太阳能集热器的单位面积流量 **表 5-9**

系统类型		太阳能集热器的单位面积流量[$m^3/(h \cdot m^2)$]
小型太阳能供热水系统	真空管型太阳能集热器	0.035～0.072
	平板型太阳能集热器	0.072
大型集中太阳能供暖系统(集热器总面积大于 $100m^2$)		0.021～0.06
小型独户太阳能供暖系统		0.024～0.036
板式换热器间接式太阳能集热供暖系统		0.009～0.012
太阳能空气集热器供暖系统		36

太阳能集热器的单位面积流量 g 与太阳能集热器的特性和用途有关，对应集热器本身的热性能和不同的用途，单位面积流量 g 的选取值不同。国外企业的普遍做法是根据产品的不同用途——供暖、供热水或加热泳池等，委托相关的权威性检测机构给出与产品热性能相对应、在不同用途运行工况下单位面积流量的合理选值，并列入企业产品样本，供用户使用。我国企业目前对产品优化和性能检测的认识水平还不高，大部分企业的产品都缺乏该项检测数据；表 5-9 中给出的是根据国外企业产品性能，由《太阳能住宅供热综合系统设计手册》（Solar Heating Systems for Houses，A Design Handbook For Solar Combisystems）等资料总结的推荐值，可能并不完全与我国产品的性能相匹配，但目前国内较好企业的产品性能和国外产品的差别不大，引用国外推荐值不会产生太大偏差。

2. 集热管网的水力计算

（1）集热管网水流速

集热管网管道中热介质允许的最大流速和表面粗糙度按照表 5-10 选取。

常用管道允许最大流速及粗糙度 **表 5-10**

介质	公称直径(mm)	允许最大流速(m/s)	表面粗糙度 K 值(m)
水	32～40 50～100 ≥150	0.5～1.0 1.0～2.0 2.0～3.0	0.0005

（2）水力计算方法和要求

$$\Delta P=\Delta P_{\mathrm{m}}+\Delta P_{i}=\frac{\lambda}{d}l\frac{\rho v^{2}}{2}+\xi\frac{\rho v^{2}}{2}=\Delta p_{\mathrm{m}}l+\xi\frac{\rho v^{2}}{2}+\Delta P_{j} \tag{5-17}$$

式中 ΔP——管段压力损失，Pa；

ΔP_{m}——摩擦压力损失，Pa；

ΔP_{i}——局部压力损失，Pa；

Δp_{m}——单位长度摩擦压力损失，Pa/m；

λ——摩擦系数；

d——管道直径，m；

l——管道长度，m；

v——热介质在管道内流速，m/s；

ρ——热媒的密度，$\mathrm{kg/m^3}$；

ξ——局部阻力系数。

ΔP_{j}——集热器的阻力

单位长度摩擦压力损失 Δp_{m}分别见不同热媒的水力计算表，设计估算可按照 $\Delta p_{\mathrm{m}}=100\mathrm{Pa/m}$ 考虑。局部阻力系数见表 5-11 和表 5-12。

热水系统局部阻力系数ξ 值 **表 5-11**

局部阻力名称	ξ	说明
突然扩大	1.0	以热媒在导管中的流速计算局部阻力
突然缩小	0.5	以其中较大的流速计算局部阻力
直流三通（图①）	1.0	
旁通三通（图②）	1.5	
合流三通（图③）	3.0	
分流三通（图③）	3.0	
直流四通（图④）	2.0	
分流四通（图⑤）	3.0	
方形补偿器	2.0	
套管补偿器	0.5	

局部阻力名称	在下列管径(DN)mm 时的ξ值					
	15	20	25	32	40	≥50
截止阀	16.0	10.0	9.0	9.0	8.0	7.0
旋塞	4.0	2.0	2.0	2.0		
斜杆截止阀	0.3	3.0	3.0	2.5	2.5	2.0
闸阀	1.5	0.5	0.5	0.5	0.5	0.5
弯头	2.0	2.0	1.5	1.5	1.0	1.0
90°煨弯及乙字弯	1.5	1.5	1.0	1.0	0.5	0.5
括弯（图⑥）	3.0	2.0	2.0	2.0	2.0	2.0
急弯双弯头	2.0	2.0	2.0	2.0	2.0	2.0
缓弯双弯头	1.0	1.0	1.0	1.0	1.0	1.0

热水系统局部阻力系数 $\xi=1$ 的局部损失动压值 $P_{\mathrm{d}}=\rho v^{2}/2$ **表 5-12**

v(m/s)	P_{d}(Pa)	v(m/s)	P_{d}(Pa)	v(m/s)	P_{d}(Pa)	v(m/s)	P_{d}(Pa)	v(m/s)	P_{d}(Pa)	v(m/s)	P_{d}(Pa)
0.01	0.05	0.13	8.34	0.25	30.44	0.37	67.67	0.49	117.71	0.61	183.42
0.02	0.20	0.14	9.61	0.26	33.34	0.38	70.61	0.50	122.61	0.62	189.3
0.03	0.45	0.15	11.08	0.27	36.29	0.39	74.53	0.51	127.52	0.65	207.88
0.04	0.80	0.16	12.56	0.28	38.25	0.40	78.45	0.52	131.37	0.68	227.48
0.05	1.23	0.17	14.22	0.29	41.19	0.41	82.37	0.53	138.31	0.71	248.07
0.06	1.77	0.18	15.89	0.30	44.13	0.42	86.3	0.54	143.21	0.74	268.67
0.07	2.45	0.19	17.75	0.31	47.08	0.43	91.2	0.55	149.09	0.77	291.23
0.08	3.14	0.20	19.61	0.32	49.99	0.44	95.13	0.56	154	0.8	314.79
0.09	4.02	0.21	21.57	0.33	53.93	0.45	99.08	0.57	159.88	0.85	355
0.10	4.9	0.22	23.53	0.34	56.88	0.46	103.98	0.58	165.77	0.9	398.18
0.11	5.98	0.23	26.48	0.35	59.82	0.47	108.89	0.59	170.67	0.95	443.29
0.12	7.06	0.24	28.44	0.36	63.74	0.48	112.81	0.60	176.55	1	490.3

ΔP_j 为集热器的阻力，为集热系统中最不利环路中集热器连接形成的阻力。不同集热器其阻力相差较大，从数十帕到上千帕不等，一般来讲蛇形管式平板型太阳能集热器或U形管式真空管太阳能集热器可能较高，可达1000Pa左右，栅形平板型太阳能集热器或热管式真空管式太阳能集热器可能为500Pa左右，同时其阻力还和不同的流速有关，因此应该根据《太阳能集热器热性能试验方法》GB/T 4271测试集热器的阻力（压力降落），图5-7为一太阳能集热器的测试结果，横坐标为流量（kg/s），纵坐标为该集热器的压力降落即阻力（kPa）。在由多台集热器相连时，应该根据集热器串联、并联情况按照串并联电阻的规律进行系统阻力的计算。

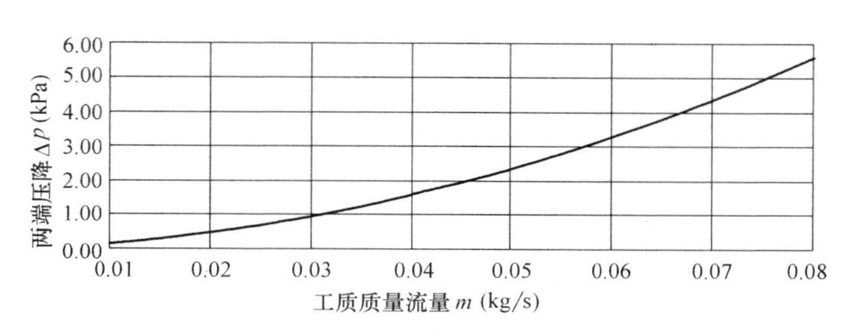

图5-7　某太阳能集热器压力降落（阻力）测试结果

（3）集热系统水泵的选型

强制循环太阳集热系统循环泵的流量按照5.3.8节确定，扬程按照太阳集热、供热系统管路最不利环路的阻力确定，一般考虑10%的余量。

3. 管材和附件

（1）管材

1）太阳能供热采暖系统采用的管材和管件，应符合现行产品标准的要求。管道的工作压力和工作温度不得大于产品标准标定的允许工作压力和工作温度。

① PP-R应采用公称压力不低于2.0MPa等级的管材管件；

② PEX管的使用温度与允许工作压力及使用寿命关系应符合有关标准规定；

③ PVC-C管：多层建筑可采用S5系列，高层建筑可采用S4系列（不用于主干管和泵房）室外可采用S5系列。

2）供热采暖系统管道应选用耐腐蚀、安装连接方便可靠，热水供应系统管道还应符合饮用水卫生要求的管材。一般可采用薄壁铜管、薄壁不锈钢管、塑料热水管、塑料和金属复合热水管等。热水住宅入户管采用敷设在垫层内时可采用聚丙烯（PP-R）管、聚丁烯管（PB）交联聚乙烯（PEX）管等软管。

当采用塑料热水管或塑料和金属复合热水管材时，除符合产品标准外，还应符合下列要求：

① 管道的工作压力应按相应温度下的允许工作压力选择；

② 管件宜采用和管道相同的材质；

③ 定时供热水的系统因其水温周期性变化大，不宜采用对温度变化较敏感的塑料管；

④ 设备机房内的管道不应采用塑料热水管。

3）热水供应系统的管道，应采取补偿管道温度伸缩的措施。

4）当在系统中采用了不同材质管材时，应注意防止不同电动势材料连接可能引起的电化学腐蚀。

（2）附件

系统的管道和设备上应设置下列附件：

1）排气装置：上行下给式系统的干管最高处及向上抬高的管段应设自动排气阀，阀下设检修用阀门。下行上给式系统可利用最高配水点放气，当入户支管上有分户计量表时，应在各供水立管顶设自动排气阀。

2）泄水装置：在热水管道系统的最低点及向下凹的管段应设泄水装置或利用最低配水点泄水。

3）自动温度调节装置：水加热设备的热媒管道上均应安装温度自动调节装置；容积式、半容积式水加热器内被加热水的温度波动浮动应≤±5℃；半即热式、快速式水加热器内被加热水的温度波动浮动应≤±3℃。

4）温度计：

① 水加热设备、贮水器和冷热水混合器上应装温度计；

② 水加热间的热水供回水干管上装温度计；

③ 温度计的刻度范围应为工作温度范围的2倍；

④ 温度计安装的位置应方便读取数据。

5）压力表：

① 密闭系统中的水加热器、贮水器、锅炉、分汽缸、分水器、集水器、压力容器设备均应装设压力表；

② 热水加压泵、循环水泵的出水管上，（必要时含吸水管）应装设压力表；

③ 压力表的精度不应低于2.5级，即允许误差为表刻度极限值的1.5%；

④ 压力表盘刻度极限值宜为工作压力的2倍，表盘直径不应小于100mm；

⑤ 装设位置应便于操作人员观察与清洗且应避免受辐射热、冻结或振动的不利影响；

⑥ 用于水蒸气介质的压力表，在压力表与设备之间应装存水弯管。

6）安全阀：

① 闭式热水供应系统中，应设置压力式膨胀罐、安全阀、泄压阀，并符合下列要求：

（a）日用热水量≤10m³ 的热水供应系统可采用安全阀、泄压阀泄压的措施；

（b）日用热水量＞10m³ 的热水供应系统应设压力式膨胀罐；

② 承压热水锅炉应设安全阀，并由制造厂配套提供；

③ 开式热水供应系统的热水锅炉和水加热器可不装安全阀（劳动部门有要求者除外）；

④ 水加热器宜采用微启式弹簧安全阀，安全阀应设防止随意调整螺丝的装置；

⑤ 安全阀的开启压力，一般取热水系统工作压力的1.1倍，但不得大于水加热器本体的设计压力（注：水加热器的本体设计压力一般分为：0.6MPa、1.0MPa、1.6MPa三种规格。）；

⑥ 安全阀的直径应比计算值放大一级；一般实际工程应用中，对于水加热器用的安全阀，其阀座内径可比水加热器热水出水管管径小1号；

⑦ 安全阀应直立安装在水加热器的顶部；

⑧ 安全阀装设位置应便于检修，其排出口应设导管将排泄的热水引至安全地点；

⑨ 安全阀与设备之间，不得装取水管、引气管或阀门。

7）膨胀水罐：

① 集热器——水箱环路膨胀罐容积：

$$V=\frac{(\rho_1-\rho_2)P_2}{(P_2-P_1)\rho_2}V_e \tag{5-18}$$

式中 V——膨胀罐总容积，m^3；

ρ_1——加热前集热系统内水的密度，由于集热系统温度变化剧烈，为防止选择膨胀管容积过小，宜取较低的水温，如可取与环境温度相近的水温；

ρ_2——加热后的热水密度，当太阳辐照非常好时，集热系统的温度较高，对于闭式系统甚至有可能超过100℃，为防止频繁的泄水，可取较高的温度下的密度，比如100℃；

P_1——膨胀水罐内的水压力，Pa；

P_2——膨胀罐处最大允许压力，$P_2=1.10P_1$；

V_e——集热系统内的热水容积，m^3；

② 采暖环路膨胀罐容积：

$$V=\frac{(\rho_1-\rho_2)P_2}{(P_2-P_1)\rho_2}V_e \tag{5-19}$$

式中 V——膨胀罐总容积，m^3；

ρ_1——加热前水加热器内水的密度，对于低温采暖系统，可取30～40℃水的密度，0.9957kg/L；

ρ_2——加热后的热水密度，kg/L；

P_1——膨胀水罐处的管内水压力，Pa；

P_2——膨胀罐处最大允许压力，$P_2=1.10P_1$

V_e——系统内的热水容积，L。

5.3.10 系统保温

太阳能供热采暖系统的加热设备、集热蓄热装置、贮水箱、热水箱、热水供水干、立管，机械循环的回水干、立管，有冰冻可能的自然循环回水干、立管，均应保温。

1. 保温层厚度计算

保温层的厚度可按下式计算：

$$\delta=3.14\frac{d_w^{1.2}\lambda^{1.35}\tau^{1.75}}{q^{1.5}} \tag{5-20}$$

式中 δ——保温层厚度，mm；

d_w——管道或圆柱设备的外径，mm；

λ——保温层的导热系数，kJ/(h·m·℃)；

τ——未保温的管道或圆柱设备外表面温度，℃；

q——保温后的允许热损失，kJ/(h·m)，可按表5-13采用。

2. 保温材料的选择

保温材料应根据因地制宜、就地取材的原则，选取来源广泛、价廉、保温性能好、易于施工、耐用的材料，具体有以下要求：

保温后允许热损失值 **表 5-13**

管道直径 DN(mm)	流体温度(℃)				
	60	100	150	200	250
15	46.1				
20	63.8				
25	83.7				
32	100.5				
40	104.7				
50	121.4	251.2	335.0	367.8	
70	150.7				
80	175.5				
100	226.1	355.9	460.55	544.3	
125	263.8				
150	322.4	439.6	565.2	690.8	816.4
200	385.2	502.4	669.9	816.4	983.9
设备面	—	418.7	544.3	628.1	753.6

注：
1. 允许热损失单位 kJ/(h·m)；
2. 流体温度 60℃值适用于热水管道；

（1）导热系数低、价格低。一般说来，二者乘积最小的材料较经济；在二者乘积相差不大时，导热系数小的较经济。

（2）容重小、多孔性材料。这类材料不但导热系数小，而且保温后的管道轻，便于施工，也减少荷重。

（3）保温后不易变形并具有一定的抗压强度。最好采用板状和毡状等成型材料；采用散状材料时，要采取防止其由于压缩等原因变形的措施。

（4）保温材料不宜采用有机物和易燃物，以免生虫、腐烂、生菌、引鼠或发生火灾。当采用上述材料时，要进行处理。

（5）宜采用吸湿性小、存水性弱、对管壁无腐蚀作用的材料。

（6）保温材料应采用非燃和难燃材料，必须符合《建筑设计防火规范》等规定的防火要求。对于电加热器等的保温，必须采用非燃材料。

热水供、回水管、热媒水管常用的保温材料为岩棉、超细玻璃棉、硬聚氨酯、橡塑泡棉等材料，其保温层厚度可参照表 5-14。水加热器、热水分集水器、开水器等设备采用岩棉制品、硬聚氨酯发泡塑料等保温时，保温层厚度可为 35mm。未设循环的供水支管，当支管长度 $L \geqslant 3 \sim 10$m 时，为减少使用热水前泄放的冷温水量，宜采用自动调控的电伴热保温措施，电伴热保持支管内水温可按 45℃设计。

热媒水管保温层厚度 **表 5-14**

管径 DN(mm)	供、回水管				一次热媒水	
	15,20	25～50	65～100	>100	≤50	>50
保温层厚度(mm)	20	30	40	50	40	50

常用的保温结构由防腐层（一般刷防腐漆）、保温层、防潮层（包油毡、油纸或刷沥青）和保护层组成。保护层随敷设地点和当地材料不同可采用水泥保护层、铁皮保护层、玻璃布或塑料布保护层、木板或胶合板保护层等。保温结构的具体做法，详见国家标准图集。

5.4 工程实例

5.4.1 北京市平谷区挂甲峪村太阳能供热采暖项目

1. 设计依据

(1)《太阳能供热采暖工程技术规范》GB 50495—2009；

(2)《民用建筑太阳能热水系统应用技术规范》GB 50364—2005；

(3)《严寒和寒冷地区居住建筑节能设计标准》JGJ 26—2010；

(4)《采暖通风与空气调节设计规范》GB 50019—2003；

(5)《建筑给水排水设计规范》GB 50015—2003（2009 年版）。

2. 设计参数

(1) 气象参数

水平面年总辐照量：5570.481MJ/m^2，当地纬度倾角平面年总辐照量：6281.993MJ/m^2。

水平面年平均日辐照量：14.180MJ/(m^2 · d)，当地纬度倾角平面年平均日辐照量：16.014MJ/(m^2 · d)。

12 月当地水平面月平均日太阳辐照量：7.889MJ/(m^2 · d)，12 月当地纬度平面月平均日辐照量：13.709MJ/(m^2 · d)。

非采暖季当地水平面月平均日太阳辐照量：18.075MJ/(m^2 · d)，非采暖季当地纬度平面月平均日辐照量：18.195MJ/(m^2 · d)。

年平均每日的日照小时数：7.5h。

12 月的月平均每日的日照小时数：6.0h。

非采暖季的月平均每日的日照小时数：8.1h。

年平均环境温度：12.9℃。

计算采暖期平均环境温度：0.1℃。

非采暖季的月平均环境温度：17.9℃。

采暖期天数：114 天。

(2) 采暖系统设计参数

根据《采暖通风与空气调节设计规范》GB 50019—2003 的规定，住宅冬季室内设计温度为 18℃。

根据《严寒和寒冷地区居住建筑节能设计标准》JGJ 26—2010 的规定，该项目建筑耗热量指标为 16.1W/m^2。

(3) 热水系统设计参数

热水用水定额 q_{ar}：40L /(人 · d)；

设计热水温度 t_r：55 ℃；

冷水设计温度 t_L：15 ℃。

(4) 常规能源费用

电价：0.488 元/kWh。

（5）太阳能集热器选型

集热器类型：平板型太阳能集热器；

集热器型号：P-G/0.6-T/HG-2.0-1；

集热器规格：2000mm×1200mm；

集热器总面积：2.4m^2，采光面积：2.25m^2；

集热器瞬时效率曲线方程（基于总面积、集热器入口温度）：$\eta_a=0.809-5.371T_i^*$；

集热器瞬时效率曲线方程（基于采光面积、集热器入口温度）：$\eta_a=0.860-5.714T_i^*$。

3. 工程概况

该项目位于北京市平谷区挂甲峪村，单层住宅，总建筑面积150m^2，正南朝向，坡顶，角度约为40°。该建筑主体采用混凝土小型空心砌块承重结构，60mm聚苯板保温，外墙平均传热系数为0.9W/(m^2·K)，外窗均采用中空塑钢节能窗，传热系数为3.6W/(m^2·K)，屋面保温采用80mm厚聚苯板，传热系数为0.54W/(m^2·K)，建筑体形系数约为0.7。建筑物实景照片如图5-8所示。

图5-8 建筑实景照片

该项目采用太阳能供热采暖系统满足冬季采暖、非采暖季供应生活热水需求。采暖系统末端采用地板辐射采暖系统，供/回水温度为45℃/40℃。非采暖季太阳能集热系统为用户提供生活热水。

4. 太阳能供热采暖系统热负荷计算

根据《太阳能供热采暖工程技术规范》GB 50495—2009，对采暖热负荷和生活热水负荷分别进行计算后，应选两者中较大的负荷确定为太阳能供热采暖系统的设计负荷。

（1）采暖耗热量计算

根据相关规定，太阳能供热采暖系统采暖耗热量按下式计算：

$$Q_n=q_n\times A$$

太阳能供热采暖系统的采暖耗热量为：

$$Q_n=q_n\times A=16.1\times150=2.415\text{kW}$$

（2）热水系统负荷计算

1）用水人数

每户以3.5人计算。

2）生活热水日平均负荷计算

$$Q_w=\frac{mq_{ar}c(t_r-t_L)\rho}{86400}$$

式中，$m=3.5$人；$q_{ar}=40$L/(人·d)；$c=4187$J/(kg·℃)；$t_r=55$℃；$t_L=15$℃；$\rho=1$kg/L。

则　$Q_w=0.271kW$。

经过比较，该项目太阳能供热采暖系统的设计负荷 Q_H 应取采暖耗热量，即为 2.415kW。

(3) 供暖负荷

按《采暖通风与空气调节设计规范》GB 50019—2003 的规定计算，该项目采暖热负荷为 6.75kW。

5. 太阳能集热系统设计

该项目为液体工质集热器、直接式、短期蓄热太阳能供热采暖系统；太阳能集热器阵列安装于在建筑物坡屋面上，集热器连接方式采用并—串联连接；贮热水箱、循环水泵等设备安装在设备机房，当太阳能供热系统提供的热量不能满足供热采暖需求时，采用电锅炉为辅助热源，日照不足及阴雨天气时保证供暖。

(1) 太阳能集热器的定位

太阳能集热器正南放置；安装角度为坡屋面角度 40°。

(2) 确定太阳能集热器面积

1) 确定太阳能保证率 f

北京属于太阳能资源一般区，根据《太阳能供热采暖工程技术规范》GB 50495—2009 的规定，太阳能采暖保证率 $f=30\%$。

2) 确定管路及贮水箱热损失率 η_L

集热系统管路和贮热水箱等部件都在室外，环境温度低，根据《太阳能供热采暖工程技术规范》GB 50495—2009 规定，η_L 取 0.10。

3) 集热器平均集热效率 η_{cd}

年平均日辐照度计算公式为：

$$G=\frac{H_d}{3.6S_d}$$

式中，$H_d=13709kJ/(m^2\cdot d)$；$S_d=6.0h$。

则总太阳辐照度 $G=634.7W/m^2$。

归一化温差 T_i^* 为：

$$T_i^*=\frac{(t_i-t_a)}{G}$$

式中，$t_i=40℃$；$t_a=-2.7℃$。

计算得：归一化温差为 0.067。

根据归一化温差查集热器生产厂家提供的集热器瞬时效率曲线方程（基于总面积、进口温度）为：$\eta_a=0.809-5.371T_i^*$，得 η_{cd} 为 45%。

$$A_c=\frac{86400Q_H f}{J_T\cdot\eta_{cd}(1-\eta_L)}$$

式中，$Q_H=2415w$；$f=30\%$；$J_T=13709kJ/(m^2\cdot d)$；$\eta_{cd}=45\%$；$\eta_L=20\%$。

将上述数据代入公式得：$A_c=11.27m^2$，共选择 5 块集热器，太阳能集热器总面积为

12.0m^2，采光面积为 11.25m^2。

6. 设备选型

(1) 贮热水箱

根据《太阳能供热采暖工程技术规范》GB 50495—2009 的规定，短期蓄热太阳能供热采暖系统贮热水箱容积对应每平方米太阳能集热器采光面积的贮热水箱容积范围选取 50～150L/m^2，考虑到当地实际情况，该项目按每平方米太阳能集热器采光面积对应 50L 贮热水箱容积确定，选定贮热水箱容积为 570L。

(2) 集热系统循环水泵

根据《太阳能供热采暖工程技术规范》GB 50495—2009 的规定，选定小型独户太阳能供热采暖系统中的单位面积流量为 0.036m^3/(h·m^2)，则太阳能集热系统的设计流量为 0.405m^3/h，考虑到实际管网的水力阻力，选定供热系统的循环泵型号为 PH-254E，流量为 0.75m^3/h，H=14mH_2O。

7. 太阳能供热采暖系统原理图

该项目系统原理如图 5-9 所示。

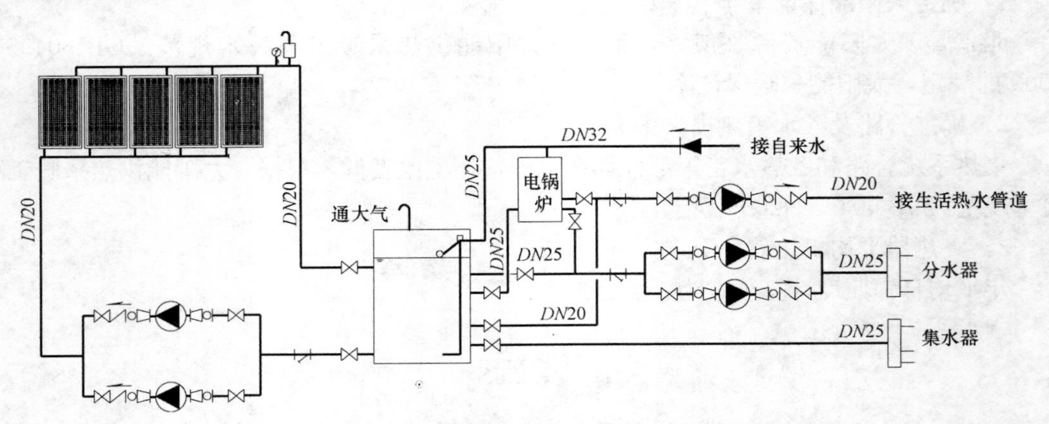

图 5-9 太阳能供热采暖系统原理图

8. 与建筑结合节点图

集热器与坡屋面结合节点图如图 5-10 所示。

5.4.2 内蒙古巴彦淖尔家和、新龙城小区太阳能季节蓄热供热采暖项目

1. 设计依据

(1)《太阳能供热采暖工程技术规范》GB 50495—2009；

(2)《民用建筑太阳能热水系统应用技术规范》GB 50364—2005；

(3)《严寒和寒冷地区居住建筑节能设计标准》JGJ 26—2010；

(4)《采暖通风与空气调节设计规范》GB 50019—2003；

(5)《建筑给水排水设计规范》GB 50015—2003 (2009 年版)。

2. 设计参数

(1) 气象参数

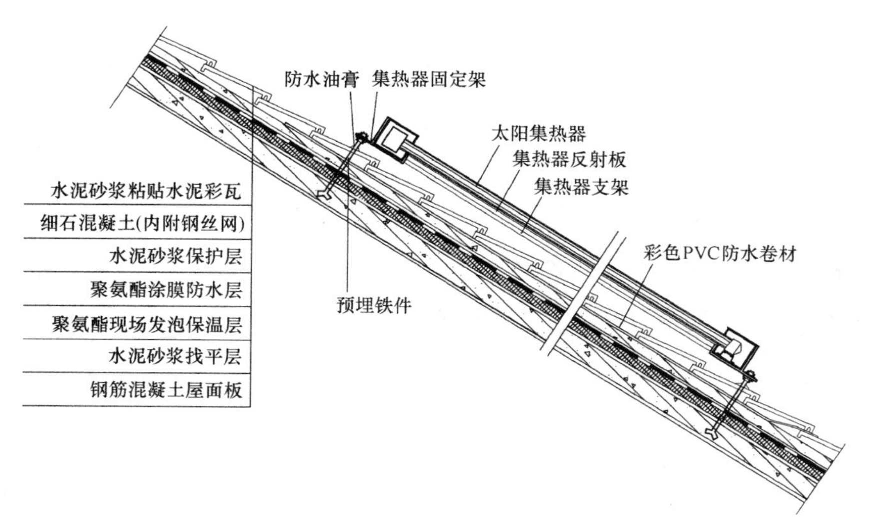

图 5-10　集热器与坡屋面结合节点图

水平面年总辐照量：5713.190MJ/m²，当地纬度倾角平面年总辐照量：6675.308MJ/m²。

水平面年平均日辐照量：15.438MJ/(m²·d)，当地纬度倾角平面年平均日辐照量：17.973MJ/(m²·d)。

12 月当地水平面月平均日太阳辐照量：8.839MJ/(m²·d)，12 月当地纬度平面月平均日辐照量：16.991MJ/(m²·d)。

水平面年平均日辐照量：15.438MJ/(m²·d)，当地纬度倾角平面年平均日辐照量：17.973MJ/(m²·d)。

非采暖季当地水平面月平均日太阳辐照量：18.211MJ/(m²·d)，非采暖季当地纬度平面月平均日辐照量：18.443MJ/(m²·d)。

年平均每日的日照小时数：8.7h。

12 月的月平均每日的日照小时数：7.1h。

非采暖季的月平均每日的日照小时数：9.2h。

年平均环境温度：6.3℃。

12 月的月平均环境温度：−9.6℃。

非采暖季的月平均环境温度：13.0℃。

计算采暖期平均环境温度：−6.2℃。

采暖期天数：156 天。

（2）采暖系统设计参数

根据《采暖通风与空气调节设计规范》（GB 50019—2003）的规定，住宅冬季室内设计温度为 18℃。

根据《严寒和寒冷地区居住建筑节能设计标准》JGJ 26—2010 的规定，该项目建筑耗热量指标为 14.2W/m²。

(3) 热水系统设计参数

热水用水定额 q_r：60L/(人·d)；

设计热水温度 t_r：60 ℃；

冷水设计温度 t_L：10 ℃。

(4) 常规能源费用

煤炭价格：1600 元/t，电价：0.526 元/kWh。

(5) 太阳能集热器选型

集热器类型：热管式真空管型太阳能集热器；

集热器型号：Z-RG/0.05-WF-2.42/24-58；

集热器规格：1950mm×1800mm；

集热器总面积：3.51m^2，采光面积：2.42m^2；

集热器瞬时效率曲线方程（基于总面积、集热器入口温度）：$\eta_a=0.554-1.562T_i^*$。

集热器瞬时效率曲线方程（基于采光面积、集热器入口温度）：$\eta_a=0.800-2.252T_i^*$。

3. 工程概况

该工程为太阳能供热采暖区域供暖热力站，位于内蒙古巴彦淖尔市，共有住宅楼 34 栋，总建筑面积为 16.3 万 m^2。

该项目的供暖热源为区域燃煤锅炉房，一次热水供/回水温度为 85℃/60℃。在此基础上增加太阳能供热采暖系统。太阳能供热采暖系统冬季向小区采暖系统供热，非采暖季除满足小区热水需求外，其余热量贮存在混凝土蓄热水池内用于冬季供热。集热器安装平面图如图 5-11 所示。

4. 太阳能供热采暖系统热负荷计算

根据《太阳能供热采暖工程技术规范》GB 50495—2009 的规定，对采暖热负荷和生活热水负荷分别进行计算后，应选两者中较大的负荷确定为太阳能供热采暖系统的设计负荷。

图 5-11 集热器安装平面图

(1) 采暖耗热量计算

该项目为符合《严寒和寒冷地区居住建筑节能设计标准》JGJ 26—2010 要求的节能建筑，根据本书提供的方法，太阳能供热采暖系统的采暖耗热量可按下式计算：

$$Q_n=q_n\times A$$

式中，$q_n=14.2\text{W/m}^2$；$A=163000\text{m}^2$。

该项目太阳能供热采暖系统的采暖耗热量为：

$$Q_n=q_n\times A=14.2\times 163000=2314.6\text{kW}$$

(2) 热水系统负荷计算

以小区 1 号楼为例进行计算。

1) 用水人数

1号楼住户40户，每户以3.5人计，总用水人数按140人考虑。

2）生活热水日平均耗热量计算

$$Q_{\mathrm{w}}=\frac{mq_{\mathrm{r}}c_{\mathrm{w}}\rho_{\mathrm{w}}(t_{\mathrm{r}}-t_{\mathrm{L}})}{86400}$$

式中，$m=140$人；$q_{\mathrm{r}}=60\mathrm{L}/($人·d$)$；$c_{\mathrm{w}}=4187\mathrm{J}/(\mathrm{kg}\cdot℃)$；$t_{\mathrm{r}}=60℃$；$t_{\mathrm{L}}=10℃$；$\rho_{\mathrm{w}}=1\mathrm{kg/L}$。

则　$Q_{\mathrm{w}}=20.3535\mathrm{kW}$。

该项目为住宅建筑，户型基本一致，则生活热水负荷为：

$$Q_{\mathrm{sw}}=34\times Q_{\mathrm{w}}=34\times 20353.4=692.0\mathrm{kW}$$

经过比较，该项目太阳能供热采暖系统的设计负荷 Q_{H} 应取采暖耗热量，即2314.6kW。

（3）供暖负荷

该项目原设计的区域燃煤锅炉房的供暖负荷为7335kW。

5. 太阳能集热系统设计

该项目为液体工质集热器、间接式、季节蓄热太阳能供热采暖系统；太阳能集热器阵列安装于新热源厂西侧空地；集热器连接方式采用串—并联连接；混凝土蓄热水池位于新热源厂南侧空地上；水泵、板式换热器等设备安装在设备机房。当太阳能集热系统提供的热量不能满足供热采暖需求时，区域燃煤锅炉房向建筑物补充供热。

（1）太阳能集热器的定位

太阳能集热器正南放置，与地面成40°倾角。

（2）确定太阳能集热器总面积

该系统为间接系统，需要先计算直接系统集热器面积。

1）直接系统集热器总面积

① 确定太阳能保证率 f

巴彦淖尔市属太阳能资源较富区，根据《太阳能供热采暖工程技术规范》GB 50495—2009的相关规定，取太阳能采暖保证率 $f=40\%$。

② 确定管路及贮水箱热损失率 η_{L}

集热系统管路和贮热水箱等部件都在室外，环境温度低，根据《太阳能供热采暖工程技术规范》GB 50495—2009规定，η_{L} 取0.10。

③ 集热器平均集热效率 η_{cd}

总太阳辐照度计算公式为：

$$G=\frac{H_{\mathrm{Y}}}{3.6S_{\mathrm{y}}}$$

式中，$H_{\mathrm{Y}}=17973\mathrm{kJ}/(\mathrm{m}^2\cdot\mathrm{d})$；$S_{\mathrm{y}}=8.7\mathrm{h}$。

即总太阳辐照度 $G=573.9\mathrm{W/m^2}$。

归一化温差 T_i^* 计算公式为：

$$T_i^*=\frac{(t_i-t_{\mathrm{a}})}{G}$$

式中，$t_i=55℃$；$t_{\mathrm{a}}=6.3℃$。

则 $T_i^*=0.085$。

根据归一化温差查集热器生产厂家提供的集热器瞬时效率曲线方程（基于总面积、集热器入口温度）为：$\eta_a=0.554-1.562T_i^*$，得 η_{cd} 为42%。

$$A_c=\frac{86400Q_H f}{J_T \cdot \eta_{cd}(1-\eta_L)}$$

式中，$Q_H=2314.6$kW；$f=35\%$；$J_T=17973$kJ/(m^2 · d)；$\eta_{cd}=42\%$；$\eta_L=20\%$。

将上述数据代入公式得：$A_c=11774.4$m^2。

2）间接系统集热器总面积

① 太阳能供热采暖系统负担的采暖季平均日供热量 Q

$$Q=Q_H\times 86400$$

式中：$Q_H=2314.6$kW。

则　$Q=199981440$kJ

② 热交换器换热量 Q_{hx}

$$Q_{hx}=\frac{k\times f\times Q}{3600\times S_Y}$$

式中，$k=1.6$；$f=0.40$；$Q=199981440$KJ；$S_y=8.7$h。

则　$Q_{hx}=4086.5$kW

③ 间接系统热交换器换热面积 A_{hx}

$$A_{hx}=\frac{(1-\eta_L)Q_{hx}}{\varepsilon\cdot U_{hx}\cdot \Delta t_j}$$

式中，$\eta_L=0.02$；$\varepsilon=0.8$；$U_{hx}=0.4$kW/(m^2 · ℃)；$\Delta t_j=5$℃；

则　$A_{hx}=2503.0$m^2。

$$A_{IN}=A_c\cdot\left(1+\frac{U_L\cdot A_c}{U_{hx}\cdot A_{hx}}\right)$$

式中，$U_L=1.562$W/(m^2 · ℃)；$U_{hx}=0.4$kW/(m^2 · ℃)。

则 $A_{IN}=11990.7$m^2，共选择3417块集热器，太阳能集热器总面积为11993.67m^2，采光面积为8269.14m^2。

6. 设备选型

(1) 季节蓄热水池

根据《太阳能供热采暖工程技术规范》GB 50495—2009的规定，季节蓄热太阳能供热采暖系统对应每平方米太阳能集热器采光面积的贮热水箱、水池容积范围选取1400～2100L/m^2。考虑到当地实际情况，该项目按每平方米太阳能集热器采光面积对应1650L蓄热水池容积确定：

计算得出季节蓄热水池的容积 $V_k=13650$m^3。

(2) 集热系统循环水泵

考虑到现场实际情况，集热系统分成4个部分，每个太阳能集热器阵列通过各自的集热系统循环泵、供回水管道与蓄热水池连接在一起形成独立系统。

系统1太阳能集热器总面积为2997.54m^2，按每平方米集热器的流量为0.04m^3/(h · m^2)计算，选定集热系统的循环泵流量为130m^3/h，$H=15$mH_2O。

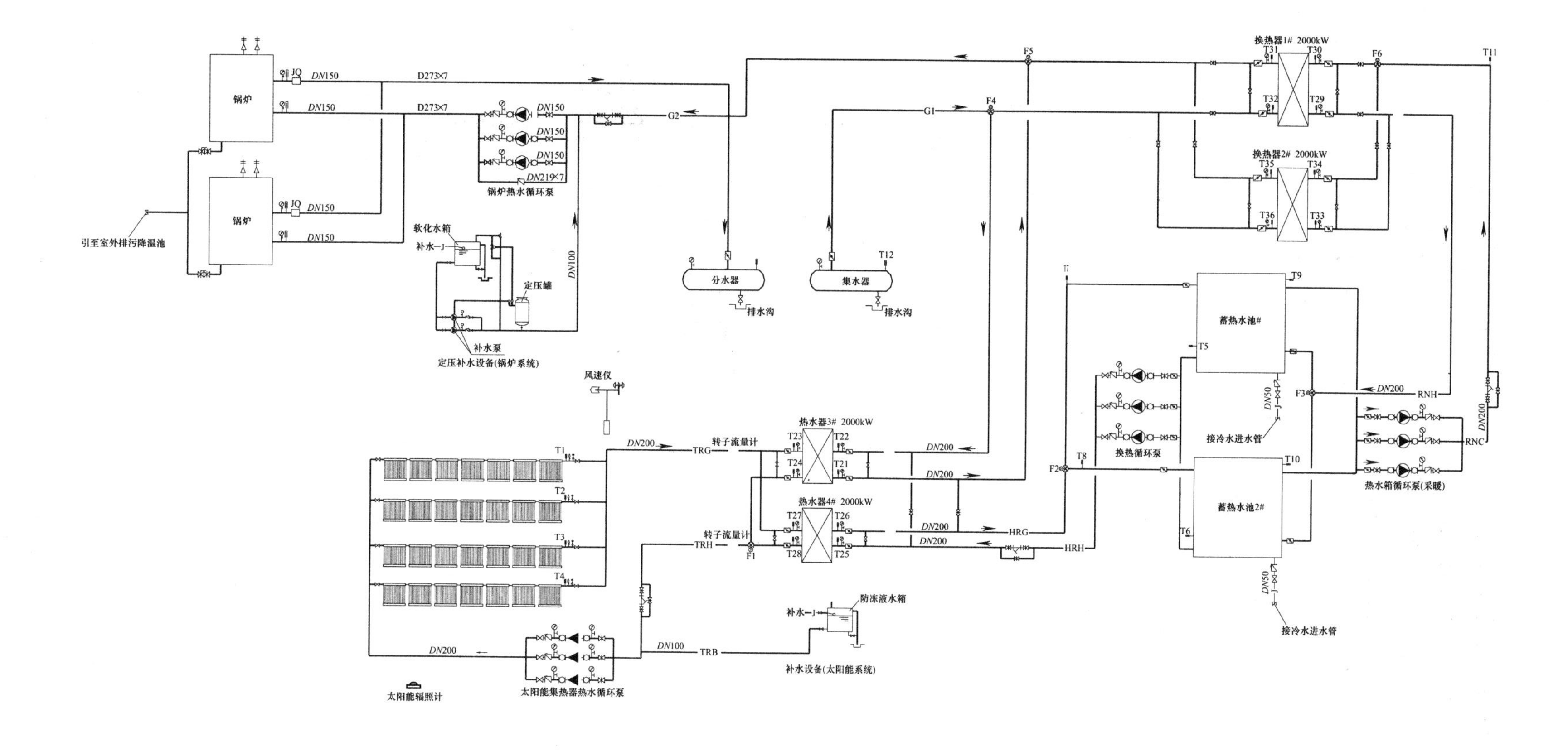

图 5-12 太阳能季节蓄热采暖系统原理图

系统 2 太阳能集热器总面积为 2997.54m^2，按每平方米集热器的流量为 0.04$m^3/(h \cdot m^2)$ 计算，选定集热系统的循环泵流量为 130m^3/h，$H=15mH_2O$。

系统 3 太阳能集热器总面积为 2997.54m^2，按每平方米集热器的流量为 0.04$m^3/(h \cdot m^2)$ 计算，选定集热系统的循环泵流量为 130m^3/h，$H=15mH_2O$。

系统 4 太阳能集热器总面积为 3001.05m^2，按每平方米集热器的流量为 0.04$m^3/(h \cdot m^2)$ 计算，选定集热系统的循环泵流量为 130m^3/h，$H=15mH_2O$。

7. 太阳能季节蓄热供热采暖系统原理图

该项目系统原理图如图 5-12 所示。

8. 与建筑结合节点图

集热器与地面结合节点图如图 5-13 所示。

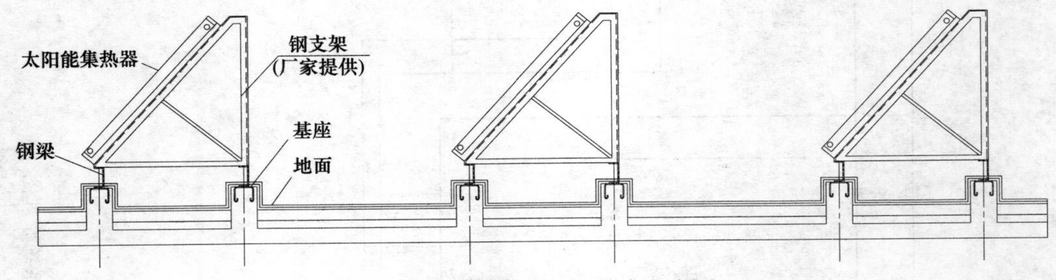

图 5-13　集热器与地面结合节点图

第 6 章　太阳能制冷空调

6.1　总则

太阳能空调系统是一种利用太阳能实现制冷空调的系统。太阳能作为一种辐射能，不涉及任何化学反应和燃烧过程，是最洁净、最可靠的能源。太阳能的广泛应用可以减轻环境污染和化石能源的过度使用等问题，减轻城市热岛效应，实现能源的可持续利用。利用太阳能作为能源来驱动建筑制冷空调，其优势在于建筑制冷空调负荷越大的时候，太阳能辐射越强烈，环境温度越高，太阳能热利用装置工作效率也越高。太阳能制冷空调系统的供给和需求基本同步，是太阳能建筑应用最有前途的发展方向之一。但是，由于太阳能的能流密度较低，能源供应具有间歇性和不确定性，为确保建筑室内环境的舒适性，太阳能制冷空调系统一般需要与供能可靠的常规能源系统联合运行，导致该系统造价较高，这也是阻碍太阳能制冷空调系统大面积推广的主要原因。

在本章中，首先对太阳能制冷空调系统的原理特点进行叙述，介绍了太阳能吸收式制冷、太阳能吸附式制冷和太阳能除湿冷却等三种建筑中常见的太阳能制冷形式，随后对太阳能制冷空调系统的设计方法进行了介绍，最后给出两个典型的实际工程案例。

6.2　系统基本原理与特点

如图 6-1 所示，从理论上讲，太阳能制冷的实现一般有两种方式：一是先把太阳能转化为电能，再利用电来制冷，太阳能可以通过光伏发电或光热发电等途径转化为电能，电能驱动常规的电制冷机组制冷；二是将太阳能通过光热转换为热能，利用热能驱动热力制冷机组进行制冷。对于前者，电制冷空调属于成熟的传统技术，主要技术研究应用重点在于太阳能到电能的高效、经济转化上，更多属于太阳能光伏发电和光热发电领域，不属于太阳能热利用范畴，本章中不做详细介绍。本章以介绍后者，即太阳能转化为热能驱动的制冷空调技术为主。

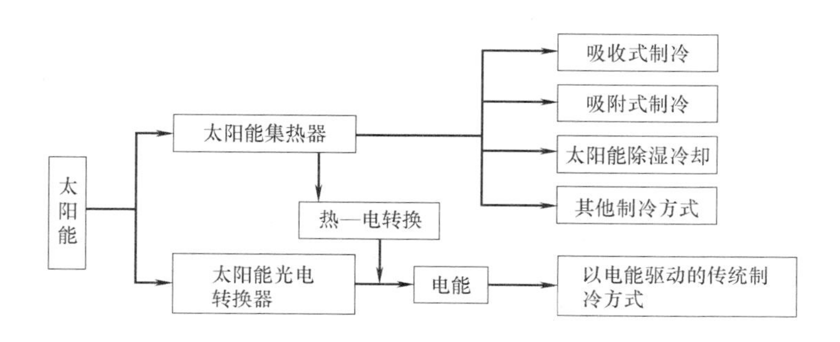

图 6-1　太阳能制冷的具体实现方法

目前研究和应用较多的太阳能光热制冷方式有太阳能吸收式制冷、太阳能吸附式制冷、太阳能喷射式制冷以及在这三种方式的基础上延伸出来的新的制冷方式；以太阳能作为除湿剂再生能源的太阳能除湿冷却系统在建筑中也得到了越来越广泛的应用。

太阳能制冷空调系统往往包含以稳定可靠的化石能源驱动的辅助能源系统。辅助能源系统可以提供热能，如使用锅炉或直接采用燃烧器，在太阳能不足时确保热力制冷机组的运行，提供稳定的冷量输出以使供冷需求得到可靠保障；辅助能源系统也可以直接提供冷冻水，如使用备用的电制冷机组，在热力制冷机组出力不够时电制冷机组启动提供系统所需的冷冻水。

6.2.1 太阳能吸收式制冷

1. 吸收式制冷工作原理

吸收式制冷机主要由发生器、冷凝器、蒸发器和吸收器等设备组成，利用同一压强下沸点不同的两种物质所组成的二元溶液作为工质进行制冷。高沸点为吸收剂，低沸点为制冷剂。系统有两个循环环路：冷凝器、节流装置、蒸发器组成制冷循环，高温高压的气态制冷剂在冷凝器中放热，成为液体后，经节流装置减压，进入蒸发器气化吸热，达到制冷效果；吸收器、发生器、溶液泵组成吸收剂循环，相当于传统制冷循环中的压缩机。

吸收式制冷的基本原理一般分为以下五个步骤：（1）利用工作热源（如水蒸气、热水及燃气等）在发生器中加热由溶液泵从吸收器输送来的具有一定浓度的溶液，并使溶液中的大部分低沸点制冷剂蒸发出来。（2）制冷剂蒸气进入冷凝器中，又被冷却介质冷凝成制冷剂液体，再经节流器降压到蒸发压力。（3）制冷剂经节流进入蒸发器中，吸收被冷却系统中的热量而气化成蒸发压力下的制冷剂蒸气。（4）在发生器中经发生过程后剩余的溶液（吸收剂以及少量未蒸发的制冷剂）经吸收剂节流器降到蒸发压力进入吸收器中，与从蒸发器出来的低压制冷剂蒸气相混合，并吸收低压制冷剂蒸气恢复到原来的浓度。（5）吸收过程往往是一个放热过程，故需在吸收器中用冷却水来冷却混合溶液。在吸收器中恢复了浓度的溶液又经溶液泵升压后送入发生器中继续循环。图 6-2 为溴化锂吸收式制冷工作原理图。

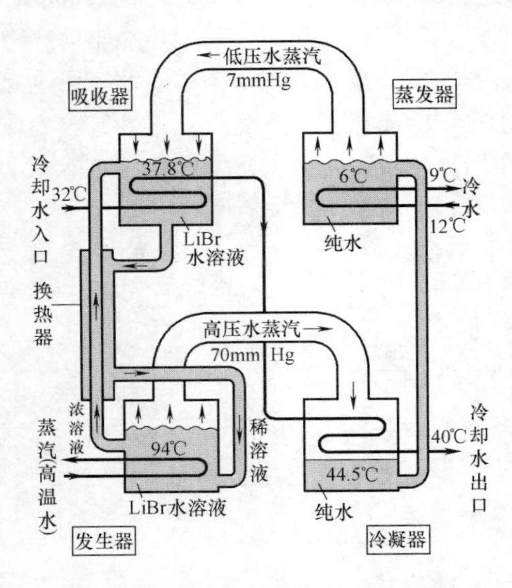

图 6-2 溴化锂吸收式制冷原理图

目前吸收式制冷使用较多的二元工质对有氨—水、溴化锂—水等。

氨—水工质对有极强的互溶性和液氨蒸发潜热大等优点，可用来制取 0℃以下的低温，但存在有毒、工作压力高、COP 值较溴化锂低等缺点，限制了其在民用建筑中的大规模应用。

溴化锂吸收式制冷系统技术较为成熟，并得到了较大规模的商业应用，其具有以下主要特点：

（1）利用热能为动力，能源利用范围较广且能利用低品位热能（可再生热能、余热、废热等）。

（2）运转安静，整个机组除功率较小的屏蔽泵外，无其他运动部件，噪声小。

（3）工质无臭、无毒，满足环保要求。

（4）制冷剂在真空状态下运行，无高压爆炸危险，安全可靠。

（5）制冷量调节范围广，可在20%～100%的负荷内进行冷量的无级调节，并且随着负荷的变化，调节溶液循环量，有着优良的调节特性。

由于溴化锂吸收式制冷系统以溴化锂—水作为工质对，水作为制冷剂，其蒸发温度只能在0℃以上，一般作为建筑空调冷源使用。此外，溴化锂吸收式制冷系统还有易结晶、腐蚀性强、真空度要求高等缺陷。

2. 太阳能吸收式制冷工作原理

太阳能吸收式制冷是利用太阳能集热器将太阳能转化为热能，用以驱动吸收式制冷机组，以达到制冷的目的。

太阳能吸收式制冷系统主要由太阳能集热器、储热水箱、辅助加热器、吸收式制冷机组和自动控制系统五个主要部分组成。其工作原理为：太阳能集热器采集的太阳能，加热水并存入储水箱，当热水温度达到一定值时，由储水箱向发生器提供热媒水，当太阳能不足以提供高温热媒水时，可由辅助锅炉补充热量；用热水加热发生器中的溶液，使溶液中的水气化产生水蒸气，剩下含少量水的溶液进入吸收器；较高温的水蒸气进入冷凝器中，在冷却水的作用下液化成为低温高压的液体水，然后经节流阀到达蒸发器气化；气化吸热，蒸发器中冷冻水热量将被大量带走，达到制冷的目的。同时，吸收器中高浓度的溶液，吸收蒸发器中出来的低温水蒸气，变回稀溶液。利用溶液泵将稀溶液泵回发生器中，进行下一轮循环。如此反复，不断制冷。同时，在发生器和吸收器之间加入一台换热器，使从吸收器中泵回的低温低浓度溶液吸收从发生器中流出的高温高浓度溶液的热量，则循环回去的稀溶液温度升高，可节约加热溶液的热量，提高热效率。从发生器流出并已降温的热水流回储水箱，再由集热器加热成高温热水。图6-3为太阳能吸收式制冷原理图。

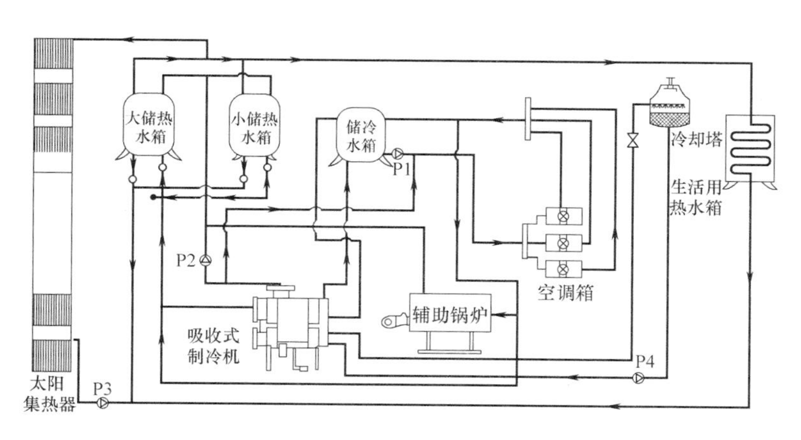

图6-3　太阳能吸收式制冷原理图

3. 太阳能吸收式制冷系统形式及特点

太阳能吸收式制冷空调之所以能够取得最广泛的商业化应用，不仅与其拥有一般太阳能空调的季节匹配性好、环境友好等优点相关，也由于其可与商业化的大型溴化锂吸收式制冷机组配套，大幅降低了投资运行费用且运行稳定性好。目前，国内投入运行的太阳能制冷空调工程中太阳能吸收式制冷占了绝大多数。由于吸收式制冷机组小型化比较困难，太阳能吸收式制冷主要用于大中型公共建筑中。

对太阳能吸收式制冷系统，应用广泛的工质对有溴化锂—水和氨—水，其中溴化锂—水以其 COP 高、对热源温度要求低、无毒和对环境友好等特点，占据了太阳能吸收式制冷研究和应用的主流地位。目前太阳能吸收式制冷中技术最成熟、应用最广泛是单效溴化锂吸收式制冷循环，其他结合方式还包括双效溴化锂吸收式制冷和两级溴化锂吸收式制冷及太阳能氨—水吸收式制冷系统。

(1) 太阳能单效溴化锂吸收式制冷系统

该系统主要由太阳能集热器和单效溴化锂吸收式制冷机组组成，驱动热源可采用表压力为 0.03～0.15MPa 的低压蒸汽或温度为 80℃以上的热水。适用于该系统的太阳能集热器类型有平板型太阳能集热器、真空管型太阳能集热器和复合抛物面聚焦型太阳能集热器，目前国内应用最多的形式为前两种。

在冷却水温度为 30℃，制备 9℃冷冻水的情况下，制冷机热源温度在 80℃时，系统的 COP 值可达 0.7，在 85℃后即使再增加热源温度，制冷机的 COP 值也不会有明显的变化。在冷却水和冷冻水温度分别相同的条件下，当热源温度低于 65℃时，制冷机的 COP 会急剧下降。虽然太阳能单效溴化锂吸收式制冷系统的 COP 不高，但其可采用低温太阳能集热器，充分利用低品位能源，具有较好的节能性和经济性，因此太阳能单效溴化锂吸收式制冷空调系统在国内外都有较多的实际应用。

(2) 太阳能双效溴化锂吸收式制冷系统

该系统的 COP 值较高（可达到 1.2），但驱动热源为 150℃以上的高温水或表压力为 0.25～0.8MPa 的蒸汽，因此多采用真空管太阳能集热器或聚焦型太阳能集热器，使系统的初投资过高，限制了其使用。但随着国内中高温集热器研制的深入，该系统仍有一定的发展前景。

(3) 太阳能两级溴化锂吸收式制冷系统

该系统可使用 70～80℃的热水作为驱动热源，甚至在 65℃的热水驱动下仍能有效工作，因此可大幅降低对太阳能集热器的要求，但其 COP 较低（仅在 0.3～0.4 左右），实用性不高。

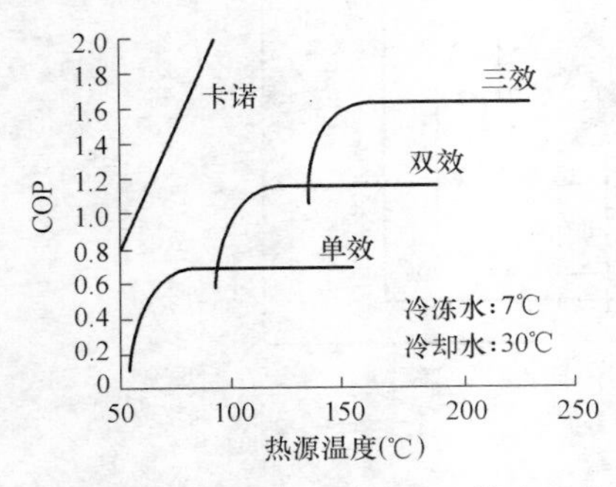

图 6-4　卡诺循环、单效、双效和三效溴化锂吸收式制冷机热源温度与 COP 之间的关系

图 6-4 中比较了相同制冷工况下卡诺循环、单效、双效和三效溴化锂吸收式制冷机热源温度与 COP 之间的关系。从图中可以看出，三种形式的溴化锂吸收式制冷机都存在一个最低的临界热源温度，当热源温度低于这个值时，它们的 COP 值就会急剧下降，这也是应在太阳能制冷空调系统中设置辅助能源系统的原因。

(4) 太阳能氨—水吸收式制冷系统

该系统与太阳能溴化锂吸收式制冷系统的制冷方式相同，均是采用太阳能热水作为吸收式制冷机组的驱动热源。太阳能氨—水吸收式制冷系统的热源温度要求较高，COP 在 0.4～0.6 之间，略低于太阳能溴化锂吸收式制冷系统，但采用氨—水作为制冷机—吸收剂工质对，可使蒸发温度达到 0℃以下，因此多用于工艺制冷方面。

6.2.2 太阳能吸附式制冷

1. 吸附式制冷工作原理

吸附式制冷技术的原理为：利用固体吸附剂（如活性炭、沸石等）对某些制冷剂（如甲醇、水等）蒸汽有比较强的吸附作用的特点，使蒸发器中的制冷剂液体蒸发而制冷。当吸附剂加热后就会使吸附剂中的制冷剂解吸，解吸后的蒸汽会在冷凝器中放热变为液体，制冷剂液体经储液罐再回到蒸发器中，吸附剂冷却后会重新具有吸附能力，从而实现制冷循环。吸附式制冷就是利用多孔吸附剂于较低的温度时吸附制冷剂，在较高温度时解吸制冷剂从而实现制冷的。系统的主要部件包括吸附床、蒸发器和冷凝器。

吸附式制冷不仅在利用低品位热源，如工业废热、太阳能等作为驱动热源方面具有先天的优势，而且采用非氟烃类作制冷剂工质，满足环保要求。

2. 太阳能吸附式制冷工作原理

太阳能吸附式制冷是将太阳能集热系统与吸附式制冷系统相结合，主要有太阳能吸附集热器、冷凝器、储液器、蒸发器、冷冻水系统和冷却水系统组成，其工作原理如图 6-5 所示。

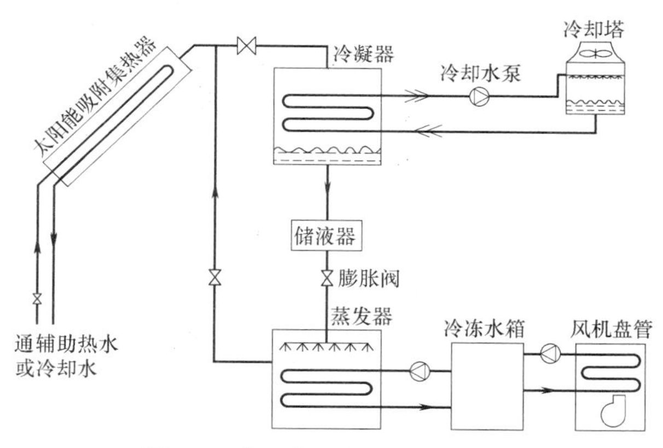

图 6-5 太阳能吸附式制冷原理图

白天日照充足时，太阳能吸附集热器吸收太阳辐射能后，吸附床温度升高，使吸附剂中的制冷剂解吸，使太阳能吸附集热器内压力升高。解吸出来的气态制冷剂进入冷凝器，被冷却介质（水或空气）冷却为液态制冷剂，进入储液器，将由太阳能转化来的吸附势能储存起来。

在夜间或太阳辐照不足时，环境温度的降低使太阳能吸附集热器自然冷却，吸附床温度降低，吸附剂开始吸附制冷剂，使蒸发器内的制冷剂蒸发，从而达到制冷效果。产生的冷量一部分通过冷冻水系统向空调房间输出，另一部分则存储在储液器中，可根据实际需要进行冷量调节。

太阳能吸附式制冷系统具有以下特点：

（1）系统结构及运行控制简单，初投资和运行费用较少，使用寿命长，不存在制冷剂污染、腐蚀系统和结晶等问题，可以仅靠太阳能驱动，无运动部件及电力消耗，系统运行安全可靠。

（2）针对不同热源及蒸发温度可采用不同的工质对。大部分的吸附工质对均可与低温太阳能集热器配合工作，如硅胶—水吸附工质对太阳能吸附式制冷系统可由65～85℃的热水驱动，制取7～20℃的冷冻水。

（3）系统的制冷功率与太阳辐照度及空调系统用能需求高度匹配，太阳辐照度越大，系统的制冷功率越大，而此时的空调系统用能需求一般也越大。

（4）与吸收式及压缩式制冷系统相比，吸附式制冷系统单位质量工质对的制冷功率较小，当所需制冷量较大时，工质对质量及换热设备面积会大幅增加，使初投资增加且系统的体积也会增大。

（5）由于吸附剂的解吸和吸附过程较慢，吸附式制冷循环的循环周期较长，要实现制冷的连续性，必须使用两台或多台吸附器。

3. 太阳能吸附式制冷系统形式与特点

与太阳能吸收式制冷空调系统相比，太阳能吸附式制冷空调有两个主要优势：所需热源温度较低，其太阳能集热器采用平板集热器即可满足要求，使系统成本大为降低；吸附式制冷空调系统所需功率相对较小，而系统制冷量的增加会造成成本与设备重量的大幅增加，因此该系统非常适合小型户式空调系统，具有较好的发展潜力。

（1）间歇型太阳能吸附式制冷系统

该系统为最简单的太阳能吸附式制冷系统形式，该系统吸附床在夜间被冷却时吸附蒸发器内制冷剂蒸汽，蒸发器内制冷剂液体蒸发制冷，在吸附饱和后，白天太阳能加热使吸附床解吸，解吸后的制冷剂蒸汽由冷凝器冷却后进入储液罐，如此反复完成制冷循环。系统形式如图6-6所示。

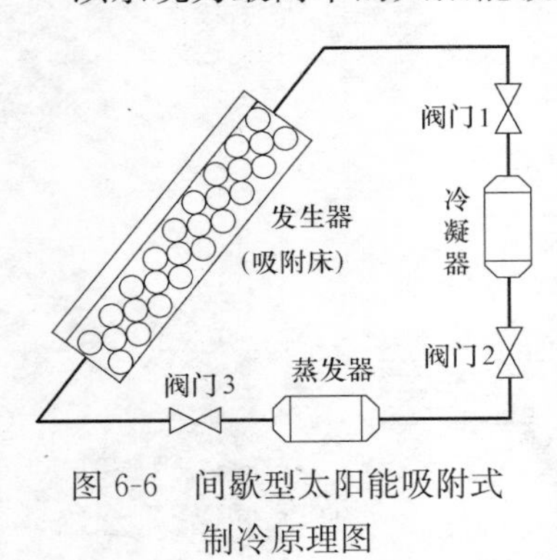

图6-6　间歇型太阳能吸附式制冷原理图

（2）连续型太阳能吸附式制冷系统

连续型太阳能吸附式制冷系统设有两个吸附器、一个冷凝器和一个蒸发器，加热和冷却过程相对独立，过程切换间隔有两个吸附器的回热过程，因此可连续运行。系统原理如图6-7所示，吸附器A和吸附器B的解吸和吸附过程交替进行，从而保证了完整的制冷循环。

6.2.3　太阳能除湿冷却

1. 除湿冷却工作原理

除湿式冷却是利用干燥剂来吸附空气中的水蒸气以降低空气的湿度，通过水在干燥空气中的蒸发降温以实现降温制冷的目的。干燥剂除湿具有传质效率高、可充分利用低品位热能再生等优点。干燥剂除湿装置加上喷水冷却部件后，即可组成除湿空调系统。除湿空调系统首先利用干燥剂吸附空气中的水分，经热交换器进行降温，再经蒸发冷却器，以进一步迅速、有效地冷却空气而达到调节室内温度与湿度的目的。除湿冷却与吸附式制冷都是利用吸附原理来实现降温制冷的，不同的是前者是利用干燥剂吸附空气中的水蒸气以降

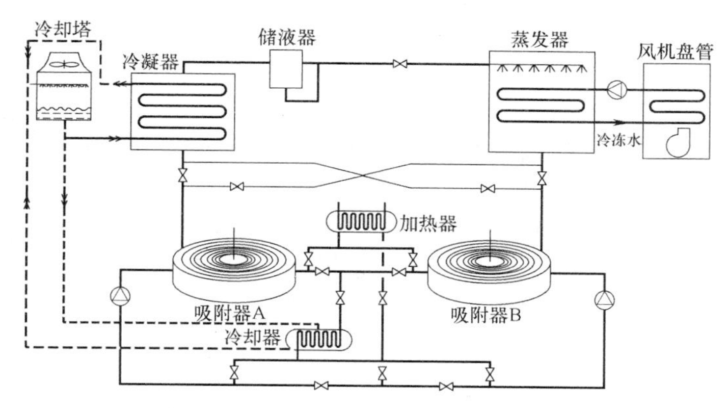

图 6-7　连续型太阳能吸附式制冷原理图

低空气湿度来实现降温的，而后者则是利用吸附剂吸附制冷剂以实现降温的。

与传统的压缩式制冷系统相比，除湿冷却具有以下显著的优点：

(1) 工质为空气和水，不危害环境。

(2) 系统中能量以直接方式传递，空气的干燥程度直接影响室内空气温度。

(3) 由于要进行除湿，因此可有效处理潜热负荷。

(4) 系统中再生用加热器可由低品位热源驱动，节能效果较为明显。

(5) 干燥剂能够有效吸附空气中的有害物质，提高室内空气品质。

(6) 系统运行压力为常压，可动部件少，噪声低，运行维护方便。

除湿冷却按工作介质可分为固体干燥剂除湿冷却系统和液体干燥剂除湿冷却系统，按制冷循环方式可分为开式系统和闭式系统。

太阳能除湿冷却是利用太阳能收集的热量使吸湿后的干燥剂再生，实现除湿制冷循环，图 6-8 所示为太阳能液体除湿冷却原理图。

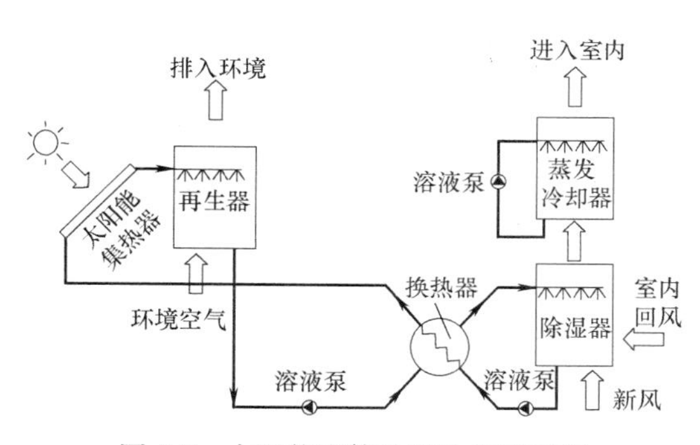

图 6-8　太阳能液体除湿冷却原理图

2. 太阳能除湿冷却系统形式与特点

太阳能除湿冷却空调的再生器一般仅需 55～75℃ 的热源驱动，因此可节约太阳能集热器的成本。该系统的另一个优势是可实现热量与湿量分离处理，可较方便地独立控制空调房间温度和湿度。

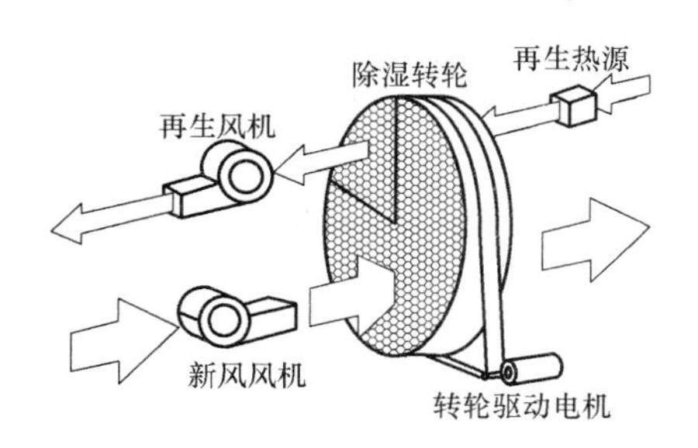

图 6-9　转轮除湿工作原理图

(1) 固体干燥剂除湿

固体干燥剂除湿装置主要分为固定床式和转轮式两大类。转轮除湿器由于运行维护方便，且可实现连续运行，因此应用较为广泛。

转轮除湿器主要由驱动电机、除湿转轮、风机及再生热源等几部分构成，其工作原理如图 6-9 所示，除湿转轮通过分布在基材上的固体干燥剂吸附空气中的水分来完成除湿过程，常用的固体干燥剂按吸附原理分为两大类：一类是物理吸附材料，如硅胶、氧化铝凝胶、分子筛等，它们利用本身的多孔结构，将空气中的水分子吸附在其表面以达到除湿的目的；另一类为无机盐晶体，如氯化锂、氯化钙等，其吸湿过程主要为化学作用，兼有物理作用，这些无机盐晶体吸湿后形成络合物。系统的工作过程为：待除湿的空气通过转轮的一部分表面，空气中的部分水分被吸附于固体干燥剂中，实现除湿。转轮中吸水后的干燥剂部分旋转到另一侧，与加热的再生空气接触，由热空气将干燥剂中的水分带走，实现该部分干燥剂的再生，再进行接下来的循环。转轮以 8～15r/h 的速度缓慢旋转，待处理的湿空气经过空气过滤器过滤后，进入转轮 3/4 除湿区，由固体干燥剂进行除湿，再送入室内。在转轮吸湿的同时，再生空气经再生加热器逆向穿过 1/4 再生区，带走干燥剂上的水分，在再生风机的作用下，将热湿排至室外。

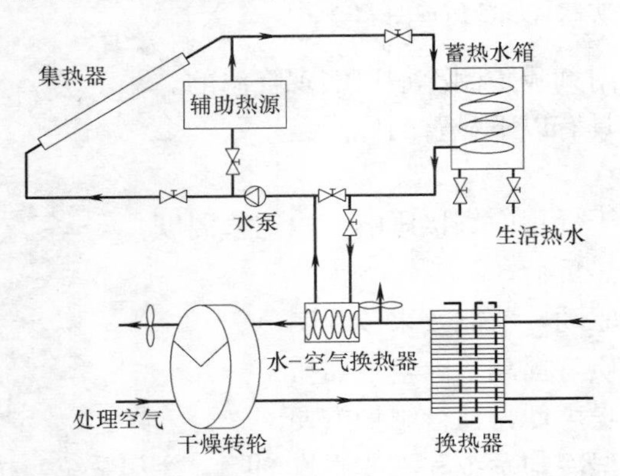

图 6-10　太阳能再生转轮除湿空调系统示意图

图 6-10 所示为采用太阳能再生的转轮除湿空调系统示意图，室外新风进入转轮除湿机进行除湿，同时升温，将升温去湿后的新风与建筑回风进行进一步显热交换，再由表冷器等湿降温后送入空调房间，通过表冷器调节进入房间的新风状态，除湿转轮由太阳能集热器提供再生热量。

(2) 液体干燥剂除湿

当干燥剂为液体时即为液体干燥剂除湿。当空气中的水蒸气分压力高于液体干燥剂表面所形成的饱和蒸汽压时，液体干燥剂即具有吸湿能力。液体干燥剂与湿空气接触后吸收其水分，干燥剂变为稀溶液，同时湿空气的含湿量下降，当液体干燥剂表面的饱和蒸汽压与水蒸气的分压力相等时，吸湿过程结束。然后将稀溶液通入再生器中加热分解水分再生，成为浓溶液，使液体干燥剂再次具备吸湿能力，参加吸湿过程，这样就完成了一次吸湿循环。其中，稀溶液的再生过程可使用太阳能等低品位热源。

液体干燥剂对液体干燥除湿的影响非常大，理想的液体干燥剂应具有较好的物理和化学稳定性、较高的吸收率、较低的腐蚀性、无毒、导热率高、价格合理等特点。常用的液体干燥剂包括氯化锂溶液、氯化钙溶液和三甘醇三种。

图 6-11 所示为一种液体干燥剂除湿器的结构图，液体干燥剂从除湿器上部喷洒而下，在平板上以均匀薄膜的形式缓慢流下，被处理的空气自下而上流动，与液体干燥剂薄膜发生热质交换，敷设于平板内部的冷却水管通过冷却水将湿空气中的水蒸气液化所产生的潜热带走。

图 6-12 所示为一种填料塔式溶液再生器结构图，液体干燥剂稀溶液经来自太阳能等的热源加热后，溶液表面水蒸气压力大于空气水蒸气分压力时，稀溶液中的水分蒸发，为再生工况。

6.2.4　其他系统形式

1. 太阳能蒸汽喷射式制冷

蒸汽喷射式制冷是以喷射器代替压缩机，以消耗热能作为补偿，利用蒸汽从蒸汽喷射器内的喷嘴喷射出来造成的低压状态，使液态制冷剂气化吸热而产生制冷效果。蒸汽喷射式制冷循环使用的制冷剂为单一的工质，常用的制冷剂为水，也可以为氨、R134a 等，在空调工程中多采用以水为工质。整个喷射式系统主要由蒸汽加热器、喷射器、冷凝器、蒸发器、节流阀及循环泵等组成，构造简单，当蒸发温度在 12～15℃以上时，制冷系数可达到 0.3 以上。

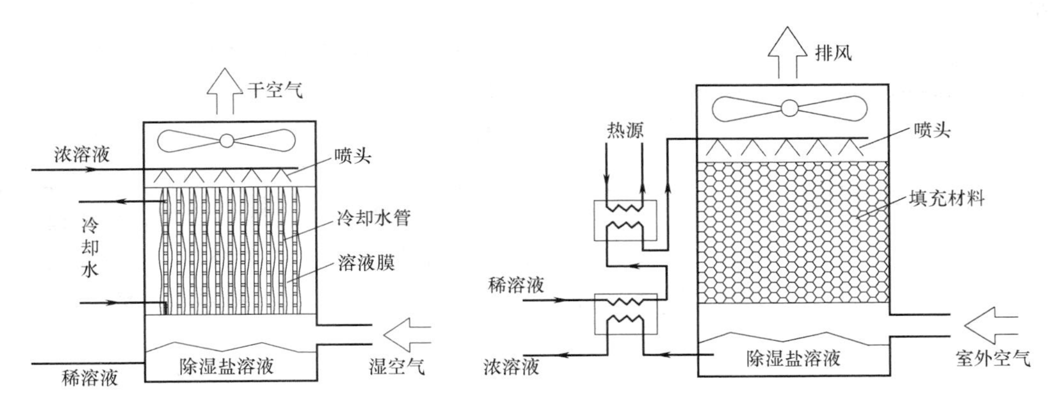

图 6-11　液体干燥剂除湿器结构图　　　图 6-12　填料塔式溶液再生器结构图

喷射式制冷的主要优点有：

（1）制冷器没有运动部件，运行可靠。

（2）喷射器可在低品位热源的驱动下工作，发生器最低要求温度为 60℃，可充分利用太阳能、地热能等可再生能源和余热等。

（3）制冷剂常采用水，对环境无污染。

（4）喷射器结构简单，易与其他系统相结合。

蒸汽喷射式制冷的原理如图 6-13 所示。

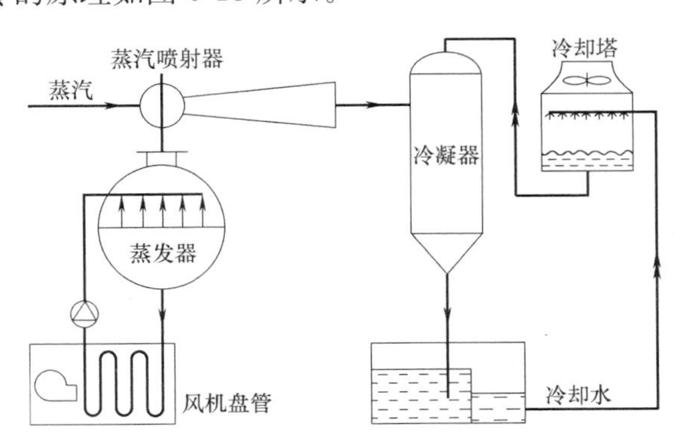

图 6-13　蒸汽喷射式制冷原理图

蒸汽喷射式制冷机主要由蒸汽喷射器、蒸发器、冷凝器等几部分组成，其中关键设备蒸汽喷射器由喷管、吸入室、混合室和扩压室四个部分组成，其中吸入室应与蒸发器相连，扩压室出口应与冷凝器相通。

当蒸汽喷射式制冷机工作时，具有较高压力的工作蒸汽通过渐缩渐扩喷嘴进行绝热膨胀，在喷嘴口处达到较高的速度和动能，并在吸入室内造成很低的压力，因而能将蒸发器内产生的低压气态制冷剂抽吸到喷射器的吸入室以维持蒸发器内的低压，达到持续制冷。高压工作蒸汽与进入吸入室的低压冷蒸汽一起进入混合室进行能量交换，待流速均一后进入扩压室。在扩压室内，随着流速的降低，气流动能转化为压力势能，使压力升高至冷凝压力，实现对气态制冷剂从低压到高压的压缩过程。高压气态制冷剂进入冷凝器后，被冷凝成高压液态制冷剂，其中一部分液体作为制冷剂通过膨胀阀后进入蒸发器蒸发制冷，另一部分液体则从冷凝器的底部排入冷却水池。如此不断循环，完成整个制冷过程。

太阳能蒸汽喷射式制冷系统主要由太阳能集热器和蒸汽喷射式制冷机两部分组成，分别依照太阳能集热循环和蒸汽喷射式制冷循环运行。系统原理如图 6-14 所示。

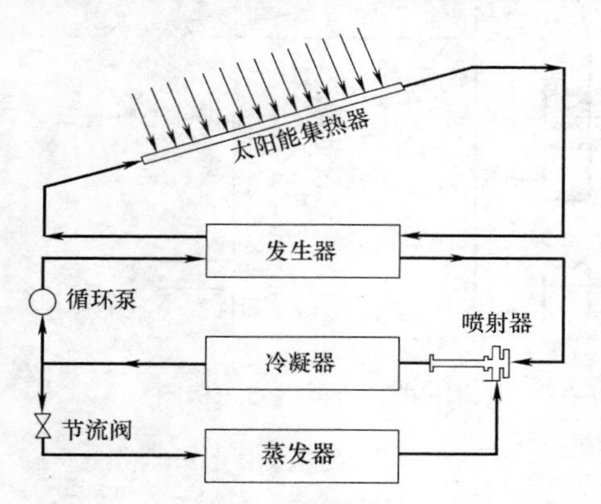

图 6-14　太阳能蒸汽喷射式制冷原理图

其循环过程如下：制冷剂液体在发生器中与太阳能集热器产生的热水进行热交换，变成蒸汽。蒸汽流经喷射器中的缩放喷嘴，压力降低，流速增加。由此形成的低压抽吸蒸发器中的蒸汽。两股蒸汽混合后，经过喷射器的扩压段离开喷射器。排出喷射器的蒸汽在冷凝器中冷凝为液体。出冷凝器的液体分为两路，一路经过节流阀进入蒸发器，另一路经由工质泵增压后进入发生器。

2. 太阳能热机驱动蒸汽压缩式制冷

太阳能热机驱动蒸汽压缩式制冷是用太阳能热机驱动蒸汽压缩式制冷循环中的压缩机运转，从而为整个制冷剂循环提供动力，实现制冷目的。

通常使用的太阳能热机是蒸汽机，一般分为活塞式、回转式、螺杆式以及透平式等几类。各类蒸汽机都有自身所适用的工质、工作温度、压力以及容量等条件。由于使用太阳能作为热源驱动时，蒸汽机的转速、轴功率不一定稳定，所以蒸汽机和与其相连的制冷机最好都采用允许条件变化大的容积式动力机。

太阳能热机驱动蒸汽压缩式制冷系统主要由太阳能集热系统、太阳能热机（蒸汽轮机）和蒸汽压缩式制冷机三大部分组成。它们分别依照太阳能集热循环、热机循环和蒸汽压缩式制冷循环的规律运行。图 6-15 所示为太阳能热机驱动蒸汽压缩式制冷循环示意图。

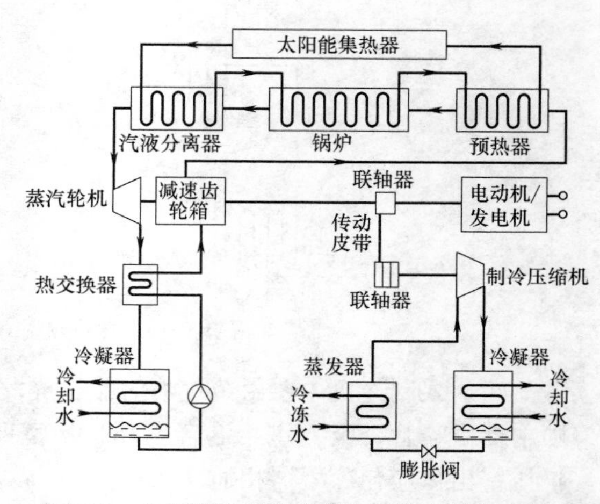

图 6-15　太阳能热机驱动蒸汽压缩式制冷原理图

太阳能集热循环由太阳能集热器、气液分离器、锅炉、预热器等几部分组成。在太阳能集热循环中，水或其他工质首先被太阳能集热器加热至高温状态，然后依次通过气液分离器、锅炉、预热器，在这些设备中先后几次放热，温度逐步降低，水或其他工质最后又进入太阳能集热器再进行加热。如此不断循环，使太阳能集热器成为太阳能热机循环的热源。

太阳能热机循环由蒸汽机、热交换器、冷凝器、泵等几部分组成。在太阳能热机循环中，低沸点工质从气液分离器流出时，压力和温度升高，成为高压蒸汽，推动蒸汽轮机旋转而对外做功，然后进入热交换器被冷却，再通过冷凝器而被冷凝成液体。该液态的低沸点工质又先后通过预热器、锅炉、气液分离器，再次被加热成高压蒸汽。如此不断地消耗热能而对外做功。

蒸汽压缩式制冷机由制冷压缩机、蒸发器、冷凝器、膨胀阀等几部分组成。在蒸汽压缩式制冷循环中，通过联轴器，蒸汽轮机的旋转带动了制冷压缩机的旋转，然后再经过上述蒸汽压缩式制冷机中的压缩、冷凝、节流、汽化等过程，完成制冷剂循环，使其不断在蒸发器处蒸发汽化，吸收热量，达到制冷目的。

6.2.5 蓄能系统

太阳能具有间断性、不稳定性和不可储存性，为实现连续稳定的能源供应，在太阳能热利用系统中一般设置蓄能系统将太阳能转化的热能或生产的冷量加以储存。蓄能系统具备储存和缓冲太阳能供给与热需求之间矛盾的功能，按其蓄能量和蓄放能时间的不同可分为短期蓄能和跨季节蓄能，在太阳能制冷空调系统中一般以短期蓄能为主。按基本蓄能方式的不同，蓄能装置可分为显热蓄能、潜热蓄能和热化学蓄能三种。

1. 显热蓄能

显热蓄能量随贮热介质的比热容和质量的改变而变化，当物体温度由 T_1 升高为 T_2 时，吸收的热量为：

$$Q=\int_{T_1}^{T_2} mC_\mathrm{p}\mathrm{d}T \tag{6-1}$$

式中 C_p——物体的定压比热，KJ/(kg·℃)；

m——贮热介质的质量，kg。

根据上式可以看出，要增加贮存热量，可以增加贮热介质的质量，选用比热容大的贮热介质，或是增大贮热温度差。太阳能制冷空调系统显热蓄能一般以水为介质，可以储存作为驱动热力制冷机组的高温水，也可以储存冷冻水在需要时直接向建筑提供能量。

显热蓄能由于结构简单、价格便宜、经济可靠、技术成熟，目前是太阳能热利用系统主要的蓄能方式。如何减小蓄能系统容积、优化蓄放热方式、增强水箱内的分层效应、减少混合损失是下一步研究的重点。

2. 潜热蓄能

潜热蓄能主要是利用相变材料的固液相变时单位质量潜热大的特点来储存能量，潜热蓄能量与相变材料的性质和相变温度有关，常用的相变蓄热材料有石蜡、无机盐、有机或无机共晶混合物，相变蓄冷材料主要为冰。

潜热蓄能一般具有单位质量蓄能量大、在相变温度附近的温度范围内可保持恒定温度下的吸热和放热、化学性能稳定及安全性好等优点，不足之处是在相变时固液两相交界面处的传热效果较差，蓄能系统价格较高，对其大面积的推广形成了阻碍。但相变蓄热作为未来蓄能系统主要的蓄热方式之一，是目前研究和应用的热点之一。

3. 热化学潜能蓄能

太阳能化学潜能贮存和利用是通过可逆化学反应的反应热形式进行的，该蓄能模式中，正反应是吸热反应，逆反应是放热反应，热化学潜能蓄热量与反应程度和反应热有关。

热化学潜能蓄能具有能流密度高、节省反应物的质量及可在常温下保存、无需保温处理等优点。但需重点考虑储存容器和系统的严密性以及生成气体对材料的腐蚀等问题，且其反应过程复杂、技术难度高，对设备安全性要求高，一次性投资大，目前应用还不普遍。

6.3 系统应用设计

太阳能制冷空调系统的应用设计应符合国家标准《民用建筑供暖通风与空气调节设计规范》GB 50736的相关要求。系统的设计方案应根据建筑物的用途、规模、使用特点、负荷变化情况与参数要求、所在地区气象条件与能源状况等，通过技术与经济比较来确定。应根据热水温度、制冷机组的制冷量、制冷性能系数等参数对太阳能空调系统性能进行分析计算，必要时通过蓄热和蓄冷手段来减少系统装机容量，提高系统经济性。

鉴于目前只有太阳能吸收式制冷空调系统具备商业化应用能力，其他系统形式均处于实验室阶段或个别示范阶段，本节将主要针对太阳能吸收式制冷空调系统的设计进行阐述。

6.3.1 系统负荷的确定

1. 建筑物空调冷负荷及空调耗冷量的确定

由于太阳能制冷空调系统主要设备的选型以及系统负荷与其所服务建筑的空调冷负荷和空调耗冷量密切相关，因此，在进行太阳能制冷空调系统设计之前，应确定其服务建筑的冷负荷，并对建筑物空调耗冷量进行模拟计算。

对于常规的建筑空调冷负荷，应按设计日逐时冷负荷的最大值选取，在项目方案阶段可采用冷负荷面积指标法估算。而对于具有蓄冷系统的空调冷负荷来说，其计算方法与常规空调系统是不同的，必须以一个供冷周期（一般为一个典型设计日24h的逐时负荷）为依据，以确定集热系统、制冷机、蓄能装置、换热器等设备的容量。

全天逐时冷负荷计算方法与常规的建筑空调冷负荷计算方法相同，在方案阶段也可以用平均法或系数法进行估算。平均法可估算出设计日总冷负荷，对体育馆、会场、展览馆等公共建筑冷负荷的估算较为合适。对带有蓄能系统的一般建筑空调冷负荷的估算常用冷负荷瞬时系数法，即用建筑物冷负荷瞬时系数乘以设计日逐时冷负荷的最大值得出设计日逐时冷负荷的分布。设计日逐时冷负荷的最大值可由常规空调冷负荷面积指标法进行估算。

建筑物的空调耗冷量可通过TRNSYS、Energyplus和DeST等能耗模拟软件通过对建筑建模并设置各种边界条件后模拟得到。

2. 太阳能保证率 f_c

在确定太阳能制冷空调系统的负荷时，还应考虑“太阳能保证率”的概念，即在太阳能热利用系统中，太阳能所提供的能量占系统总能耗的比例。辅助能源系统为锅炉或其他燃烧器时，太阳能保证率为太阳能集热系统提供的热量与太阳能制冷空调系统所消耗的全部热量之比；辅助热源为电制冷机组时，太阳能保证率为太阳能制冷空调系统所提供的冷量与建筑所需要的全部冷量之比。

太阳能保证率的取值与以下因素有关：

（1）当地的太阳辐照、环境温度等气候条件。

（2）集热系统、制冷系统的效率等技术条件。

（3）系统的经济回收期等经济条件。

（4）用户的实际需求。

为保证系统具有较好的技术经济性，在设计太阳能制冷空调系统时，太阳能保证率的取值一般在20%～60%之间，一般太阳能资源较好、全年空调时间较长的地区可取高值，反之取低值。

6.3.2 系统选型与计算

1. 太阳能集热面积的确定

太阳能制冷空调系统中太阳能集热面积的确定是太阳能热利用系统中最为关键的一个步骤，关系着热力制冷机组等后续设备选型和最终系统的技术经济性好坏。

《民用建筑太阳能空调工程技术规范》GB 50787—2012 提出了一种计算太阳能集热系统集热面积的方法如下：

当采用直接式太阳能集热系统时，应按下式计算：

$$Q_{YR}=\frac{Q\cdot r}{COP} \tag{6-2}$$

$$A_c=\frac{Q_{YR}}{J\eta_{cd}(1-\eta_L)} \tag{6-3}$$

式中 A_c——直接式太阳能集热系统集热面积，m^2；

Q——太阳能空调系统服务区域的空调冷负荷，W；

COP——热力制冷机组性能系数；

r——设计太阳能空调负荷率，$r=40\%\sim100\%$；

Q_{YR}——太阳能集热系统提供的有效热量，W；

J——空调设计日集热器采光面上的最大总太阳辐射照度，W/m^2；

η_{cd}——集热器平均集热效率，可参考附录4-8的方法计算；

η_L——蓄能水箱以及管路热损失率，一般为0.1～0.2。

当采用间接式太阳能集热系统时，应按下式计算：

$$A_{IN}=A_c\cdot\left(1+\frac{F_RU_L\cdot A_c}{U_{hx}\cdot A_{hx}}\right) \tag{6-4}$$

式中 A_c——直接式太阳能集热系统集热面积，m^2；

F_RU_L——集热器总热损系数，$W/(m^2\cdot℃)$，测试得出；

U_{hx}——换热器传热系数，$W/(m^2\cdot℃)$，由换热器生产厂家提供；

A_{hx}——换热器换热面积，m^2。

在采用 GB 50787—2012 中提供的计算方法计算集热系统太阳能集热面积时，设计太阳能空调负荷率 r 的选用对系统的技术经济性影响很大。当 $r=100\%$时，意味着太阳能集热系统集热面积是对应建筑物空调系统冷负荷来选型的，而空调系统冷负荷对应的是峰值负荷，一年中出现的时间很短，这就意味着太阳能集热系统在空调季的大部分时间将会部分闲置，从而系统的经济性会变差。一般情况下，太阳能集热系统的容量最好与空调系统的基本负荷对应，从而使太阳能集热系统能够在绝大部分时间满负荷工作。因此，在确定设计太阳能空调负荷率 r 之前，应对空调系统的运行情况进行分析，确定其运行频率最高的基本负荷与峰值负荷的比值以确定 r 的取值，太阳能集热系统未覆盖的峰值负荷部分一般通过辅助能源系统来供应。

一般情况下，由于太阳能制冷空调系统所需集热面积较大，建筑围护结构往往不能满足计算得出的集热系统的安装需求，在技术经济条件允许的情况下，往往采用在围护结构条件允许的情况下尽可能多地安装太阳能集热系统的方式来确定太阳能集热系统集热面积。

根据前文给出的太阳能保证率的定义，假定吸收式制冷机组制冷 COP 值基本保持不变，在太阳能集热系统集热面积确定后，可通过以下公式校核系统太阳能保证率是否在合理范围内：

$$f_{\mathrm{c}}=\frac{Q_{\mathrm{S-cool}}}{Q_{\mathrm{cool}}} \tag{6-5}$$

$$Q_{\mathrm{S-cool}}=Q_{\mathrm{YS}}\cdot COP \tag{6-6}$$

$$Q_{\mathrm{YS}}=\frac{J_{\mathrm{C}}A_{\mathrm{sc}}\eta_{\mathrm{cd}}(1-\eta_{\mathrm{L}})}{K_{\mathrm{e}}} \tag{6-7}$$

式中 $Q_{\mathrm{S-cool}}$——太阳能集热系统整个空调季产生的冷量，MJ；

Q_{cool}——空调系统全年耗冷量，可通过系统模拟得到，MJ；

f_{c}——太阳能制冷空调系统太阳能保证率，一般在 20%～60%之间，太阳能资源较好，全年空调时间较长的地区可取高值，反之取低值。

Q_{YS}——太阳能集热系统整个空调季的得热量，MJ；

COP——热力制冷机组性能系数；

J_{C}——当地整个空调季总的太阳能辐照量，$\mathrm{MJ/m^2}$；

A_{sc}——太阳能集热系统采光面积，$\mathrm{m^2}$；

η_{cd}——对应采光面积的整个空调季集热器平均集热效率，可参考附录 4-8 的方法计算；

η_{L}——蓄能水箱以及管路热损失率，一般为 0.15～0.25；

K_{e}——太阳能集热系统附加系数，直接式集热系统 $K_{\mathrm{e}}=1$，间接式集热系统由下式计算：

$$K_{\mathrm{e}}=1+\frac{F_{\mathrm{R}}U_{\mathrm{L}}\times A_{\mathrm{sc}}}{U_{\mathrm{hx}}\times A_{\mathrm{hx}}} \tag{6-8}$$

式中 A_{sc}——校核计算时指太阳能集热系统采光面积，非校核计算时指集热系统为直接系统的集热器采光面积，$\mathrm{m^2}$；

$F_{\mathrm{R}}U_{\mathrm{L}}$——集热器总热损系数，$\mathrm{W/(m^2\cdot ℃)}$，平板型集热器取 4～6，真空管集热器

取 1～2，具体数值要根据集热器产品的实际测试结果而定；

U_{hx}——换热器传热系数，W/(m^2·℃)；

A_{hx}——换热器换热面积，m^2。

2. 太阳能集热系统设计流量的确定

集热系统的设计流量为太阳能集热系统单位面积流量与总集热面积的乘积，应根据集热器的相关技术参数来确定太阳能集热系统的单位面积流量，也可根据系统大小按表 6-1 确定。

太阳能集热器的单位面积流量 **表 6-1**

系统类型		单位面积流量[m^3/(h·m^2)]
小型太阳能集热系统	真空管型太阳能集热器	0.032～0.072
	平板型太阳能集热器	0.065～0.080
大型太阳能集热系统(集热器总面积大于 100m^2)		0.020～0.060

对于要求系统进出口温升较大或当地太阳能资源条件较差的系统，太阳能集热器的单位面积流量宜按低值选取；对于太阳能资源条件较好，系统进出口设计温差较小的系统，太阳能集热器的单位面积流量宜按高值选取。

3. 辅助能源系统与制冷机组的选型

制冷机组的选型与辅助能源系统的形式紧密相关。只要建筑物需要稳定可靠的室内环境，都应该为太阳能制冷空调系统设置辅助能源系统。

当采用的辅助能源形式为热能，选用锅炉或直接采用燃烧器作为辅助热源时，在选型时不应考虑太阳能集热系统的存在，按照建筑物空调冷负荷来对辅助热源和吸收式制冷机组进行选型。

当采用的辅助能源形式直接为冷冻水，选用电制冷机组作为辅助冷源时，在电制冷机组选型时不应考虑太阳能集热系统的存在，制冷机组应按建筑物空调冷负荷来选型；吸收式制冷机组选型时，应使用 TRNSYS 等专用软件根据制冷机组性能曲线、集热系统性能曲线、建筑物空调需求和太阳辐照变化等因素对整个系统进行优化模拟，选择最优的机组容量。当优化模拟的条件不具备时也可按以下经验公式进行选型：

$$W_s = \frac{J_T}{S_Y \times 3600} \tag{6-9}$$

式中 W_s——吸收式制冷机组制冷量，kW；

J_T——7 月份总太阳辐照量，kJ；

S_Y——7 月份总太阳日照时数，h。

式中用于选型的太阳辐照参数采用了 7 月份的平均太阳辐照度，力求机组在全天某个时间段能持续稳定运行。

4. 蓄热水箱的设计

对于不同地区、不同用户需求，不同制冷功率以及不同逐时太阳辐照，太阳能蓄热水箱的容积也大不一样。影响蓄热水箱大小的因素主要有以下几个方面：

(1) 用户需求的制冷机制冷时间段。

(2) 当地典型日太阳辐照的逐时变化规律。

（3）蓄热水箱储存热量与制冷机用热量的变化关系。

由于受太阳辐照和制冷机组启动温度的影响，太阳能制冷空调系统需要蓄热水箱蓄存太阳能热量，当温度升至设计温度时，才可以启动制冷机开始制冷。制冷机组开始工作后，在太阳辐照好的时候蓄热水箱边蓄存太阳能热量，边为制冷机组提供热源，并使蓄热水箱水温稳定在设计范围；在太阳辐照变小后，蓄热水箱输出热量，与太阳集热系统一起为制冷机组提供热源，直到水箱水温低于机组启动温度后机组自动停止。

蓄热水箱的设计应在完成了吸收式制冷机组选型和太阳能集热器安装面积计算后，根据该地区典型日的辐照数据来进行。首先根据气象参数得出设计日的逐时太阳能得热量，并根据设计日空调逐时冷负荷计算出制冷机组的逐时耗热量，根据计算结果绘制设计日逐时得热曲线和逐时耗热曲线，按照水箱最高温度不超过空调机组允许的最高温度的原则来确定水箱的最终大小。为尽量使制冷机组的工作时间延长，避免机组频繁启停，蓄热水箱容积一般要大于制冷机组 1h 的热水循环量。

在蓄能水箱设计时应考虑减少水箱内部死水区域、避免供回水混合损失以及供热稳定等因素。可通过在水箱内部设置隔板，使水箱内的水通过流动充分混合均匀。蓄热水箱的安装宜靠近太阳能集热系统及制冷机组，以减少管路损失。水箱外周应充分保温并防止有热桥的出现。

5. 控制系统设计

太阳能空调系统应设置安全、可靠的控制系统。对热力制冷系统，宜采用集中监测控制，对不适宜集中监测控制的系统，宜采用就近设置自动控制系统的方法。

辅助能源系统应能与太阳能空调系统实现灵活切换，并应通过合理的控制策略避免辅助能源装置的频繁启停。

太阳能空调系统的主要监测参数可按表 6-2 确定。

太阳能空调系统的主要监测参数 **表 6-2**

序号	监测内容	监 测 参 数
1	室内室外环境	太阳辐照度、室内外温度与相对湿度
2	太阳能空调系统	集热器进出口温度与流量、热力制冷机组进出口温度与流量、热力制冷机组冷却水进出口温度与流量、热力制冷机组冷冻水进出口温度与流量、蓄能水箱温度、热力制冷机组耗电量、辅助能源消耗量等

6.4 太阳能热发电的冷、热、电三联供系统

太阳能热发电的冷热电联供系统是以太阳能作为能源，同时满足小区域或建筑物内的供热（冷）和供电需求的分布式能源供应系统。节能、削峰填谷、安全、环保和平衡能源消费是该系统的主要优点。由于热电冷联供系统可实现对能源的梯级利用，高品位能源用于发电，然后利用发电机组排放的低品位能源（热水余热）来制冷（供热），能源综合利用率高达 80%以上（最高可达 90%），对节约能源和促进国民经济可持续发展具有重要意义，用户也可大幅度节省能源费用。图 6-16 所示为太阳能热发电的冷热电三联供系统原理图。

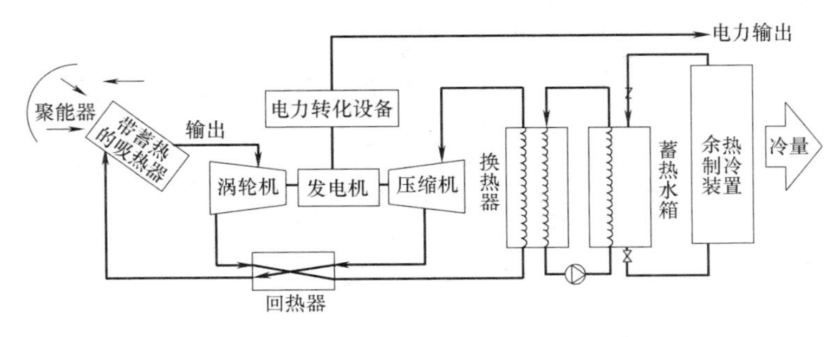

图 6-16　太阳能热发电的冷热电三联供系统原理图

目前太阳能驱动冷热电联产仍属于探索阶段。成本、系统稳定性、效率等许多问题限制了该系统的实际应用。太阳能周期性的特点要求蓄热系统的使用也提高了成本以及调节的难度。目前实际运用比较多的是利用太阳能和其他能源组成混合系统，在夜间阴雨天气以常规能源保障系统运行。要完全利用太阳能驱动冷热电联产并达到不消耗化石能源无污染的效果，仍需要国内外研究人员的不懈努力。

6.5　工程实例

6.5.1　海南大学图书馆太阳能空调工程

1. 工程概况

海南大学位于北纬 20°02′，东经 110°21′的海口市海甸岛。海南大学图书馆太阳能空调工程为财政部、住房和城乡建设部第三批可再生能源应用示范项目。该图书馆总建筑面积为 2.02 万 m^2，每层层高 3.9m，主体 6 层，最高 8 层。该项目太阳能空调系统为后增加工程，除去书库等非空调房间，空调面积约共 1.15 万 m^2。根据项目申报示范工程时提供的可行性研究报告要求，太阳能空调系统所提供冷量应占到建筑耗冷量的 25%以上。

海口市地处低纬度热带北缘，属于热带海洋气候，春季温暖少雨多旱，夏季高温多雨，秋季多台风暴雨，冬季冷气流侵袭时有阵寒。海口地区在建筑热工分区中属于夏热冬暖地区。年平均气温 23.8℃，最高平均气温 28℃左右，最低平均气温 18℃左右。

2. 系统设计

该项目采用了一个具有蓄冷蓄热功能的太阳能空调与电制冷空调结合的混合系统，系统原理图如图 6-17 所示。

（1）图书馆冷热负荷估算

该项目无生活热水与供暖需求，仅存在空调负荷。

经设计单位估算，该项目空调系统冷负荷指标为 120W/m^2 建筑面积，整个项目空调冷负荷约为 1350kW。

（2）集热器的选择与安装

该项目选用的单效溴化锂热水吸收式制冷机组的热水设计进水温度为 85℃，海口地区空调季室外温度一般在 30℃左右，原则上真空管和平板集热器均可选用。考虑到目前

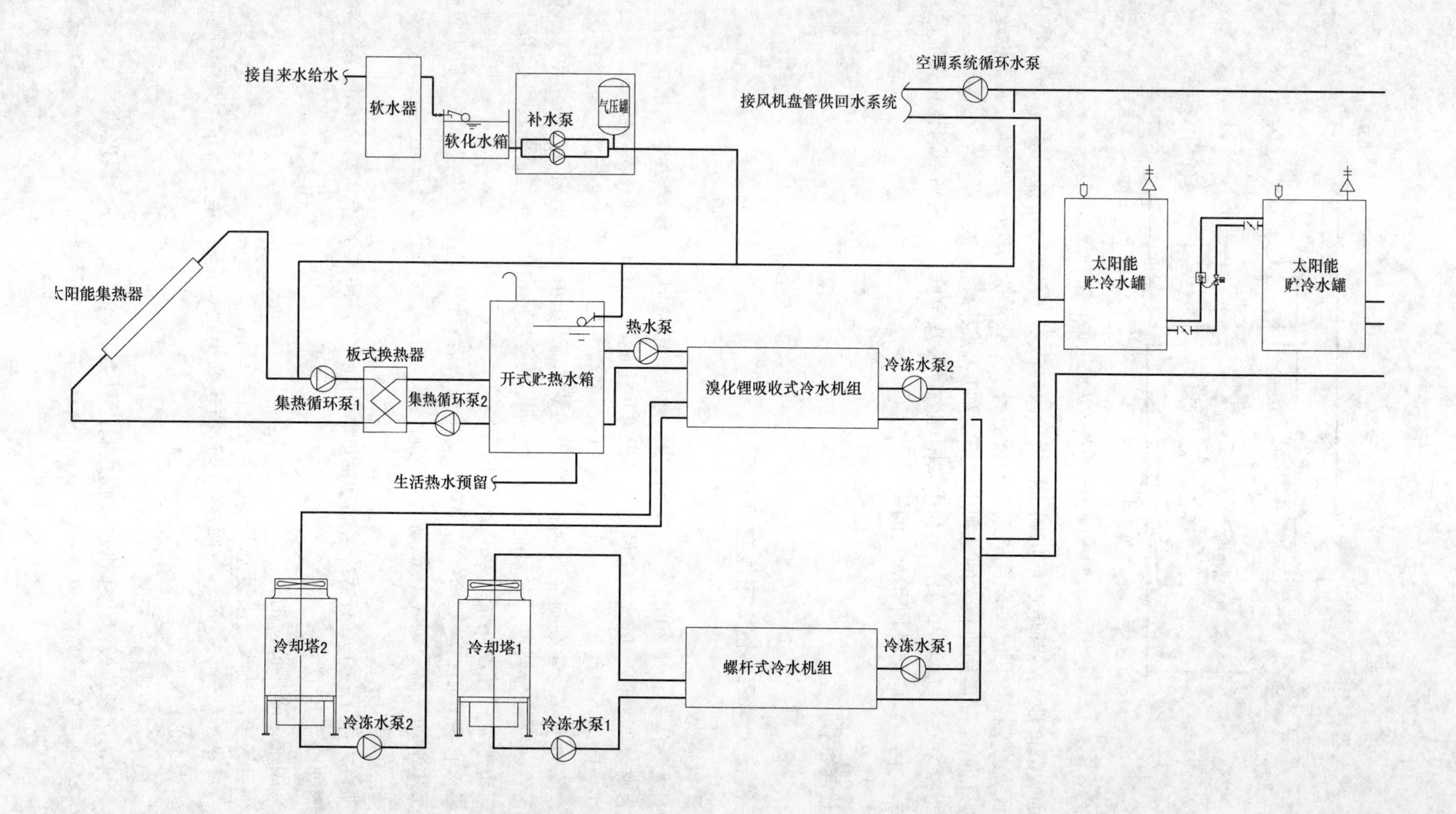
接自来水给水
软水器
软化水箱
补水泵
气压罐
空调系统循环水泵
接风机盘管供回水系统
太阳能集热器
板式换热器
集热循环泵1
集热循环泵2
开式贮热水箱
热水泵
溴化锂吸收式冷水机组
冷冻水泵2
生活热水预留
太阳能
贮冷水罐
太阳能
贮冷水罐
冷却塔2
冷却塔1
螺杆式冷水机组
冷冻水泵1
冷冻水泵2
冷冻水泵1

图 6-17　系统原理图

大多数国产平板集热器在高温下工作涂层稳定性尚未得到验证、热损系数也较大，该项目选择了真空管集热器。承压能力较弱、水容量较大、可靠性较差的全玻璃真空管集热器显然不能满足该项目的要求；学校放假时系统可能停止使用，集热系统过热的可能性较大，考虑到部分不合格的热管真空管集热器在过热情况下有炸管的危险，且其真空度有衰减的潜在危险，该项目最终选用了安全性最高的U形管真空管太阳能集热器。

该项目采用U形管真空管集热器，集热器分散布置在4、5、6、7层屋面上，共选用集热器746组，折合采光面积1492m²（见图6-18）。

图6-18　屋顶集热器布置图

集热系统采用间接承压式系统，机房内设置1台45m³的开式热水箱储存热水。集热器阵列内同程连接，不同集热器阵列之间的流量平衡通过与回水干管连接处设置手动平衡阀实现。

考虑到海口位于北回归线附近，太阳高度角较高，集热器采用水平架空敷设，隐藏在女儿墙内，有效避免了台风对集热系统可能造成的破坏。

（3）辅助能源选择

辅助热源的选择对太阳能系统的功能保障和最终的节能效果至关重要。一般来说，包括太阳能在内的可再生能源系统都具有初投资较高，技术较复杂，但运行费用较省，节能效益较好的特点，因此在项目规划时要尽可能多地利用可再生能源系统的能力，使其全年满负荷运行的时间最长，以达到最佳技术经济效益。对空调系统而言，太阳能空调系统应尽量覆盖其全年出现频率最高的基本负荷，而不应按高峰的设计负荷来选择容量，高峰负荷应由价格相对便宜的常规能源系统来承担。

在以往的太阳能空调示范工程中，为保证吸收式制冷机组的连续稳定运行，系统多在吸收式制冷机组的一次侧增设燃气锅炉或电锅炉作为辅助能源，以保证吸收式制冷机组的进口温度稳定。但这样做的缺点也非常明显，就是直接用高品位的电去加热热水到低品位的80～90℃的热水来驱动COP值仅为0.8左右的单效热水吸收式制冷机组，与用电或燃气去驱动COP值在1.2以上的直燃吸收式制冷机组或COP值可高达6以上的电制冷机组相比，作为辅助热源的常规能源的应用效率非常低，明显是大材小用。

因此，该项目最终采用了电制冷机组作为辅助能源的技术方案。为消除太阳能辐照变化给吸收式制冷机组一次侧带来的影响，该项目将太阳能热水箱适当放大，吸收式制冷机组的容量适当缩小，这样可以保证吸收式制冷机组一旦启动将会有足够的热水支持其运行较长时间，避免机组频繁启停；在其两次运行的间隔太阳能热水也有足够的空间来储存以避免浪费。

（4）蓄冷蓄热系统设计

蓄冷蓄热系统作为不断变化的太阳辐照与需要稳定运行的溴化锂吸收式制冷机组之间的缓冲器，在系统中起到了很重要的作用。

该项目在机房中设置了一个45m³的开式热水箱，通过板式换热器与闭式的太阳能集热系统相连。太阳得热先储存在该水箱内，水箱最低水温均高于吸收式制冷机组工作温度时才开启溴化锂制冷机制冷，即使遇到极端情况水箱中的热水至少可满足溴化锂机组20min的需求，这样可避免溴化锂机组短时间内重复启停，对机组造成损坏。另一方面，图书馆中午闭馆空调系统关闭时的热水也可有效储存在水箱内供下午使用，有效避免了太阳能的浪费。

该项目还在机房中设置了两个各为10m^3的承压蓄冷水箱。该水箱一方面可作为太阳能空调和电制冷空调系统的缓冲，方便太阳能空调和电制冷空调之间的协调控制；另一方面可以在图书馆中午闭馆时贮存太阳能空调系统生产的冷冻水。

在方案阶段曾向业主提出利用峰谷电价在夜间蓄冷供建筑白天使用，受投资和场地限制，该方案未得到实施。

（5）空调系统设计

该项目冷冻机房布置在图书馆一层，选用一台制冷量为316kW的溴化锂吸收式冷水机组和一台制冷量为1044kW的螺杆式冷水机组作为主要制冷设备。

冷冻水系统采用二次泵系统。一级泵与冷水机组一一对应，负责将冷水机组产生的冷水输送到贮冷水罐内。二级泵变频调节，根据末端系统要求，将冷冻水从贮冷水罐中输送到末端设备。溴化锂吸收式机组和螺杆式冷水机组分别设置一台冷却塔。空调系统补水定压均由机房内的补水定压装置完成。

末端空调系统采用二管制风机盘管，风机盘管为卧式或立式明装机组，控制均为三速开关+电动二通阀；根据系统负荷变化，空调水泵变流量运行。

（6）系统控制策略

该项目运行控制的宗旨是最大限度地利用太阳能制冷，同时保证太阳能空调和电制冷空调系统的协调运行。系统优先利用太阳能空调系统提供冷量，太阳能集热系统产生的高温水驱动溴化锂吸收式冷水机组，当太阳辐照不足或者系统空调负荷较大时，螺杆式冷水机组才开始工作。

系统主要运行控制策略如下：

1）太阳能集热系统采用温差循环，当屋面集热器出口温度与贮热水罐温度温差大于5℃时，对应的太阳能集热循环泵启动；当太阳能集热器出口温度与贮热水罐温度温差低于2℃时，对应的太阳能集热循环泵停止。

2）当太阳能贮热水罐水温高于80℃且贮冷水罐回水温度高于14℃且冷却塔回水温度大于19℃时，吸收式冷水机组运行，向贮冷水罐补充冷水。吸收式冷水机组与其对应的一次泵和冷却水泵、冷却塔连锁。按冷却塔—冷却泵—冷冻水一一次泵—热水泵—吸收式冷水机组的次序开启，关闭顺序与此相反。

3）太阳能贮热水罐温度小于75℃或贮冷水罐回水温度小于10℃，吸收式制冷机组停机，停机顺序与开启顺序相反。

4）当贮冷水罐向末端系统设备供水温度高于12℃时，开启螺杆式冷水机组辅助供冷，螺杆式冷水机组与其对应的一次泵和冷却水泵、冷却塔连锁。按冷却塔—冷却泵—冷冻水一次泵—螺杆式冷水机组的次序开启，关闭顺序与此相反。

海口地区全年温度高于0℃，该项目不需考虑防冻措施。由于学校暑期系统可能关闭，太阳能集热系统存在过热可能。太阳能集热系统过热时，集热系统分水器的安全阀开启泄水，安全阀开启的工作压力为0.5MPa，对应的饱和水温度约为150℃。

非空调季时，为防止能量浪费，系统拟向附近的学生和教师公寓提供生活热水。

3. 效益分析与运行效果

初步计算表明，在海口这样的空调时间长、电价较高的区域实施太阳能空调项目投资静态回收期可控制在 8～10 年，已可在系统寿命期内回收。从项目的实际运行来看，溴化锂吸收式制冷机组每天能够稳定运行 5h 左右，制冷效果也得到了业主和验收专家的认可。单天的部分测试数据表明，太阳能集热系统全天工作效率在 40%左右，溴化锂吸收式制冷机组的 COP 值为 0.7 左右，略低于设计预期。

6.5.2 北苑太阳能空调、采暖示范项目

1. 工程概况

为促进太阳能空调技术的应用，2004 年在北京奥运会先导项目的支持下，北京市太阳能研究所建成了该太阳能空调示范项目，该系统安装在该所北苑办公楼上，是当时国内规模最大的太阳能空调系统（见图 6-19）。

该系统位于北京市朝阳区北苑路，建筑类型为办公建筑，共 4 层，总建筑面积 12000m^2，系统开始投入运行时间为 2004 年。

图 6-19 屋顶集热器布置图

2. 系统运行情况

夏季，由太阳能集热器向溴化锂制冷机提供高达 88℃左右的热水，通过溴化锂制冷机产生 8℃左右的冷水，并通过风机盘管向房间提供冷风；冬季，由太阳能集热器加热成 40～60℃左右的热水，直接通过风机盘管向房间提供热风。自 2004 年采暖季开始，系统一直正常运行。经监测，冬季的室温保持在 22℃左右，夏季室温不超过 28℃，满足该建筑空调、采暖要求。

经国家空调设备质量监督检测中心检测，集热系统的平均效率为 42%，吸收式制冷机 COP 达到 0.75。

2006 年，在 UNDP/GEF 项目的支持下，该系统经过一年的跟踪检测，集热系统热效率在制冷季月平均值为 40%～55%，采暖季平均为 36%～52%；太阳能空调月保证率为 62%～100%，采暖为 43%～100%。具体测试结果如表 6-3 和表 6-4 所示。

夏季制冷的运行检测结果 **表 6-3**

时间	2006 年 6 月	2006 年 7 月	2006 年 8 月	2006 年 9 月	总计
辐照量(MWh)	69.89	57.72	59.22	76.75	263.58
得热量(MWh)	31.3	23.2	24.21	41.99	120.7
集热效率(%)	44.78	40.19	40.88	54.71	45.79
得热量(MWh)	31.3	23.2	24.21	41.99	120.7
供暖量(MWh)	24.42	37.65	35.94	33.60	131.61
太阳保证率(%)	100.00	61.62	67.36	100.00	82.25

冬季供暖的运行检测结果　　　　表 6-4

时间	2005 年 12 月	2006 年 1 月	2006 年 2 月	2006 年 3 月	2006 年 11 月	合计
辐照量(MWh)	84.66	50.38	58.92	93.15	71.31	358.42
得热量(MWh)	30.27	16.53	28.32	48.46	29.75	153.33
集热效率(%)	35.75	32.81	48.07	52.02	41.72	42.78
得热量(MWh)	30.27	16.53	28.32	48.46	29.75	153.33
供暖量(MWh)	43.98	38.21	41.80	38.49	32.00	194.48
太阳保证率(%)	68.83	43.26	67.75	100.00	92.97	74.56

3. 系统设计

冬季采暖季节要求室内温度不低于 18℃（热媒水温度为 40～60℃），夏季空调室内温度不低于 28℃（冷媒水温度为 7～12℃），空调与采暖终端采用风机盘管机组。

（1）设计负荷

采暖负荷：156kW；空调负荷：234kW；太阳能系统设计负荷：360kW。

（2）系统形式：太阳能空调系统。

（3）系统设计所采用的主要设备的参数：

太阳能集热器类型：热管真空管；

太阳能集热系统：集热器总面积为 850m²，吸热体面积为 655m²，集热器南向安装，倾角 50°；

制冷机：大连三洋制冷机厂生产的 LCC-03 型单效溴化锂制冷机，额定出力 387kW，额定热源的进/出水温度为 88℃/83℃，冷冻水温度为 8℃；

空调末端：风机盘管，机组具备三速可调功能，夏季空调和冬季采暖共用；

辅助热源：电锅炉，150kW；

储能系统：一个 40m³ 贮热水箱和一个 30m³ 贮冷水箱。水箱保温材料为聚氨酯，厚度为 100mm。

（4）太阳能建筑应用系统的流程图

太阳能建筑应用系统原理图如图 6-20 所示。

（5）系统的运行策略：

自控系统根据不同季节有三种基本工况：①夏季制冷工况；②冬季供热工况；③非空调季的供热水工况。在制冷工况，集热器产生高温热水经溴化锂制冷机产生冷水供风机盘管提供冷源；在供热工况下，集热器产生的热水直接输送到风机盘管作为供热热源；在非空调季，集热器产生的高温热水通过换热器加热生活热水。自控系统主要功能是控制集热系统运行，并根据负荷需求启停制冷机和辅助锅炉，此外还执行系统防过热、防冻等安全运行功能。

太阳能集热器系统控制采用温差循环控制方式。当贮热水箱水温 T_1 与集热器出口温度 T_2 的差值 ΔT 高于设定温差上限时，启动集热系统水泵 B1；温差低于设定温差下限时，关闭其水泵。集热系统运行控制还具有防冻运行模式，当集热器的防冻温度探头温度 T_3 低于设定防冻运行温度时，启动水泵将贮水箱中的热水回流集热器防冻。该系统在冬

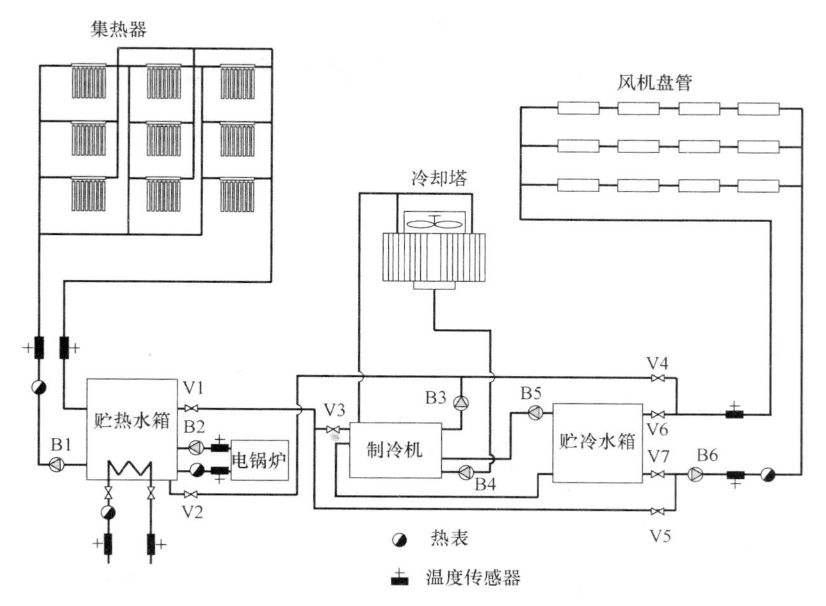

图 6-20 北苑太阳能空调系统工作原理图

季一般夜间防冻循环 2～4 次，每次水泵运行约 5min。

制冷工况时，开启阀门 V3、V6、V7 和水泵 B5，关闭阀门 V4。当贮热水箱温度 T_4 达到 85℃以上且贮冷水箱温度 $T_5 \geqslant 8$℃时，即可启动制冷机，并开启空调末端循环水泵 B6。当 $T_5 \geqslant 8$℃，$T_4 < 85$℃时，启动辅助锅炉；当 $T_4 \geqslant 95$℃时，关闭辅助锅炉；当 $T_5 <$ 8℃时，不论 T_4 是否达到 85℃，均不启动辅助锅炉。此外，系统还可借助手动控制功能，根据第二天天气情况及供冷负荷的预测，利用夜间低谷电启动锅炉加热贮热水箱中水，蓄热供第二天上午制冷用，必要时启动制冷机，通过贮冷水箱储存冷媒水。

冬季供热工况时，开启阀门 V4，关闭阀门 V3、V6、V7 和水泵 B5。室温条件判定需要供热时，贮热水箱水温 $T_1 \geqslant 60$℃后，启动空调末端循环水泵 B6，通过风机盘管系统供暖。当 $T_1 < 60$℃时，启动辅助锅炉；当 $T_4 \geqslant 75$℃时，关闭辅助锅炉。此外，系统还可借助手动控制功能，根据第二天天气情况及供热负荷的预测，利用夜间低谷电启动锅炉加热储热水箱中水，蓄热供第二天上午采暖用。

在非空调季，利用贮热水箱中换热器加热生活热水，满足热水供应。但贮热水箱温度 T_4 高于水箱设定最高温度后，系统进入防过热运行状态，通过制冷系统中冷却塔进行散热。在非空调季，根据生活热水负荷的需求采用遮阳或其他措施减少集热系统的得热量。

第7章 太阳能热利用系统效益评估与CDM机制

7.1 总则

7.1.1 系统效益评估的作用

太阳能热利用系统由于利用了太阳能，减少了常规能源的消耗，会产生节能、环保等方面的效益，但是相对常规供热采暖空调系统，采用太阳能热利用系统需要增加初投资，因此需要对太阳能热利用系统进行效益评估。效益评估是评价太阳能热利用系统的一个重要方面，既是系统方案选择的重要依据，也是政府制定相关优惠政策的重要基础。

太阳能热利用系统的效益评估分为预评估和系统的运行监测。太阳能热利用系统设计完成后，应进行系统节能、环保效益预评估，本章介绍的内容即为系统的预评估。太阳能热利用系统投入运行后，宜对系统的运行参数进行监测，详细做法见本书第8章。

相对于常规供热采暖空调系统，太阳能热利用系统的特点是初投资大而运行费用低。初投资大是因为太阳能热利用系统在常规供热采暖系统的基础上增加了太阳能集热系统及配套的设备，增加了初投资；运行费用低，则是因为太阳能热利用系统充分利用太阳能集热系统收集的热量，减少了常规能源的消耗，节省运行费用。因此，太阳能热利用系统的效益评估主要包含两方面：一方面是经济效益评估，评估要考虑系统替代的常规能源的数量；另一方面是环境效益评估，评估主要考虑将替代的常规能源量折算为相应的标准煤，以此为基数考虑各种污染物减排量。

7.1.2 系统效益评估的主要内容及基本程序

系统效益评估的主要内容是在系统设计完成后，根据太阳能热利用的系统形式、确定的集热器面积及集热器性能参数、设计的集热器倾角及给定的气象条件下在系统寿命期内的节能效益分析，评估指标包括太阳能热利用系统的年节能量、太阳能热利用系统寿命期内节省的运行费用、太阳能热利用系统的费效比、增加初投资的回收年限以及太阳能热利用系统环保效益等。

根据评估内容，系统效益评估的基本程序如下：

（1）收集评估系统的基本资料，主要包括以下内容：

1）系统中太阳能集热器面积及造价；

2）太阳能集热器的性能参数；

3）系统的供热采暖空调负荷计算书；

4）系统所在地的气象信息，包括太阳能辐照量、日照时数和环境温度等；

5）辅助冷（热）源形式；

6）系统所在地的常规能源价格；

7）贷款利率，通货膨胀率等相关经济参数；

8）系统运行维护费用。

（2）根据评估需要对数据进行处理，主要包括以下内容：

1）一般情况下，气象部门提供的太阳能辐照量多为水平面上的太阳辐照量，而太阳能集热器倾斜放置，因此需要将水平面上的太阳辐照量折算到倾斜平面上；

2）将1）中计算的倾斜平面上的太阳辐照量、环境温度参数及集热系统工作温度等参数带入太阳能集热器的热效率计算公式，算出逐月的太阳能集热器的工作效率；

3）根据1）和2）中的计算结果，算出太阳能集热器吸收的有用得热量。

4）将相关参数带入相应的计算公式，进行评估，给出评估结果。

7.1.3 CDM背景及方法学

自20世纪末起，温室气体减排成为全球瞩目的焦点话题。1997年12月《京都议定书》签订后，清洁发展机制被提出，英文为Clean Development Mechanism，简称为CDM。其主要内容是指由发达国家通过提供资金和技术的方式与发展中国家合作，所实现的减排量由发达国家缔约方用于完成其减排承诺。CDM被认为是一种双赢机制：发展中国家可以通过合作获得资金和技术，而发达国家在发展中国家实现减排量所投入的资金将远低于其在国家实现减排量的资金。同时，CDM也为世界提供一种商机，让温室气体变成商品，可以在国际或国内市场上进行交易。目前，CDM项目主要涉及5个领域：化工废气减排、煤层气回收利用、节能与提高能效、可再生能源、造林与再造林。

太阳能热利用是目前在我国可再生能源利用领域应用较为成功的技术形式，因此在本书中探讨采用CDM方法学来评价太阳能热利用的系统效益。

CDM方法学是为了确保CDM项目能带来长期的、可实际测量的、额外的减排量所建立的一套有效、透明、可操作的方法。方法涉及的主要方面有：建立基准线的方法学、确定项目边界和泄漏估算的方法学、减排量和减排成本效益计算的方法学。

为了更好地理解CDM方法学，本书介绍以下基本术语：

基准供能方式：在没有该二氧化碳减排项目时，为了提供同样的服务，最有可能采用的其他常规能源供能方式。

基准排放量：采用基准供能方式所带来的二氧化碳排放量。

减排量：基准排放量与实际项目二氧化碳排放量的差值。

泄漏量：二氧化碳减排项目边界之外，与该项目活动相关的二氧化碳排放量。

在CDM方法学中最重要的是要确定项目的基准排放量和边界。边界设定的准确与否将直接影响到基准线及排放量的准确性。项目边界过大，虽然会降低泄漏的可能，但是对计算本身将带来难度，同时也会增加监测的成本；项目边界过小，又会导致温室气体减排量计算不完全。因此，项目边界的确定应包含基准供能方式的所有排放源，同时尽量减少不必要的外延。

7.2 系统运行性能的评估

采用计算机软件可以相对详细、准确地模拟系统运行性能，可以采用的软件有TRNSYS、POLYSUN以及中国建筑科学研究院自主研发的太阳能供热采暖空调优化设计软件。

本书给出系统运行性能评估的基本方法，供读者参考。

7.2.1 太阳能热利用系统全年太阳能有用得热量计算分析

1. 太阳能热水系统

太阳能热水系统的年总有用得热量计算公式见式（7-1）：

$$Q_{hu} = \sum_{i=1}^{365} J_{Ti} A_c (1 - \eta_L) \eta_{cdi} \tag{7-1}$$

式中 Q_{hu}——太阳能热水系统集热系统提供的有用得热量，MJ；

A_c——太阳能集热器采光面积，m^2；

J_{Ti}——当太阳能集热器采光表面上的月平均日总太阳辐照量，MJ/m^2；

η_{cdi}——太阳能集热器工作效率（基于采光面积），%；

η_L——管路和水箱的热损失率，%。

2. 太阳能供热采暖系统

太阳能供热采暖系统的全年太阳能有用得热量计算应按照采暖季和非采暖季分别计算，应考虑具体应用的系统形式与选用的蓄热方式。

采暖季节太阳能集热系统的有用得热量计算公式见式（7-2）：

$$Q_{su1} = \sum_{i=1}^{lh} J_{Ti} A_c (1 - \eta_L) \eta_{cdi} \tag{7-2}$$

式中 Q_{su1}——采暖季节太阳能集热系统提供的有用得热量，MJ；

A_c——太阳能集热器采光面积，m^2；

J_{Ti}——采暖季太阳能集热器采光表面上的月平均日总太阳辐照量，MJ/m^2；

η_{cdi}——采暖季太阳能集热器工作效率（基于采光面积），%；

η_L——管路和水箱的热损失率，%；

lh——采暖季天数。

非采暖季则需根据系统形式与蓄热方式选用不同的计算方法。如果系统采用季节蓄热的方式，则在非采暖季太阳能集热系统提供的有用热量应包括蓄热体包含的热量，计为 Q_{su2}，以及为热水或其他用热提供的热量，计为 Q_{su3}；如果是短期蓄热系统，则集热系统提供的有用热量仅为 Q_{su3}。

$$Q_{su2} = c\rho V_s (t_{end} - t_i)/1000 \tag{7-3}$$

式中 Q_{su2}——季节蓄热体蓄存的热量，MJ；

c——水的比热，kJ/(kg·℃)；

ρ——水的密度，kg/m^3；

V_s——季节蓄热体体积，m^3；

t_{end}——蓄热体蓄热的最高温度，℃；

t_i——采暖系统最低供水温度，℃。

$$Q_{su3} = \sum_{i=1}^{l} J_{Ti} A_c (1 - \eta_L) \eta_{cdi} - Q_{su2} \tag{7-4}$$

式中 Q_{su3}——非采暖季太阳能集热系统为热水或其他用热提供的热量，MJ；

Q_{su2}——季节蓄热体蓄存的热量，对短期蓄热系统该值为零，MJ；

A_c——太阳能集热器采光面积，m^2；

J_{Ti}——非采暖季太阳能集热器采光表面上的平均日总太阳辐照量，MJ/m^2；

η_{cdi}——非采暖季太阳能集热器的日平均集热效率（基于采光面积），%；

则太阳能采暖系统全年有用得热量 $Q_{su}=Q_{su1}+Q_{su2}+Q_{su3}$。

如果太阳能集热系统收集的热量只用于补充地源热泵系统从土壤中的提取的热量，则太阳能集热系统的有用得热量计算公式同式（7-1）。

3. 太阳能空调系统

太阳能空调系统的全年太阳能有用得热量计算应按照空调季和非空调季分别计算，应考虑具体应用的系统形式与选用的蓄热方式。

空调季节太阳能集热系统的有用得热量计算公式见式（7-5）：

$$Q_{cu1}=\sum_{i=1}^{lc}J_{Ti}A_c(1-\eta_L)\eta_{cdi} \tag{7-5}$$

式中 Q_{cu1}——空调季节太阳能集热系统提供的有用得热量，MJ；

A_c——太阳能集热器采光面积，m^2；

J_{Ti}——空调季节太阳能集热器采光表面上的月平均日总太阳辐照量，MJ/m^2；

η_{cdi}——空调太阳能集热器工作效率（基于采光面积），%；

η_L——管路和水箱的热损失率，%；

lc——空调季天数。

非空调季如果建筑物有供暖需求，采暖季太阳能有用得热量计算同式（7-2），计为 Q_{cu2}，空调采暖季之间的过渡季节，太阳能集热系统提供的有用热量计算同式（7-3）及式（7-4），计为 Q_{cu3}。

非空调季节有热水负荷需求，太阳能集热系统提供有用热量计算同式（7-1），计为 Q_{cu4}。

式（7-1）、式（7-2）、式（7-4）、式（7-5）中的 η_{cd} 可按式（7-6）计算；

$$\eta_{cd}=\eta_0-UT^* \tag{7-6}$$

式中 η_0——$T^*=0$时的集热器热效率，%；

U——以 T^* 为参考的集热器总热损系数，$W/(m^2\cdot K)$；

T^*——归一化温差，$(m^2\cdot K)/W$；

$$T^*=\frac{t_i-t_a}{G}$$

式中 t_i——对应工况下集热器工质的进口温度，℃；

t_a——对应工况下日平均环境温度，℃；

G——对应工况下日平均太阳辐照度，W/m^2。

$$G=\frac{J_T}{3600S_d}$$

式中 S_d——对应工况下平均每日的日照小时数，h；

7.2.2 太阳能热利用系统的太阳能保证率计算

1. 太阳能热水系统

太阳能热水系统的太阳能保证率为太阳能集热系统提供的有用热量与建筑物总热水能耗的比值，计算公式按式（7-7）计算：

$$f_{h}=\frac{Q_{hu}}{Q_{hl}} \tag{7-7}$$

式中 f_{h}——太阳能热水系统保证率，无量纲；

Q_{hl}——建筑物总热水能耗，MJ；

2. 太阳能供热采暖系统

太阳能供热采暖系统的太阳能保证率为太阳能集热系统提供的有用热量与系统总能耗的比值，采暖季太阳能保证率按式（7-8）计算：

$$f_{s1}=\frac{Q_{su1}+Q_{su2}}{Q_{sl1}} \tag{7-8}$$

式中 f_{s1}——采暖期太阳能保证率，无量纲；

Q_{sl1}——采暖期建筑物供热采暖总能耗，MJ。

非采暖季太阳能保证率按式（7-9）计算：

$$f_{s2}=\frac{Q_{su3}}{Q_{sl2}} \tag{7-9}$$

式中 f_{s2}——非采暖期季太阳能保证率，无量纲；

Q_{sl2}——非采暖季建筑物供热总能耗，MJ。

全年太阳能采暖保证率按式（7-10）计算：

$$f_{s}=\frac{Q_{su1}+Q_{su2}+Q_{su3}}{Q_{sl1}+Q_{sl2}}=\frac{Q_{su}}{Q_{sl}} \tag{7-10}$$

式中 f_{s}——全年太阳能供热采暖系统保证率，无量纲；

Q_{sl}——全年建筑物供热采暖总能耗，MJ；

3. 太阳能空调系统

太阳能空调系统的太阳能保证率为太阳能集热系统提供的有用得热量形成的供冷能力与系统空调能耗的比值，太阳能空调系统有用得热量形成的供冷能力按式（7-11）计算：

$$Q_{clu}=COP_{th}Q_{cul} \tag{7-11}$$

式中 Q_{clu}——太阳能空调系统供冷量，MJ；

COP_{th}——空调机组的热力系数，无量纲。

太阳能空调系统保证率按式（7-12）计算：

$$f_{c}=\frac{Q_{clu}}{Q_{cl}} \tag{7-12}$$

式中 f_{c}——太阳能空调系统保证率，无量纲；

Q_{cl}——空调系统总耗冷量，MJ。

7.3 太阳能热利用系统节能效益评估

7.3.1 系统节能量

太阳能热利用系统节能量是相对于常规能源系统的节能量，因此，系统的节能量计算与辅助热源系统所使用的常规能源形式和设备的工作效率有关，系统的节能量应折算到一次能源。

1. 太阳能热水系统

如果系统采用电作为辅助能源，因为电不是一次能源，应将系统有用得热量先按系统建设当年我国的单位供电煤耗（例如：2011 年我国的单位供电煤耗为 330g/kWh ）直接折算成标准煤后，再换算为太阳能热水系统的节能量，计算见式（7-13）：

$$\Delta Q_{hu}=\frac{29.307CeQ_{hu}}{3600} \tag{7-13}$$

式中 ΔQ_{hu}——太阳能热水系统节能量，MJ；

Ce——系统建设当年我国单位供电煤耗，g/kWh。

如果使用天然气等其他形式的一次能源作为常规热源，太阳能供热采暖系统年节能量的计算见式（7-14）：

$$\Delta Q_{hu}=\frac{Q_{hu}}{\eta_{s}} \tag{7-14}$$

式中 η_{s}——常规热源系统的工作效率。

2. 太阳能采暖系统

太阳能采暖系统的节能量计算应分为采暖季和非采暖季分别计算。

（1）采暖季节能量计算

采用电作为辅助能源，节能量计算方法同热水系统节能量计算方法，计算见式（7-15）：

$$\Delta Q_{su1}=\frac{29.307Ce(Q_{su1}+Q_{su2})}{3600} \tag{7-15}$$

式中 ΔQ_{su1}——太阳能采暖系统采暖工况的节能量，MJ。

如果是使用天然气等其他形式的一次能源作为常规热源，计算见式（7-16）：

$$\Delta Q_{su1}=\frac{(Q_{su1}+Q_{su2})}{\eta_{s}} \tag{7-16}$$

（2）非采暖季节能量计算

非采暖季节系统的节能量计算过程与采暖工况相同。如果采用电作为辅助能源，则应根据式（7-17）计算得出相应的节能量：

$$\Delta Q_{su2}=\frac{29.307CeQ_{su3}}{3600\eta_{s}} \tag{7-17}$$

式中 ΔQ_{su2}——非采暖季节太阳能采暖系统的节能量，MJ。

如果采用天然气等其他形式一次能源作为常规热源，则应根据式（7-18）计算得出相应的节能量：

$$\Delta Q_{su2}=\frac{Q_{su3}}{\eta_{s}} \tag{7-18}$$

（3）全年节能量

太阳能采暖系统全年的节能量按式（7-19）计算：

$$\Delta Q_{su}=\Delta Q_{su1}+\Delta Q_{su2} \tag{7-19}$$

式中 ΔQ_{su}——太阳能采暖系统全年节能量，MJ。

3. 太阳能空调系统

太阳能空调系统的节能量计算应分为空调季节和非空调季节。空调季节太阳能空调系统的节能量是相对于常规空调系统的节能量，因此空调季节的节能量计算与辅助供能系统形式和设备的工作效率有关；非空调季节太阳能空调系统的节能量计算与其集热系统收集的热量的用途有关，所有的节能量都应折算到一次能源。

（1）空调季节能量计算

对于太阳能空调系统而言，可以采用辅助热源的形式与太阳能集热系统共同工作向太阳能空调机组供热，驱动制冷机组制冷，也可以采用辅助冷源的形式与太阳能空调系统向建筑物联合供冷。

采用辅助热源的形式可以采用电作为加热热源，其节能量计算方法同热水系统节能量计算方法，计算见式（7-20）：

$$\Delta Q_{cu1}=\frac{29.307Q_{clu}}{3600} \tag{7-20}$$

式中　ΔQ_{cu1}——太阳能空调系统空调工况的节能量，MJ。

如果采用天然气锅炉等其他形式的一次能源作为常规热源，计算见式（7-21）：

$$\Delta Q_{cu1}=\frac{Q_{cu1}}{\eta_s} \tag{7-21}$$

采用辅助冷源的形式，应根据太阳能集热系统收集的热量折算成供冷量，然后将此供冷量依据常规制冷机组的制冷性能系数 COP_e 折算成其消耗的电量，节能量应为提供相当于太阳能集热系统有用得热量消耗的一次能源减去提供相应的供热量形成的供冷能力需要消耗的电量所需要消耗的一次能源，节能量计算见式（7-22）：

$$\Delta Q_{cu1}=\frac{Q_{cu1}}{\eta_s}-\frac{29.307CeCOP_{th}Q_{cu1}}{3600COP_e} \tag{7-22}$$

（2）非空调季节节能量计算

非空调季节系统如果建筑有采暖需求，其节能量计算过程与太阳能采暖系统相同。如果采用电作为辅助能源，则应根据式（7-23）计算得出相应的节能量：

$$\Delta Q_{cu2}=\frac{29.307Ce(Q_{cu1}+Q_{cu2})}{3600} \tag{7-23}$$

式中　ΔQ_{cu2}——太阳能空调系统非空调工况的节能量，MJ。

如果采用天然气等其他形式的一次能源作为常规热源，计算见式（7-24）：

$$\Delta Q_{cu2}=\frac{Q_{cu1}+Q_{cu2}}{\eta_s} \tag{7-24}$$

非空调季节系统如果建筑有热水需求，其节能量计算过程与太阳能热水系统相同。如果采用电作为辅助能源，则应根据式（7-25）计算得出相应的节能量：

$$\Delta Q_{cu2}=\frac{29.307CeQ_{cu3}}{3600} \tag{7-25}$$

如果采用天然气等其他形式的一次能源作为常规热源，计算见式（7-26）：

$$\Delta Q_{cu2}=\frac{Q_{cu3}}{\eta_s} \tag{7-26}$$

（3）全年节能量

太阳能空调系统全年的节能量按式（7-27）计算：

$$\Delta Q_{cu} = \Delta Q_{cu1} + \Delta Q_{cu2} \tag{7-27}$$

式中　ΔQ_{cu}——太阳能空调系统全年节能量，MJ。

7.3.2　系统节能费用

太阳能热利用系统的节能费用预评估的指标有两个：简单年节能费用和寿命期内的总节能费用。简单年节省费用用于计算静态投资回收期；寿命期内的总节省费用用于计算动态投资回收期。

1. 简单年节能费用

估算简单年节能费用的目的是提供一个比较简单的方法，让系统的使用者（业主）了解太阳能热利用系统投入运行后所能节省的常规能源费用。在建设项目初期，可以让业主了解太阳能热利用系统的静态回收期，确定投资规模。

太阳能热水系统简单年节能费用的计算见式（7-28）：

$$C_{hu} = \Delta Q_{hu} \cdot P_{hu} \tag{7-28}$$

式中　C_{hu}——太阳能热水系统简单年节能费用，元；

P_{hu}——太阳能热水系统采用的常规能源价格，元/MJ。

太阳能供热采暖系统简单年节能费用的计算见式（7-29）：

$$C_{su} = \Delta Q_{su1} \cdot C_{su1} + \Delta Q_{su2} \cdot C_{su2} \tag{7-29}$$

式中　C_{su}——太阳能供热采暖系统简单年节能费用，元；

C_{su1}——太阳能供热采暖系统采暖工况时，常规能源的价格，元/MJ；

C_{su2}——太阳能供热采暖系统非采暖工况时，常规能源的价格，元/MJ。

太阳能空调系统简单年节能费用的计算见式（7-30）：

$$C_{cu} = \Delta Q_{cu1} \cdot C_{cu1} + \Delta Q_{cu2} \cdot C_{cu2} \tag{7-30}$$

式中　C_{cu}——太阳能空调系统简单年节能费用，元；

C_{cu1}——太阳能空调系统空调工况时，常规能源的价格，元/MJ；

C_{cu2}——太阳能空调系统非空调工况时，常规能源的价格，元/MJ。

2. 寿命期内总节省费用

寿命期内太阳能热利用系统的总节省费用是系统在工作寿命期内能够节省的资金总额，考虑了系统维修费用、年燃料价格上涨等影响因素，可用于系统动态回收期的计算，从而让系统的投资者（业主）能更为准确地了解系统增加的初投资可以在多少年后被补偿回收。

寿命期内太阳能热利用系统总节省费用的计算见式（7-31）：

$$SAV = PI(C - A \cdot DJ) - A \tag{7-31}$$

式中　SAV——系统寿命期内总节省费用，元；

C——太阳能热利用系统简单年节能费用，对于太阳能热水系统为 C_{hu}，对于太阳能采暖系统为 C_{su}，对于太阳能空调系统为 C_{cu}，元；

PI——折现系数；

A——太阳能热利用系统总增投资，元；

DJ——每年用于与太阳能热利用系统有关的维修费用，包括太阳能集热器维护、集热系统管道维护和保温等费用占总增投资的百分率，一般取1%。

其中：

$$PI=\frac{1}{d-e}\left[1-\left(\frac{1+e}{1+d}\right)^{n}\right] \qquad d\neq e \tag{7-32}$$

$$PI=\frac{n}{1+d} \qquad d=e \tag{7-33}$$

式中 d——年市场折现率，可取银行贷款利率；

e——年燃料价格上涨率；

n——分析节省费用的年限，从系统开始运行算起，集热系统寿命一般为 10～15 年。

7.3.3 系统费效比

太阳能热利用系统费效比的定义是太阳能热利用系统增投资与系统在寿命期内的节能量的比值，该值反映了太阳能热利用系统每节省（替代）1kWh 终端用能所需要的投资成本。

太阳能热利用系统费效比计算见式（7-34）：

$$B=\frac{3.6A}{n\Delta Q} \tag{7-34}$$

式中 B——太阳能热利用系统费效比，元/kWh；

ΔQ——太阳能热利用系统年节能量，对于太阳能热水系统为 ΔQ_{hu}，对于太阳能采暖系统为 ΔQ_{su}，对于太阳能空调系统为 ΔQ_{cu}，MJ。

7.3.4 增投资回收期

由于太阳能的不稳定性，在太阳能热利用系统中，需要设置常规能源作为辅助，因此，太阳能热利用系统的初投资要高于常规能源系统，太阳能热利用系统增加的投资主要是太阳能集热系统及相关部件增加的投资。

一个设计合理的太阳能热水系统，应能在寿命期内用节省的总费用补偿回收增加的初投资，完成补偿的总累积年份即为增投资的回收年限或增投资回收期。

增投资的回收期有两种算法：一种是静态回收期计算法；一种是动态回收期计算法。两种算法的差别在于静态回收期没有考虑资金折现系数的影响，但计算简便；而动态回收年限考虑了折现系数的影响，更加准确。

1. 静态回收期计算法

静态回收期计算不考虑银行贷款利率、常规能源价格上涨率等影响因素，常用于概念设计阶段，可以迅速了解太阳能热利用系统增投资的大概回收期。

太阳能热利用系统静态投资回收期可用式（7-35）计算：

$$Y=\frac{W}{C} \tag{7-35}$$

式中 Y——太阳能热利用系统的简单投资回收期；

W——太阳能热利用系统与常规相比增加的初投资。

2. 动态回收期计算法

当太阳能热利用系统运行 N 年后节省的总资金与系统的增加初投资相等时，式

（7-36）成立，即 $SAV=0$。

$$PI(C-A\cdot DJ)-A=0 \tag{7-36}$$

则此时的总累积年份 N 定义为系统的动态回收期 N_e。

$$N_e=\frac{\ln[1-PI(d-e)]}{\ln\left(\frac{1+e}{1+d}\right)} \qquad d\neq e \tag{7-37}$$

$$N_e=PI(1+d) \qquad d=e \tag{7-38}$$

其中：$PI=A/(C-A\cdot DJ)$

则此时的总累积年份 N 定义为系统的动态回收期 N_e。

7.3.5 环境效益评估

太阳能热利用系统的环保效益体现在因节省常规能源而减少了污染物的排放，主要指标为二氧化碳、粉尘、二氧化硫及氮氧化物的减排量。

太阳能热利用系统寿命期内的节能量折算成标准煤质量按式（7-39）进行计算：

$$C_s=\frac{n\Delta Q}{29.307} \tag{7-39}$$

式中 C_s——太阳能热利用系统寿命期内节约标准煤的质量，kg；

1. 二氧化碳减排量

由于不同能源的单位质量含碳量是不相同的，燃烧时生成的二氧化碳数量也各不相同，所以，本书采用的二氧化碳减排量的计算方法是：根据系统所使用的辅助能源，将系统寿命期内不同工况下的节能量折算成标准煤的质量乘以该种能源所对应的二氧化碳碳排放因子，计算得到该太阳能热利用系统的二氧化碳减排量，其计算见式（7-40）：

$$E_{co_2}=C_s\cdot F_{co_2} \tag{7-40}$$

式中 E_{co_2}——系统寿命期内二氧化碳减排量，kg；

F_{co_2}——碳排放因子，见表 7-1。

二氧化碳排放因子 **表 7-1**

辅助能源		煤	石油	天然气	电
碳排放因子	kg 二氧化碳/kg 标准煤	2.662	1.991	1.481	2.662

2. 烟尘减排量

按每千克标准煤减排 0.01kg 烟尘计算烟尘排放量，计算见式（7-41）：

$$E_{ycp}=0.01C_s \tag{7-41}$$

式中 E_{ycp}——系统寿命期内烟尘减排量，kg。

3. 二氧化硫减排量

按每吨标准煤减排 0.02t 二氧化硫计算二氧化硫的排放量，计算见式（7-42）：

$$E_{so_2}=0.02C_s \tag{7-42}$$

式中 E_{so_2}——系统寿命期内二氧化硫减排量，kg。

4. 氮氧化物减排量

按每吨标准煤减排 7.25kg 氮氧化物计算氮氧化物的排放量，计算见式（7-43）：

$$E_{NO_x}=7.25C_s(1-P)/1000 \tag{7-43}$$

式中　E_{NO_x}——系统寿命期内氮氧化物减排量，kg；

　　P——氮氧化物脱除率，通常按80%考虑。

7.4　太阳能建筑热利用项目的CDM方法学

完成一个CDM项目需要进行项目识别、设计、批准、审定、注册、监测、核查、签发减排量等程序。太阳能建筑热利用项目的二氧化碳减排量计算，监测和验证的具体程序见图7-1。

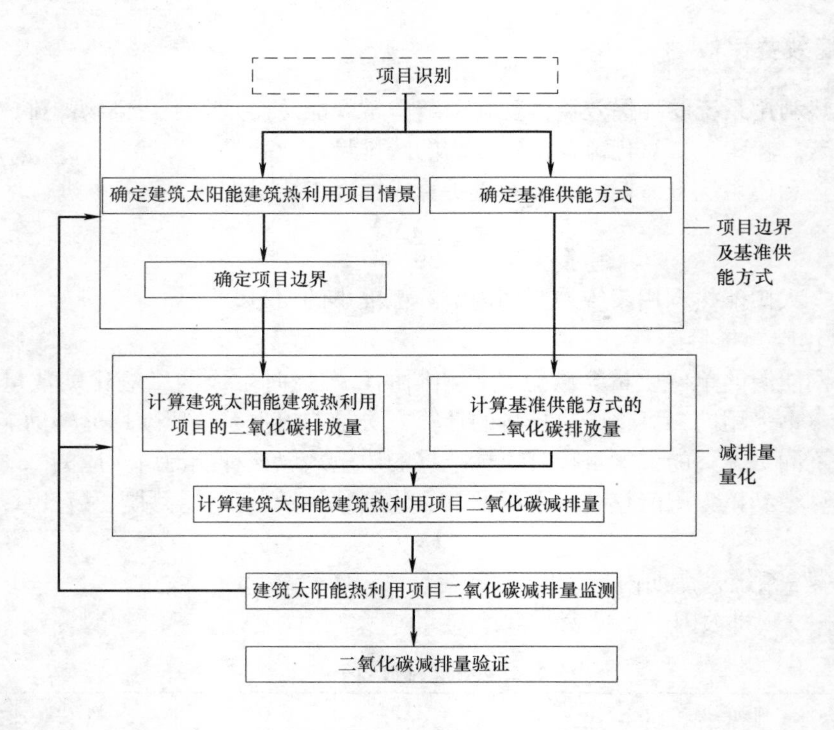

图7-1　二氧化碳减排量计算、监测及验证程序

7.4.1　项目识别

太阳能热利用项目二氧化碳减排量计算之前要确定项目边界，项目边界包括：集热系统、输配系统、控制系统、蓄热系统、辅助能源系统及所有需要供能的对象。对于新建项目和既有项目改造且原项目的能源系统没有移为他用的情况，可以认为项目的泄漏量为0。

7.4.2　基准供能方式

表7-2给出了一般情况下可能存在的基准供能方式，在几种可能的基准供能方式中确定一种最可能的作为该减排项目的基准供能方式，当有几种方式均有可能使用时，按照碳排放计算最小原则确定。

建筑太阳能热利用二氧化碳减排量基准供能方式表　　表 7-2

减排项目情景	可能的基准供能方式	基准供能方式示例
太阳能热水系统	化石燃料制热	燃气热水器 燃煤锅炉 燃气锅炉 其他化石类热源
	电制热	电热水器 电锅炉 热泵型热水器
太阳能采暖系统	化石燃料制热	燃煤锅炉 燃气锅炉 市政热力 燃气壁挂炉 其他化石类热源
	电制热	电热水器 电锅炉 电暖气 其他电加热器
太阳能空调系统	电制冷	常规电制冷机组

7.4.3 减排量计算

与基准供能方式相比，建筑太阳能热利用项目减少的 CO_2 即为该项目的减排量。建筑太阳能热利用项目在一定时期内的减排量可按式（7-44）进行计算：

$$ER = BE - PE - LE \tag{7-44}$$

式中 ER——项目的 CO_2 减排量，tCO_2e/a[①]；

BE——项目的基准供能方式排放量，tCO_2e/a；

PE——项目的 CO_2 排放量，tCO_2e/a；

LE——项目泄漏量，tCO_2e/a。

太阳能建筑热利用项目根据用途可分为太阳能热水系统、太阳能采暖系统和太阳能空调系统，由于太阳能系统的特殊性，前期计算和后期监测时使用的计算数据不同，因此进行碳减排计算的方法也不同。各类系统基准排放量及项目活动的 CO_2 排放量计算方法详见表 7-3～表 7-5。对新建项目，泄漏量为零。

建筑太阳能热利用项目基准供能方式排放量计算（事前估算用）　　表 7-3

化石燃料供热	基准供能方式为化石燃料的基准排放量按式(7-46)计算： $BE = (EG_t / \eta_{BL,t}) \times EF_F$ （7-45） 式中 BE——项目活动替代热量供应的基准排放量，tCO_2e/a； EF_F——化石燃料单位能量的 CO_2 排放因子，tCO_2/TJ，如果用到多种燃料，应分别计算，此处 $EF_F = 29.307/(10^3 \cdot F_{CO_2})$； $\eta_{BL,t}$——无项目活动下利用化石燃料供热的净热效率，此处 $\eta_{BL,t} = \eta_s$； EG_t——太阳能热利用系统的供热量，分为太阳能热水系统和太阳能采暖系统，TJ/a

① 单位为：吨当量二氧化碳每年。

续表

电制热	基准供能方式为电的基准排放量按式(7-46)计算： $$BE=\frac{EG_t}{3.6\times10^{-3}\times\eta_{BL,e}}\times EF_e \quad (7\text{-}46)$$ 式中 BE——项目活动替代热量供应的基准排放量，tCO_2e/a； EF_e——电网排放系数，按当年国家发展改革委颁布的中国区域电网排放因子选取，见本书附录7-1，tCO_2/MWh； $\eta_{BL,e}$——无项目活动时利用电加热方式的热效率
电制冷	基准供能方式为电的基准排放量按式(7-47)计算： $$BE=\frac{EG_{t,a}}{COP\times3.6\times10^{-3}}\times EF_e \quad (7\text{-}47)$$ 式中 BE——项目活动替代冷量供应的基准排放量，tCO_2e/a； COP——无项目活动时所利用电制冷系统的年平均能效比，数值应满足GB 50189—2005第5.4.5条的要求； $EG_{t,a}$——太阳能空调系统的供冷量，TJ/a

建筑太阳能热利用项目基准供能方式供热（冷）量计算（事前估算用）　表7-4

太阳能热水系统	太阳能热水系统的年供热量按式(7-48)计算： $$EG_{t,w}=nf(q_{rd}\times\rho_w\times C_p\times(T_2-T_1))\times10^{-9} \quad (7\text{-}48)$$ 式中 $EG_{t,w}$——太阳能热水系统的供热量，TJ/a； f——太阳能保证率，%； q_{rd}——热水系统的热水日消耗量，按项目设计文件的参数选取，m^3； ρ_w——水的密度，kg/m^3； C_p——水的比热，4.18k J/(kg·℃)； T_1——太阳能集热系统自来水供水温度，可按项目设计文件的参数选取，℃； T_2——设计用水温度，可按项目设计文件的参数选取；℃； n——太阳能集热系统全年使用的天数
太阳能采暖系统	太阳能采暖系统的年供热量按式(7-49)～式(7-52)计算： $$EG_{t,h}=fNQ_H\times86400\times10^{-12} \quad (7\text{-}49)$$ $$Q_H=Q_{HT}+Q_{INF} \quad (7\text{-}50)$$ $$Q_{HT}=(T_i-T_e)\sum\varepsilon KF \quad (7\text{-}51)$$ $$Q_{INF}=(T_i-T_e)c_{pa}\rho N_h V \quad (7\text{-}52)$$ 式中 $EG_{t,h}$——太阳能采暖系统的供热量，TJ/a； N——采暖期天数； f——太阳能保证率，%； Q_H——建筑物耗热量，W； Q_{HT}——建筑物围护结构的传热耗热量，W； Q_{INF}——空气渗透耗热量，W； T_i——室内空气计算温度，按GB 50736中规定范围的低限选取，℃； T_e——采暖期室外平均温度，℃； ε——建筑物各围护结构传热系数的修正系数； K——建筑物各围护结构的传热系数，$W/(m^2\cdot K)$； F——建筑物各围护结构的面积，m^2； c_{pa}——空气的比热，取1.01kJ/(kg·K)； ρ——空气密度，取T_e下的值kg/m^3； N_h——换气次数，1/h； V——换气体积，m^3/次

续表

太阳能空调系统	太阳能空调系统的供冷量按式(7-53)～式(7-54)计算： $$EG_{t,a}=Q_c\times COP \quad (7\text{-}53)$$ $$Q_c=\sum_{i=1}^{n}AH_i\eta\times 10^{-6} \quad (7\text{-}54)$$ 式中 $EG_{t,a}$——太阳能空调系统的供冷量，TJ/a； COP——热力驱动空调机组的能效比，计算时取机组设计工况下的能效比； Q_c——太阳能集热系统的年集热量，MJ/a； H——倾角等于当地纬度倾斜表面上的太阳总辐射日辐照量，MJ/(m² · d)； A——太阳集热器的轮廓采光面积，m²； η——太阳能集热器针对轮廓采光面积的集热效率； n——太阳能集热系统的年有效使用天数

建筑太阳能热利用项目排放量计算　　表 7-5

项目排放量	项目太阳能热利用系统的碳排放量按式(7-55)计算： $$PE=EC_{PJ}\times EF_e+M\times Q\times EF_F \quad (7\text{-}55)$$ 式中 PE——系统的 CO_2 排放量，tCO_2e/a； EC_{PJ}——太阳能热利用系统的耗电量，MWh； M——年化石燃料消耗量，t； Q——化石燃料的低位发热量，TJ/t

7.4.4 减排量监测与验证

建筑太阳能热利用项目减排量的监测公式与计算公式基本相同，仍用式（7-44）计算，只是公式中的年供热量和供冷量需要按表 7-6 进行。

建筑太阳能热利用项目基准供能方式供热（冷）量计算（监测用）　　表 7-6

太阳能热水、采暖系统	太阳能建筑热利用项目热水系统及采暖系统的年供热量监测按式(7-56)计算： $$EG_t=\sum_{i=1}^{n}m_i\times\rho_w\times C_p\times(T_{2i}-T_{1i})\Delta t_i\times 10^{-9} \quad (7\text{-}56)$$ 式中 EG_t——太阳能集热系统的供热量，TJ/a； m——太阳能热水系统的热水日消耗量，或太阳能供热采暖系统的热水循环量，m³/s； ρ_w——水的密度，kg/m³； C_p——水的比热，4.18k J/(kg · ℃)； T_{1i}——第 i 次记录的太阳能集热系统入口水温，℃； T_{2i}——第 i 次记录的太阳能集热系统出口水温，℃； Δt_i——温度及流量监测的时间步长，s； n——太阳能集热系统全年监测时间步长的总数
太阳能空调系统	太阳能空调系统的供冷量按式(7-57)～式(7-60)计算： $$EG_{t,a}=\sum_{i=1}^{n}EG_{t,i}\times COP_i\times 10^{-12} \quad (7\text{-}57)$$ $$COP_i=\frac{Q_{li}}{Q_{ri}} \quad (7\text{-}58)$$ $$Q_{li}=m_{li}\times\rho_w\times C_p\times(T_{l2i}-T_{l1i})\Delta t_i \quad (7\text{-}59)$$ $$Q_{ri}=m_{ri}\times\rho_w\times C_p\times(T_{r2i}-T_{r1i})\Delta t_i \quad (7\text{-}60)$$ 式中 $EG_{t,a}$——太阳能空调系统的供冷量，TJ/a； $EG_{t,i}$——第 i 次记录的太阳能集热系统的集热量，TJ； COP_i——第 i 次记录的热力驱动空调机组的能效比； Q_{li}——第 i 次记录的建筑太阳能热利用项目空调机组的制冷量，J； Q_{ri}——第 i 次记录的供给建筑太阳能热利用项目空调机组的全部热量，J；

续表

太阳能空调系统	T_{l1i}——第 i 次记录的吸收式空调机组冷冻水侧出口水温,℃; T_{l2i}——第 i 次记录的吸收式空调机组冷冻水侧入口水温,℃; n——全年监测时间步长的总数; m_{li}——第 i 次记录的吸收式空调机组冷冻水流量,m^3/s; Δt_i——第 i 次记录的温度及流量监测的时间步长,s; T_{r1i}——第 i 次记录的吸收式空调机组热源侧出口水温,℃; T_{r2i}——第 i 次记录的吸收式空调机组热源侧入口水温,℃; m_{ri}——第 i 次记录的吸收式空调机组热水流量,m^3/s

太阳热利用项目的二氧化碳减排量需要按年进行监测，并在一定周期内进行核算，由具有碳减排量评估资质的单位进行验证并出具核查报告才算一个周期完成。

太阳能热利用项目的二氧化碳减排量计算方法并不唯一，在不同项目中，计算的准确度也不一样，在项目申报时应综合考虑监测方法的成本和可操作性。项目监测方法和设备可参考本书第 8 章的内容。

虽然 CDM 在我国的发展处于初级阶段，还需要不断地在实践中摸索，积累经验，但是可以预见的，我国必将会在国际交易市场中扮演不可或缺的重要角色，太阳能建筑热利用项目也会拥有光明的发展前途。

第 8 章　太阳能热利用系统测试与监测

8.1　总则

太阳能热利用系统投入运行后，为了评价太阳能热利用系统实际运行状态的节能效果，需要对其进行测试和监测。测试的目的是通过短期的检测数据对系统的性能进行评价，验证系统与设计的符合性，通过检测数据，可以优化系统运行，充分发挥系统的节能效益，通常由第三方的独立的检测机构进行。监测是通过在系统中安装测试仪表，对系统运行参数进行长期的监测，监测数据可以远传并进行处理，数据可以用来进行诸如合同能源管理中的节能收益结算等用途。

8.2　太阳能热利用系统测试

8.2.1　测试内容

（1）集热系统效率；

（2）系统总能耗；

（3）集热系统得热量；

（4）制冷机组制冷量；

（5）制冷机组耗热量；

（6）贮热水箱热损系数；

（7）供热水温度；

（8）室内温度。

其中制冷机组制冷量、制冷机组耗热量仅适用于太阳能空调系统，供热水温度仅适用太阳能供热水系统，室内温度仅适用于太阳能采暖或太阳能空调系统。

8.2.2　测试抽样方法

（1）当太阳能供热水系统的集热器结构类型、集热与供热水范围、系统运行方式、集热器内传热工质、辅助能源安装位置以及辅助能源启动方式相同，且集热器总面积、贮热水箱容积的偏差均在10%以内时，视为同一类型太阳能供热水系统。同一类型太阳能供热水系统被测试数量为该类型系统总数量的2%，且不得少于1套。

（2）当太阳能采暖空调系统的集热器结构类型、集热系统运行方式、系统蓄热（冷）能力、制冷机组形式、末端采暖空调系统、辅助能源安装位置以及辅助能源启动方式相同，且集热器总面积、所有制冷机组额定制冷量、所供暖建筑面积的偏差在10%以内时，视为同一种太阳能采暖空调系统。同一种太阳能采暖空调系统被测试数量为该种系统总数量的5%，且不得少于1套。

集热器结构类型见《平板型太阳能集热器》GB/T 6424 和《真空管型太阳能集热器》GB/T 17581，集热器总面积计算方法参考《太阳能热利用术语》GB/T 12965。太阳能热水系统的集热与供热水范围、系统运行方式、集热器内传热工质、辅助能源安装位置、辅助能源启动方式等规定见《民用建筑太阳能热水工程技术规范》GB 50364。太阳能采暖空调系统的集热系统运行方式、系统蓄热（冷）能力、末端采暖空调系统的规定见《太阳能供热采暖工程技术规范》GB 50495 及《民用建筑太阳能空调工程技术规范》GB 50787。

8.2.3 测试条件

（1）太阳能热水系统长期测试的周期不应少于 120d，且应连续完成，长期测试开始的时间应在每年春分（或秋分）前至少 60d 开始，结束时间应在每年春分（或秋分）后至少 60d 结束；太阳能采暖系统长期测试的周期应与采暖期同步；太阳能空调系统长期测试的周期应与空调期同步。长期测试周期内的平均负荷率不应小于 30%。

（2）太阳能热利用系统短期测试的时间不应少于 4d。短期测试期间的运行工况应尽量接近系统的设计工况，且应在连续运行的状态下完成。短期测试期间的系统平均负荷率不应小于 50%，短期测试期间室内温度的检测应在建筑物达到热稳定后进行。

（3）短期测试期间的室外环境平均温度 t_a 应符合下列规定：

1）太阳能热水系统测试的室外环境平均温度 t_a 的允许范围为年平均环境温度±10℃；

2）太阳能采暖系统测试的室外环境的平均温度 t_a 应大于或等于采暖室外计算温度且小于或等于 12℃；

3）太阳能空调系统测试的室外环境平均温度 t_a 应大于或等于 25℃且小于或等于夏季空气调节室外计算干球温度。

（4）短期测试时间不应少于 4d，太阳辐照量宜至少有 4d 分别符合下列规定，实测太阳辐照量与规定区间太阳辐照量平均值的偏差宜控制在±0.5MJ/(m^2·d) 以内：

1）太阳辐照量小于 8MJ/(m^2·d)；

2）太阳辐照量大于或等于 8MJ/(m^2·d) 且小于 12 MJ/(m^2·d)；

3）太阳辐照量大于或等于 12 MJ/(m^2·d) 且小于 16 MJ/(m^2·d)；

4）太阳辐照量大于或等于 16 MJ/(m^2·d)。

其中对于全年使用的太阳能供热水系统，不同区间太阳辐照量的平均值可按本书附录 8-1 确定。对于因集热器安装角度、局部气象条件等因素导致太阳辐照量难以达到 16MJ/m^2 的工程，可由检测机构、委托单位等有关各方根据实际情况对太阳辐照量的测试条件进行适当调整，但测试天数不得少于 4d，测试期间的太阳辐照量应均匀分布。

8.2.4 测试仪器设备要求

测试采用的仪器、仪表都必须按国家规定进行校准，应满足 GB/T 18708、GB/T 20095 等标准的要求。

（1）太阳总辐照度采用总辐射表测量，总辐射表应符合现行国家标准《总辐射表》GB/T 19565 的要求。

（2）测量空气温度时应确保温度传感器置于遮阳而通风的环境中，高于地面约 1m，距集热系统的距离在 1.5～10m 之间，环境温度传感器的附近不应有烟囱、冷却塔或热气排风扇等热源。测量水温时应保证所测水流完全包围温度传感器。温度测量仪器以及与它们相关的读取仪表的精度和准确度不应大于表 8-1 的限值，响应时间应小于 5s。

温度测量仪器的准确度和精度　　表 8-1

参数	仪器准确度	仪器精度
环境空气温度	±0.5℃	±0.2℃
水温度	±0.2℃	±0.1℃

（3）液体流量的测量准确度应为±1.0%。

（4）质量测量的准确度应为±1.0%。

（5）计时测量的准确度应为±0.2%。

（6）模拟或数字记录仪的准确度应等于或优于满量程的±0.5%，其时间常数不应大于 1s。信号的峰值指示应在满量程的 50%～100%之间。使用的数字技术和电子积分器的准确度应等于或优于测量值的±1.0%。记录仪的输入阻抗应大于传感器阻抗的 1000 倍或 10MΩ，二者取其高值。仪器或仪表系统的最小分度不应超过规定精度的 2 倍。

（7）长度测量的准确度应为±1.0%。

（8）热量表的准确度应达到现行行业标准《热量表》CJ 128 规定的 2 级。

8.2.5 测试方法

1. 集热系统效率测试

（1）长期测试的时间应符合本书第 8.2.3 节的规定。

（2）短期测试时，每日测试的时间从上午 8 时开始至达到所需要的太阳辐射量为止。达到所需要的太阳辐射量后，应采取停止集热系统循环泵等措施，确保系统不再获取太阳得热。

（3）测试参数包括集热系统得热量、太阳总辐照量和集热系统集热器总面积等。

（4）太阳能热利用系统的集热系统效率 η 按下式计算得出：

$$\eta=\frac{Q_j}{AH}\times 100\% \tag{8-1}$$

式中 η——太阳能热利用系统的集热系统效率，%；

Q_j——太阳能热利用系统的集热系统得热量，MJ，测试方法应符合相关规定；

A——集热系统的集热器总面积，m^2；

H——太阳总辐照量，MJ/m^2。

2. 系统总能耗测试

（1）长期测试的时间应符合本书第 8.2.3 节的规定。

（2）每日测试持续的时间从上午 8 时开始到次日 8 时结束。

（3）对于热水系统，应测试系统的供热量或冷水、热水温度、供热水的流量等参数；对于采暖空调系统应测试系统的供热量或系统的供、回水温度和热水流量等参数，采样时间间隔不得大于 10s。

（4）系统总能耗 Q_z 可以用热量表直接测量，也可以通过分别测量温度、流量等参数按式（8-2）计算：

$$Q_z = \sum_{i=1}^{n} m_{zi} \times \rho_w \times c_{pw} \times (t_{dzi} - t_{bzi}) \times \Delta T_{zi} \times 10^{-6} \tag{8-2}$$

式中 Q_z——系统总能耗，MJ；

n——总记录数；

m_{zi}——第 i 次记录的系统总流量，m^3/s；

ρ_w——水的密度，kg/m^3；

c_{pw}——水的比热容，J/(kg・℃)；

t_{dzi}——对于太阳能热水系统，t_{dzi} 为第 i 次记录的热水温度，℃；对于太阳能采暖、空调系统，t_{dzi} 为第 i 次记录的供水温度，℃；

t_{bzi}——对于太阳能热水系统，t_{bzi} 为第 i 次记录的冷水温度，℃；对于太阳能采暖、空调系统，t_{bzi} 为第 i 次记录的回水温度，℃；

ΔT_{zi}——第 i 次记录的时间间隔，s，ΔT_{zi} 不应大于 600s。

3. 集热系统得热量测试

（1）长期测试的时间应符合本书第 8.2.3 节的规定。

（2）短期测试时，每日测试的时间从上午 8 时开始至达到所需要的太阳辐射量为止。

（3）测试参数包括集热系统得热量或集热系统进、出口温度、流量、环境温度和风速，采样时间间隔不得大于 10s。

（4）太阳能集热系统得热量 Q_j 可以用热量表直接测量，也可以通过分别测量温度、流量等参数按式（8-3）计算：

$$Q_j = \sum_{i=1}^{n} m_{ji} \rho_w c_{pw} (t_{dji} - t_{bji}) \Delta T_{ji} \times 10^{-6} \tag{8-3}$$

式中 Q_j——太阳能集热系统得热量，MJ；

n——总记录数；

m_{ji}——第 i 次记录的集热系统平均流量，m^3/s；

ρ_w——集热工质的密度，kg/m^3；

c_{pw}——集热工质的比热容，J/(kg・℃)；

t_{dji}——第 i 次记录的集热系统的出口温度，℃；

t_{bji}——第 i 次记录的集热系统的进口温度，℃；

ΔT_{ji}——第 i 次记录的时间间隔，s，ΔT_{ji} 不应大于 600s。

4. 制冷机组制冷量测试

（1）长期测试的时间应符合本书第 8.2.3 节的规定。

（2）短期测试宜在制冷机组运行工况稳定后 1h 开始测试，测试时间 ΔT_t 从上午 8 时开始至次日上午 8 时结束。

（3）应测试系统的制冷量或冷冻水供回水温度和流量等参数，采样时间间隔不得大于 10s，记录时间间隔不得大于 600s。

（4）制冷量 Q_l 可以用热量表直接测量，也可以通过分别测量温度、流量等参数按式（8-4）计算：

$$Q_l = \frac{\sum_{i=1}^{n} m_{li} \times \rho_w \times c_{pw} \times (t_{dli} - t_{bli}) \times \Delta T_{li} \times 10^{-3}}{\Delta T_t} \tag{8-4}$$

式中　Q_l——制冷量，kW；

n——总记录数；

m_{li}——第 i 次记录系统总流量，m^3/s；

ρ_w——水的密度，kg/m^3；

c_{pw}——水的比热容，J/(kg·℃)；

t_{dli}——第 i 次记录的冷冻水回水温度,℃；

t_{bli}——第 i 次记录的冷冻水供水温度,℃；

ΔT_{li}——第 i 次记录的时间间隔，s，ΔT_{li} 不应大于 600s；

ΔT_t——测试时间，s。

5. 制冷机组耗热量的测试

（1）长期测试的时间应符合本书第 8.2.3 节的规定。

（2）短期测试宜在制冷机组运行工况稳定后 1h 开始测试，测试时间 ΔT_t 从上午 8 时开始至次日上午 8 时结束。

（3）应测试系统供给制冷机组的供热量或热源水的供回水温度和流量等参数，采样时间间隔不得大于 10s，记录时间间隔不得大于 600s。

（4）制冷机组耗热量 Q_r 可以用热量表直接测量，也可以通过分别测量温度、流量等参数按式（8-5）计算：

$$Q_r = \frac{\sum_{i=1}^{n} m_{ri} \times \rho_w \times c_{pw} \times (t_{dri} - t_{bri}) \times \Delta T_{ri} \times 10^{-3}}{\Delta T_t} \tag{8-5}$$

式中　Q_r——制冷机组耗热量，kW；

n——总记录数；

m_{ri}——第 i 次记录的系统总流量，m^3/s；

ρ_w——水的密度，kg/m^3；

c_{pw}——水的比热容，J/(kg·℃)；

t_{dri}——第 i 次记录的热源水供水温度，℃；

t_{bri}——第 i 次记录的热源水回水温度，℃；

ΔT_{ri}——第 i 次记录的时间间隔，s，ΔT_{ri} 不应大于 600 s；

ΔT_t——测试时间，s。

6. 贮热水箱热损因数测试

（1）测试时间从晚上 8 时开始至次日上午 6 时结束。测试开始时贮热水箱水温不得低于 50℃，与水箱所处环境温度差不小于 20℃。测试期间应确保贮热水箱的水位处于正常水位，且无冷热水出入水箱。

（2）测试参数包括贮热水箱内水的初始温度、结束温度、贮热水箱容水量、环境温度等。

（3）贮热水箱热损因数根据式（8-6）计算得出：

$$U_{SL}=\frac{\rho_w c_{pw}}{\Delta\tau}\ln\left[\frac{t_i-t_{as(av)}}{t_f-t_{as(av)}}\right] \tag{8-6}$$

式中 U_{SL}——贮热水箱热损因数，W/(m^3·℃)；

ρ_w——水的密度，kg/m^3，

c_{pw}——水的比热容，J/(kg·℃)；

$\Delta\tau$——降温时间，s；

t_i——开始时贮热水箱内水温度，℃；

t_f——结束时贮热水箱内水温度，℃；

$t_{as(av)}$——降温期间平均环境温度，℃。

7. 供热水温度测试

（1）长期测试的时间应符合本书第 8.2.3 节的规定。

（2）短期测试从上午 8 时开始至次日上午 8 时结束。

（3）测试并记录系统的供热水温度 t_{ri}，记录时间间隔不得大于 600s，采样时间间隔不得大于 10s。

（4）供热水温度应取测试结果的算术平均值 t_r。

8. 室内温度测试

（1）长期测试的时间应符合本书第 8.2.3 节的规定。

（2）短期测试从上午 8 时开始至次日上午 8 时结束。

（3）测试并记录系统的室内温度 t_{ni}，记录时间间隔不得大于 600s，采样时间间隔不得大于 10s。

（4）室内温度应取测试结果的算术平均值 t_n。

8.2.6 系统性能评价

1. 太阳能保证率

（1）短期测试单日或长期测试期间的太阳能保证率应按式（8-7）计算：

$$f=\frac{Q_j}{Q_z}\times 100\% \tag{8-7}$$

式中 f——太阳能保证率，%；

Q_j——太阳能集热系统得热量，MJ；

Q_z——系统能耗，MJ。

（2）采用长期测试时，设计使用期内的太阳能保证率应取长期测试期间的太阳能保证率，计算公式同式（8-7）。

（3）对于短期测试，设计使用期内的太阳能热利用系统的太阳能保证率应按式（8-8）计算：

$$f=\frac{x_1 f_1+x_2 f_2+x_3 f_3+x_4 f_4}{x_1+x_2+x_3+x_4}\times 100\% \tag{8-8}$$

式中 f——太阳能保证率，%；

f_1、f_2、f_3、f_4——不同太阳辐照量下的单日太阳能保证率，%，利用式（8-7）计算得出；

x_1、x_2、x_3、x_4——与 f_1、f_2、f_3、f_4 相对应的各太阳辐照量在当地气象条件下按供热水、采暖或空调的时期统计得出的天数。没有气象数据时，对于全年使用的太阳能热水系统，x_1、x_2、x_3、x_4 的取值可参照本书附录 8-1。

2. 集热系统效率

（1）短期测试单日或长期测试期间集热系统的效率可按式（8-1）进行计算。

（2）采用长期测试时，设计使用期内的集热系统效率应取长期测试期间的集热系统效率，计算公式同式（8-1）。

（3）对于短期测试，设计使用期内的集热系统效率应按式（8-9）计算：

$$\eta=\frac{x_1\eta_1+x_2\eta_2+x_3\eta_3+x_4\eta_4}{x_1+x_2+x_3+x_4} \tag{8-9}$$

式中 η——集热系统效率，%；

η_1、η_2、η_3、η_4——不同太阳辐照量下的单日集热系统效率，%，利用式（8-1）计算得出。

3. 贮热水箱热损因数

贮热水箱热损因数按本书第 8.2.5 节规定的测试结果进行评价。

4. 供热水温度

供热水温度按本书第 8.2.5 节规定的测试结果进行评价。

5. 室内温度

室内温度按本书第 8.2.5 节规定的测试结果进行评价。

6. 太阳能制冷性能系数

太阳能制冷性能系数 COP_r 应根据式（8-10）计算得出：

$$COP_r=\eta\times(Q_l/Q_r) \tag{8-10}$$

式中 COP_r——太阳能制冷性能系数；

η——太阳能热利用系统的集热系统效率；

Q_l——制冷机组制冷量，kW，按本书第 8.2.5 节测试得出；

Q_r——制冷机组耗热量，kW，按本书第 8.2.5 节测试得出。

7. 常规能源替代量

（1）对于长期测试，全年的太阳能集热系统得热量 Q_{nj} 可参照式（8-3）进行计算。

（2）对于短期测试，Q_{nj} 应按式（8-11）计算。

$$Q_{nj}=x_1Q_{j1}+x_2Q_{j2}+x_3Q_{j3}+x_4Q_{j4} \tag{8-11}$$

式中 Q_{nj}——全年太阳能集热系统得热量，MJ；

Q_{j1}、Q_{j2}、Q_{j3}、Q_{j4}——不同太阳辐照量下的单日集热系统得热量，MJ，利用式（8-3）计算得出。

（3）太阳能热利用系统的常规能源替代量 Q_{tr} 应按式（8-12）计算：

$$Q_{tr}=\frac{Q_{nj}}{q\eta_t} \tag{8-12}$$

式中 Q_{tr}——太阳能热利用系统的常规能源替代量，kgce；

Q_{nj}——全年太阳能集热系统得热量，MJ；

q——标准煤热值，MJ/kgce，可取 $q=29.307$MJ/kgce；

η_t——以传统能源为热源时的运行效率，按项目立项文件选取，当无文件明确规定时，根据项目适用的常规能源，按表 8-2 确定。

以传统能源为热源时的运行效率 η_t **表 8-2**

常规能源类型	热水系统	采暖系统	热力制冷空调系统
电	0.31①	—	—
煤	—	0.70	0.70
天然气	0.84	0.80	0.80

① 综合考虑火电系统的煤的发电效率和电热水器的加热效率。

8. 太阳能热利用系统费效比

太阳能热利用系统的费效比 CBR_r 应按式（8-13）计算得出：

$$CBR_r=\frac{3.6\times C_{zr}}{Q_{tr}\times q\times N} \tag{8-13}$$

式中 CBR_r——太阳能热利用系统的费效比，元/kWh；

C_{zr}——太阳能热利用系统的增量成本，元，增量成本依据项目单位提供的项目决算书进行核算，项目决算书中应对可再生能源的增量成本有明确的计算和说明；

Q_{tr}——太阳能热利用系统的常规能源替代量，kgce；

q——标准煤热值，MJ/kgce，取 $q=29.307$MJ/kgce；

N——系统寿命期，根据项目立项文件等资料确定，当无明确规定时，N 取 15 年。

9. 静态投资回收期

（1）太阳能热利用系统的年节约费用 C_{sr} 应按式（8-14）计算：

$$C_{sr}=P\times\frac{Q_{tr}\times q}{3.6}-M_r \tag{8-14}$$

式中 C_{sr}——太阳能热利用系统的年节约费用，元；

Q_{tr}——太阳能热利用系统的常规能源替代量，kgce；

q——标准煤热值，MJ/kgce，取 $q=29.307$MJ/kgce；

P——常规能源的价格，元/kWh，常规能源的价格 P 应根据项目立项文件所对比的常规能源类型进行比较；当无明确规定时，由测评单位和项目建设单位根据当地实际用能状况确定常规能源类型选取；

M_r——太阳能热利用系统每年运行维护增加的费用，元，由建设单位委托有关部门测算得出。

（2）太阳能热利用系统的静态投资回收年限 N_h 应按式（8-15）计算：

$$N_h=\frac{C_{zr}}{C_{sr}} \tag{8-15}$$

式中 N_h——太阳能热利用系统的静态投资回收年限，即系统的增量成本通过每年节约费用回收的时间，静态投资回收年限计算不考虑银行贷款利率、常规能源上涨率等影响因素；

C_{zr}——太阳能热利用系统的增量成本，元，增量成本依据项目单位提供的项目决算书进行核算，项目决算书中应对可再生能源的增量成本有明确的计算和说明；

C_{sr}——太阳能热利用系统的年节约费用，元。

10. 太阳能热利用系统的二氧化碳减排量

太阳能热利用系统的二氧化碳减排量 Q_{rco_2} 应按式（8-16）计算：

$$Q_{rco_2} = Q_{tr} \times V_{co_2} \quad (8\text{-}16)$$

式中：Q_{rco_2}——太阳能热利用系统的二氧化碳减排量，kg；

Q_{tr}——太阳能热利用系统的常规能源替代量，kgce；

V_{co_2}——标准煤的二氧化碳排放因子，kg/kgce，可取 $V_{co_2}=2.47$kg/kgce。

11. 太阳能热利用系统的二氧化硫减排量

太阳能热利用系统的二氧化硫减排量 Q_{rso_2} 应按式（8-17）计算：

$$Q_{rso_2} = Q_{tr} \times V_{so_2} \quad (8\text{-}17)$$

式中 Q_{rso_2}——太阳能热利用系统的二氧化硫减排量，kg；

Q_{tr}——太阳能热利用系统的常规能源替代量，kgce；

V_{so_2}——标准煤的二氧化硫排放因子，kg/kgce，可取 $V_{so_2}=0.02$kg/kgce。

12. 太阳能热利用系统的粉尘减排量

太阳能热利用系统的粉尘减排量 Q_{rfc} 应按式（8-18）计算：

$$Q_{rfc} = Q_{tr} \times V_{fc} \quad (8\text{-}18)$$

式中 Q_{rfc}——太阳能热利用系统的粉尘减排量，kg；

Q_{tr}——太阳能热利用系统的常规能源替代量，kgce；

V_{fc}——标准煤的粉尘排放因子，kg/kgce，可取 $V_{fc}=0.01$kg/kgce。

8.2.7 太阳能热利用的判定与分级

（1）太阳能热利用系统的单项评价指标应全部符合以下规定方可判定为性能合格；有1个单项评价指标不符合规定，则判定为性能不合格。

1）太阳能热利用系统的太阳能保证率应符合设计文件的规定，当设计无明确规定时，应符合表8-3的规定。

不同地区太阳能热利用系统的太阳能保证率 f（%）　　表8-3

太阳能资源区划	太阳能热水系统	太阳能采暖系统	太阳能空调系统
资源极富区	$f \geqslant 60$	$f \geqslant 50$	$f \geqslant 40$
资源丰富区	$f \geqslant 50$	$f \geqslant 40$	$f \geqslant 30$
资源较富区	$f \geqslant 40$	$f \geqslant 30$	$f \geqslant 20$
资源一般区	$f \geqslant 30$	$f \geqslant 20$	$f \geqslant 10$

2）太阳能热利用系统的集热系统效率应符合设计文件的规定，当设计文件无明确规定时，应符合表8-4的规定。

太阳能热利用系统的集热效率 η（%）　　表8-4

太阳能热水系统	太阳能采暖系统	太阳能空调系统
$\eta \geqslant 42$	$\eta \geqslant 35$	$\eta \geqslant 30$

3）太阳能集热系统的贮热水箱热损因数 U_{sl} 不应大于 30 W/(m³·K)。

4）太阳能供热水系统的供热水温度 t_r 应符合设计文件的规定，当设计文件无明确规定时 t_r 应大于或等于 45℃且小于或等于 60℃。

5）太阳能采暖或空调系统的室内温度 t_n 应符合设计文件的规定，当设计文件无明确规定时，应符合国家相关设计规范的规定。

6）太阳能空调系统的太阳能制冷性能系数应符合设计文件的规定。

7）太阳能热利用系统的常规能源替代量和费效比应符合项目立项可行性报告等相关文件的规定。

8）太阳能热利用系统的静态投资回收期应符合项目立项可行性报告等相关文件的规定。当无文件明确规定时，太阳能供热水系统的静态投资回收期不应大于 5 年，太阳能采暖系统的静态投资回收期不应大于 10 年。

9）太阳能热利用系统的二氧化碳减排量、二氧化硫减排量及粉尘减排量应符合项目立项可行性报告等相关文件的规定。

（2）太阳能热利用系统应采用太阳能保证率和集热系统效率进行性能分级评价。若系统太阳能保证率和集热系统效率的设计值不小于表 8-3、表 8-4 的规定，且太阳能热利用系统性能判定为合格后，可进行性能分级评价。

（3）太阳能热利用系统的太阳能保证率应分为 3 级，1 级最高。太阳能保证率应按表 8-5～表 8-7 的规定进行划分。表中太阳能资源区划应按年日照时数和水平面上年太阳辐照量进行划分，划分按本书表 1-3 的规定。

不同地区太阳能热水系统的太阳能保证率 f（%）级别划分　　表 8-5

太阳能资源区划	1 级	2 级	3 级
资源极富区	$f \geqslant 80$	$80 > f \geqslant 70$	$70 > f \geqslant 60$
资源丰富区	$f \geqslant 70$	$70 > f \geqslant 60$	$60 > f \geqslant 50$
资源较富区	$f \geqslant 60$	$60 > f \geqslant 50$	$50 > f \geqslant 40$
资源一般区	$f \geqslant 50$	$50 > f \geqslant 40$	$40 > f \geqslant 30$

不同地区太阳能采暖系统的太阳能保证率 f（%）级别划分　　表 8-6

太阳能资源区划	1 级	2 级	3 级
资源极富区	$f \geqslant 70$	$70 > f \geqslant 60$	$60 > f \geqslant 50$
资源丰富区	$f \geqslant 60$	$60 > f \geqslant 50$	$50 > f \geqslant 40$
资源较富区	$f \geqslant 50$	$50 > f \geqslant 40$	$40 > f \geqslant 30$
资源一般区	$f \geqslant 40$	$40 > f \geqslant 30$	$30 > f \geqslant 20$

不同地区太阳能空调系统的太阳能保证率 f（%）级别划分　　表 8-7

太阳能资源区划	1 级	2 级	3 级
资源极富区	$f \geqslant 60$	$60 > f \geqslant 50$	$50 > f \geqslant 40$
资源丰富区	$f \geqslant 50$	$50 > f \geqslant 40$	$40 > f \geqslant 30$
资源较富区	$f \geqslant 40$	$40 > f \geqslant 30$	$30 > f \geqslant 20$
资源一般区	$f \geqslant 30$	$30 > f \geqslant 20$	$20 > f \geqslant 10$

（4）太阳能热利用系统的集热系统效率应分为 3 级，1 级最高。太阳能集热系统效率

的级别应按表 8-8 划分。

太阳能热利用系统的集热效率 η（%）的级别划分　　表 8-8

级别	太阳能热水系统	太阳能采暖系统	太阳能空调系统
1 级	$\eta \geq 65$	$\eta \geq 60$	$\eta \geq 55$
2 级	$65 > \eta \geq 50$	$60 > \eta \geq 45$	$55 > \eta \geq 40$
3 级	$50 > \eta \geq 42$	$45 > \eta \geq 35$	$40 > \eta \geq 30$

（5）太阳能热利用系统的性能分级评价应符合下列规定：

1）太阳能保证率和集热系统效率级别相同时，性能级别应与此级别相同；

2）太阳能保证率和集热系统效率级别不同时，性能级别应与其中较低级别相同。

8.3　系统性能长期监测

8.3.1　数据监测系统组成

太阳能热利用系统数据监测系统由计量监测设备、数据采集装置和数据中心软件等组成。计量监测设备包括室外温度传感器、总辐射表、集热系统进出口温度传感器、集热系统循环流量传感器、电度表等。

8.3.2　监测设备性能要求

1. 基本原则

（1）计量设备和数据采集装置应满足相关产品标准的技术要求。

（2）计量设备和数据采集装置应有出厂合格证等质量证明文件。

2. 计量设备和数据采集装置性能参数

数据监测系统建设所采用的计量设备的要求同本书第 8.2.4 节，但其可靠性和耐久性应是选择监测设备应着重考虑的因素。数据采集装置的性能参数应符合表 8-9 的规定。

数据采集装置性能参数要求　　表 8-9

参数	指 标 要 求
采集接口	能够采集模拟和数字信号
支持计量设备数量	不少于 16 台
采集周期	根据数据中心命令或主动定时采集，定时周期从 5min 到 1h 可配置，默认 5min
数据处理方式	协议解析、转换和数据处理
存储容量	不少于 128MB
远传接口	至少 1 个有线或无线接口
远传周期	定时周期从 5min 到 12h 可配置，默认 30min
支持数据服务器数量	至少 3 个
配置/维护接口	具有本地和远程配置/维护接口，支持接收来自数据中心的查询、校时等命令。具备自动恢复功能，在无人值守情况下可以从故障中恢复正常工作状态
平均无故障时间(MTBF)	应不小于 3 万 h
网络功能	接收命令、数据上传、数据加密、断点续传、天 NS 解析，支持 TCP/IP 协议
功率	宜使用低功耗嵌入式系统
电磁兼容性	应符合国家和行业的相关电磁兼容性标准要求

8.3.3 监测系统设计

1. 室外温度

在太阳能集热器阵列附近安放1个室外温度传感器，当有多个集热器阵列时，选择1个典型阵列安放室外温度传感器。

2. 太阳辐射

平行于太阳能集热器表面安装1个总辐射表，如果集热器安装倾角之差大于10°，则每个集热器阵列平面分别安装总辐射表。

3. 集热系统进出口温度

在集热系统的进出口上各安装1个温度传感器。

4. 集热系统循环流量

在集热系统的进口处安装1个流量传感器。

5. 太阳能空调机组

在机组配电输入端布置电能表，在太阳能空调机组的热水侧、冷水侧及冷却侧分别安装流量传感器和温度传感器，流量传感器安装在温度较低的管道上，温度传感器分别安装在供回水管道上，也可以采用带数据输出的热量表测量。

6. 常规热源

当系统采用电热锅炉、电加热器、空气源热泵机组等作为辅助热源时，在系统辅助热源的配电输入端布置电能表，电能表的数量根据系统辅助热源的配电系统情况确定，采用燃气锅炉、集中热网等其他形式的常规热源供热热量测量采用流量传感器和温度传感器匹配的方法进行，流量传感器安装在常规热源的回水管道上，温度传感器分别安装供回水管道上。

7. 常规冷源

在机组的配电输入端布置电能表，常规冷源供冷量采用流量传感器和温度传感器匹配的方法进行，流量传感器安装在常规热源的回水管道上，温度传感器分别安装供回水管道上。

8. 数据采集装置

原则上每个系统采用一套数据采集装置，当项目的计量监测设备分散设置时，需根据实际情况设计数据采集装置。数据采集装置应可以采集包括温度、辐射、流量和功率等信号。

8.3.4 监测设备安装

1. 环境温度计量设备安装要求

环境温度传感器应采用防辐射罩或者通风百叶箱，距离太阳能集热器1.5～10m。

2. 温度传感器安装要求

(1) 温度传感器应与被测介质形成逆流，安装时温度传感器应迎着被测介质的流向插入，至少应与被测介质成正交。

(2) 温度传感器的感应部分应处于管道中流（风）速最大的地方，温度传感器的保护管的末端应超过管道中心线约5～10mm。

（3）温度传感器应有足够的插入深度，一般应将温度传感器斜插或沿管道轴线安装。

（4）管道直径小于 DN25mm 时，安装温度传感器时要接扩大管，扩大管的直径要大于 80mm。

3. 太阳总辐射传感器安装要求

（1）太阳总辐射传感器应牢固地安装在专用的台柱上，要保证台柱受到严重冲击振动时传感器的状态不改变。

（2）安装时，先把太阳总辐射传感器的白色挡板卸下，再将太阳总辐射传感器安装在台柱上。用 3 个螺钉将仪器固定在台柱上。然后利用传感器上所附的水准器，调整底座上 3 个螺钉，使太阳总辐射传感器的感应面处于与太阳能集热器平行状态，偏差不得超过±2°，最后将白色挡板装上。

（3）太阳能总辐射传感器安装后，用导线与接线柱、数据采集装置连接（接线时要注意正负极），有的接线柱有三根引出线，其中一根连接电缆的屏蔽层，起到防干扰和防感应雷击的作用。

4. 功率传感器安装要求

（1）功率传感器应安装在被测设备或者系统的配电输入端。

（2）互感器：同一组的电流互感器应采用制造厂家、型号、额定电流变比、准确度等级、二次容量均相同的互感器。电流互感器进线端的极性符号应一致，电流互感器的二次回路应安装接线端子，变压器低压出线回路宜安装接线盒。

（3）电能表：在原配电柜（箱）中加装时，电能表下端应加有回路名称的标签，2 只三相电能表相距的最小距离应大于 80mm，单相电能表相距的最小距离应为 30mm，电能表与屏边最小距离应大于 40mm。单独配置的表箱在室内安装时宜安装在 0.8～1.8m 的高度（安全距离内可清楚观察电量参数）。电能表安装必须垂直牢固，表中心线向各方向的倾斜不大于 1°。

5. 流量传感器安装要求

（1）安装方向：根据采用的流量传感器的类型不同，可以水平、垂直或倾斜安装，测量应保证管路中总是充满液体。

（2）直管段长度，上游不少于 10 倍管径，下游不少于 5 倍管径，直管段内部要求光滑，流量计量设备的流向应与管内流体的流动方向一致。

6. 数据采集装置安装要求

（1）数据采集装置施工安装应符合《自动化仪表工程施工及验收规范》GB 50093 中的规定。

（2）信号线导体采用屏蔽线；尽量避免与强信号电缆平行走线，必要时使用钢管屏蔽。

（3）信号的标识应保持清楚。

（4）一个模块的多路模拟量输入信号之间的压差不得大于 24V。

8.3.5 监测系统的调试

1. 设备校对

（1）设备校对应遵循以下基本原则：

1）计量设备和数据采集装置应提供出厂合格证等技术文件。

2）计量设备和数据采集装置的证明文件应归档。

3）计量设备的校核时间为每年校核一次。

4）计量设备的校核需由具备资质的单位进行。

（2）温度传感器的校对应遵循以下原则：

采用标准温度计量设备（一级水银温度计或干式计量炉）对温度传感器进行现场校核，取5个典型温度点进行校核，两者平均值偏差应不大于10%。

（3）太阳总辐射传感器的校验和比对应遵循以下原则：

采用经过校准或比对的太阳总辐射传感器，安装在现场太阳总辐射传感器附近，进行现场比对，每5min取一个数据，共校核10个数据，两者平均值偏差应不大于10%。

（4）功率传感器的校验和比对应遵循以下原则：

1）功率传感器安装后应采用检定有效的三相功率仪，对各功率传感器所在支路进行测量校核，校核时间≥1h，两者误差应在5%内。

2）电能表安装后应采用检定有效的便携式电能表现场校验仪，对各电能表进行现场校验，校核时间≥1h，两者误差应在5%内。

（5）流量传感器的校验和比对应遵循以下原则：

流量传感器安装后应采用检定有效的超声波流量计，对各流量传感器所在管路进行测量校核，校核时间≥1h，两者误差应在10%内。

（6）数据采集装置的校验和比对应遵循以下原则：

数据采集装置安装后应采用检定有效的多功能产品校准仪，对数据采集装置的各通道进行校核，校核时间≥1h，误差应在5%内。

2. 监测系统的调试

（1）数据计量设备采集的数据应正确。

（2）数据采集装置接收数据应正常，数据打包后应能正常发送。

8.3.6 监测数据采集

1. 数据采集方式

（1）采集数据内容包括太阳辐照度，室外温度，集热系统进、出口温度及流量、辅助热源耗能量。

（2）数据采集方式为自动采集，由自动计量装置实时采集监测数据，通过自动传输的方式实时传输至数据中心。

2. 采集频率

太阳辐照量应为1次/min，其他数据采集频率建议为1次/min。

8.3.7 数据传输

根据监测系统形式和采集装置的情况，可以采用以下几种数据传输方式：

1. FTP传输

FTP是File Transfer Protocol（文件传输协议）的英文简称，中文简称为“文传协议”，主要用于Internet上控制文件的双向传输。FTP本身也是一个应用程序，用户可以通过它把自己的 PC 机与世界各地所有运行 FTP 协议的服务器相连，访问服务器上的大量程序和信息。FTP 的主要作用就是让用户连接上一个远程计算机（这些计算机上运行着 FTP 服务器程序）查看远程计算机有哪些文件，然后把文件从远程计算机上拷到本地计算机，或把本地计算机的文件送到远程计算机去。

2. EMAIL 传输

电子邮又称电子信箱、电子邮政，它是一种用电子手段提供信息交换的通信方式。是 Internet 应用最广的服务：通过网络的电子邮件系统，用户可以用非常低廉的价格（不管发送到哪里，都只需负担电话费和网费即可），以非常快速的方式（几秒钟之内可以发送到世界上任何你指定的目的地），与世界上任何一个角落的网络用户联系，这些电子邮件可以是文字、图像、声音等各种方式。同时，用户可以得到大量免费的新闻、专题邮件，并实现轻松的信息搜索。

3. 基于 GPRS 技术的数据远程传输

基于 GPRS 技术的数据远程传输系统主要由传输终端、GPRS 通信网络和数据服务中心三部分组成。传输终端采用智能电表驱动 GPRS 模块（天 TU）经过 GPRS 网络连接到 Internet 实现数据传输的目的，由于中国移动 GPRS 网络用户可以选择 CMNET（China Mobile Internet）和 APN（Access Point Name）两个网络接入，从经济角度考虑，可以采用天 TU 终端选择 CMNET 的接入方式。

具体方法是：传输终端通过 RS-232 串口将数据从智能电表中读入，然后经由天 TU 加入控制信息，做透明数据协议处理后打包，通过 GPRS 网络将数据最终传送到数据服务中心，与数据中心进行数据交互；或者将 GPRS 网络中的数据读入天 TU，处理后通过 RS232 串口给智能返回结果。其中，天 TU 对用户设备读取的数据提供透明传输通道。系统结构图如图 8-1 所示。

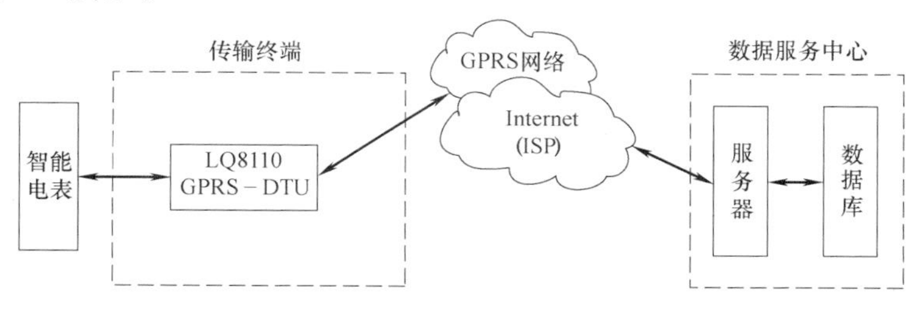

图 8-1　系统结构图

传输终端通过 RS232 串口从智能电表中接收数据，然后进行分析、处理，将数据打成 IP 包，通过 GPRS 模块接入 GPRS 网络，再通过各种网关和路由将数据发送到数据服务中心。GPRS 网络用 GGSN（Gateway GPRS Support No 天 e，GPRS 网关支持节点）接入 Internet。GGSN 提供了 GPRS 网络和 Internet 直接的无缝连接，所以远程传输终端和数据服务中心的数据传输是透明的。

通信网络包括有线 Internet 和 GPRS 通信网络，因而具有永久在线、通信灵活的特点。根据通信模式的不同，既可实现通话，也可实现数据传输及通话和数据传输同时兼容。

数据中心是整个数据传输系统的通信核心，主要功能是接收和处理天 TU 发送来的数据，并对终端进行结果反馈。实现数据的双向传输。包括服务器端的数据网络传输和数据库的管理等。

在实现数据服务中心和天 TU 的通信时，数据服务中心采用 TCP/IP 协议和一台接入 Internet 的 PC 机来进行数据的接收、处理及对终端的管理。天 TU 一开机就自动附着到 GPRS 网络上，并与数据服务中心建立通信链路，随时收发用户数据设备的数据。

8.3.8 数据评价

根据第 8.2.6 节的规定进行数据评价。

第9章 太阳能供热采暖空调设计软件

9.1 总则

随着太阳能热利用系统在国内的大规模推广，为了对系统进行更合理的优化设计，相应的辅助设计工具计算机软件就显得愈发重要了。太阳能热利用系统的设计需要考虑当地的地理位置、气象条件、产品性能、蓄热容量、经济效益等方面的内容，利用优化设计软件来进行辅助设计能够充分考虑各方面的因素，得到最优化的系统设计，保障系统的运行水平，提高系统的经济效益。过去市场上应用的太阳能热利用系统优化设计软件主要由国外引进，国内近年来由中国建筑科学研究院（CABR）开发了具有自主知识产权的优化设计软件。

9.1.1 国外主要应用软件

国外目前比较成熟的系统运行性能模拟计算软件主要有TRNSYS，POLYSUN，RETScreen，Energy Plus等。

TRNSYS软件最早是由美国Wisconsin-Madison大学Solar Energy实验室（SEL）开发的，并在欧洲一些研究所的共同努力下逐步完善。TRNSYS软件是模块化的动态仿真软件，所谓模块化，即认为所有系统均由若干个小系统（即模块）组成，一个模块实现某一种特定的功能。因此，在对系统进行模拟分析时，只要调用实现这些特定功能的模块，给定输入条件，就可以对系统进行模拟分析。某些模块在对其他系统进行模拟分析时同样用到，此时，无需再单独编制程序来实现这些功能，只要调用这些模块，给予其特定的输入条件就可以了。

POLYSUN太阳能系统模拟计算软件是由瑞士太阳能研究所（SPF）下属Vela Solaris AG公司专门为太阳能系统设计、安装而开发的一款软件，其包含太阳能光热系统、光伏系统、热泵以及太阳能空调系统4个模块，非常适合太阳能企业、设计单位以及科研院校作为设计和研究使用。

RETScreen软件是由加拿大自然资源部开发的一套免费开放软件，基于静态的计算方法，通过输入太阳能系统的规模，能够计算出系统的节能量，进行经济效益分析等。

Energy Plus软件主要用于建筑能耗模拟分析，适用于被动式太阳房应用技术的模拟计算分析。

9.1.2 CABR太阳能供热采暖空调设计软件

国内的相关软件主要为中国建筑科学研究院自主研发的“太阳能供热采暖空调系统优化设计软件”，是“十一五”国家科技支撑计划课题——“太阳能在建筑中规模化应用的关键技术研究”的研究内容之一，由中国建筑科学研究院建筑环境与节能研究院开发研制。该软件采用的是静态的算法模型，与国外软件最大的不同是，该软件针对太阳能系统的设计，通过输入系统要求的参数，能够实现太阳能热水系统、太阳能供热采暖系统、太阳能空调系统等的设计计算。

软件依据《民用建筑太阳能热水系统应用技术规范》GB 50364—2005、《太阳供热采暖工程技术规范》GB 50495—2009、《民用建筑太阳能空调工程技术规范》GB 50787—2012 等相关国家标准，既能够实现太阳能供热采暖空调系统的设计计算，也可对结果进行评估分析，达到优化设计的目的。

利用该优化设计软件，建筑设计院的建筑设备专业人员可以方便地进行太阳能热水系统、太阳能供热采暖系统等的设计，掌握太阳能热利用系统设计的流程，了解太阳能热利用产品的特点，并且可以根据用户的需求进行系统优化设计。

9.2 CABR 软件操作流程

软件的操作流程图如图 9-1 所示。

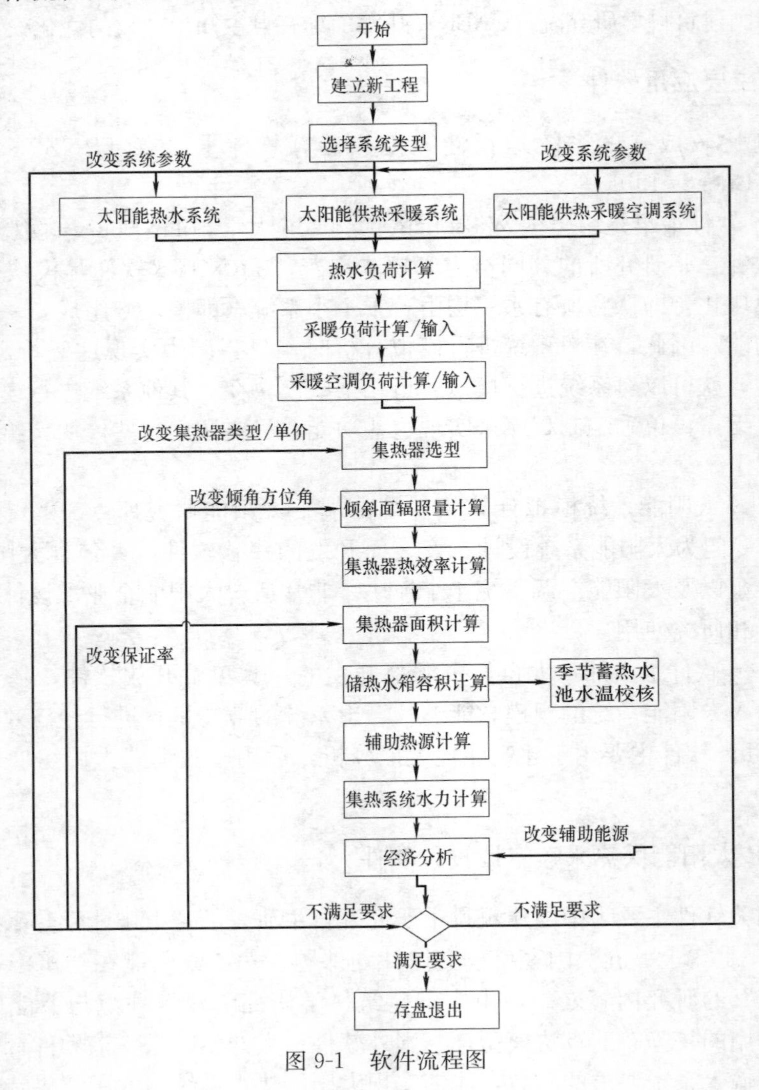

图 9-1　软件流程图

9.3 CABR 软件数据库

9.3.1 气象参数数据库

“太阳能供热采暖空调系统优化设计软件”的气象参数数据库中共保存了我国 73 个典型城市的气象数据，包括逐时和水平面太阳直射月平均日辐照量、水平面太阳散射月平均日辐照量、月平均日的日照小时数、月平均环境温度等参数。气象参数数据库采用开放式结构，可以根据需要进行扩充。

9.3.2 产品性能数据库

该软件的产品数据库主要包括太阳能热水器和太阳能集热器两大类产品，产品的生产企业、规格型号、效率曲线、日有用得热量等参数都在数据库中得以体现，并且每个产品对应有国家太阳能热水器质量监督检验中心（北京）的检测报告。数据库中的产品通过软件调入，其性能参数直接参与优化设计计算。图 9-2 是软件中集热器产品数据库的界面。

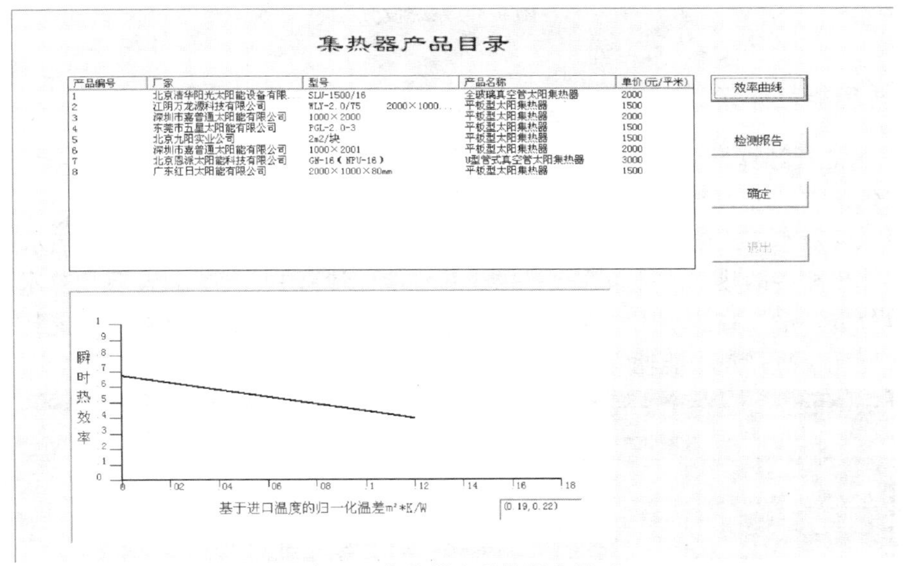

图 9-2 集热器产品数据库界面

9.4 CABR 软件功能

9.4.1 包含完备的系统类型

软件包含太阳能热水系统、太阳能供热采暖系统、太阳能供热采暖空调系统三种主要的太阳能建筑热利用系统类型，其中太阳能热水系统包含直接式和间接式不同的系统形式，太阳能供热采暖系统包含短期蓄热采暖系统和季节蓄热采暖系统形式。如图 9-3 所示，不同的系统形式中，用户可以根据需要更改热水设计温度、冷水设计温度、采暖工况供水温度等基本参数，热水供应方式可以选择全日供应热水或定时供应热水两种不同的形式。

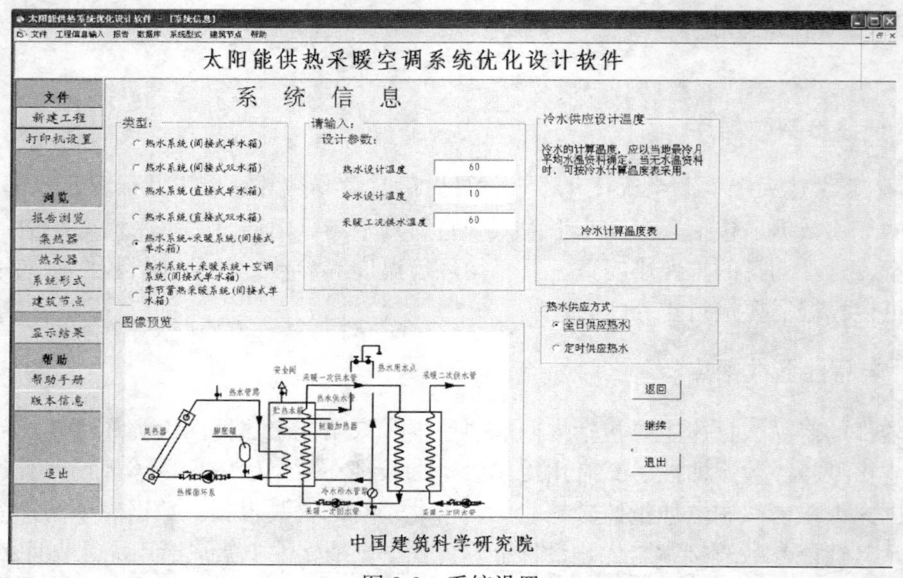

图 9-3　系统设置

9.4.2　进行能耗计算

1. 热水能耗计算

热水供应方式分为全日供应热水和定时供应热水。

全日供应热水方式的能耗计算示意见图 9-4。根据相关标准规范，给定热水用水单位数就可以算出相应的热水能耗。在全日供应热水能耗计算中，输入最高日用热水定额、热水用水单位数、最高日热水用水定额的下限值等参数可以计算出日最高热水能耗、设计日平均热水能耗、每月热水能耗等。

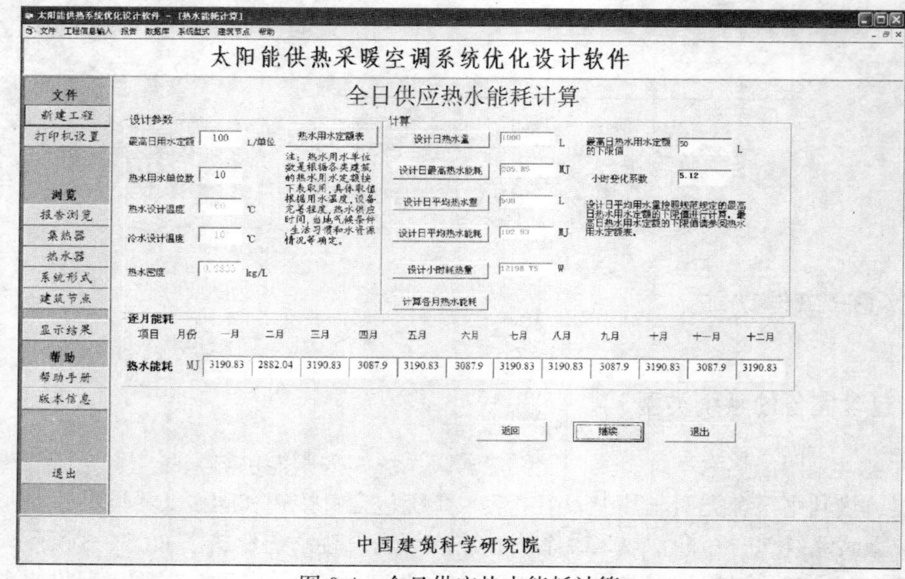

图 9-4　全日供应热水能耗计算

定时供应热水能耗计算与需要用热水的器具数量和同时使用百分数来决定，通过输入包括浴盆、淋浴器、洗脸盆等在内的卫生器具的数量和同时使用百分数，软件可以计算出设计日热水能耗、设计日平均热水能耗、各月总能耗等参数，见图 9-5。

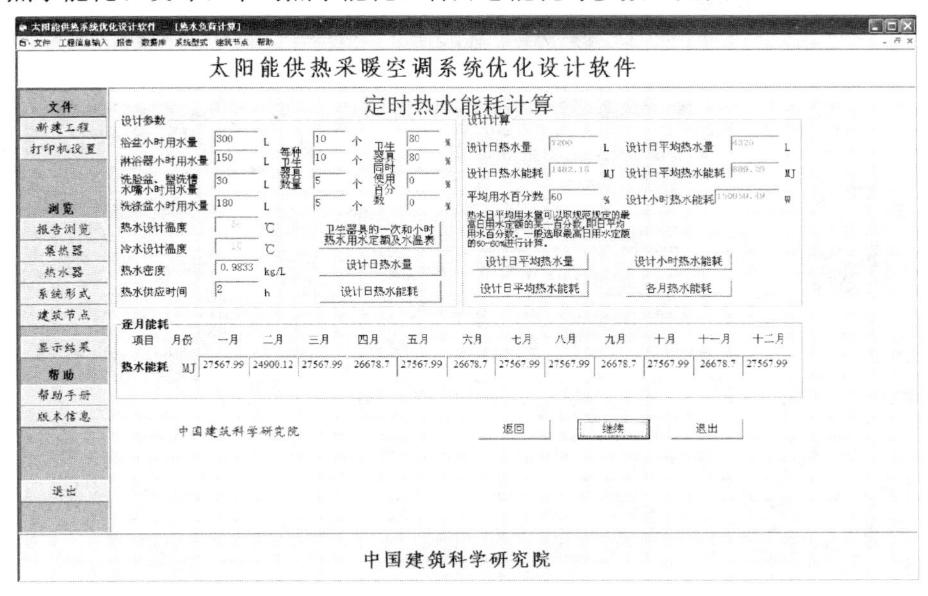

图 9-5 定时热水能耗计算

2. 采暖及空调负荷计算/输入

系统类型为太阳能供热采暖空调系统时，软件可以进行采暖空调负荷的估算或直接输入相应负荷，见图 9-6。采暖耗热量和空调冷负荷可以通过简易计算得到，也可以直接读入其他软件计算的逐时能耗。

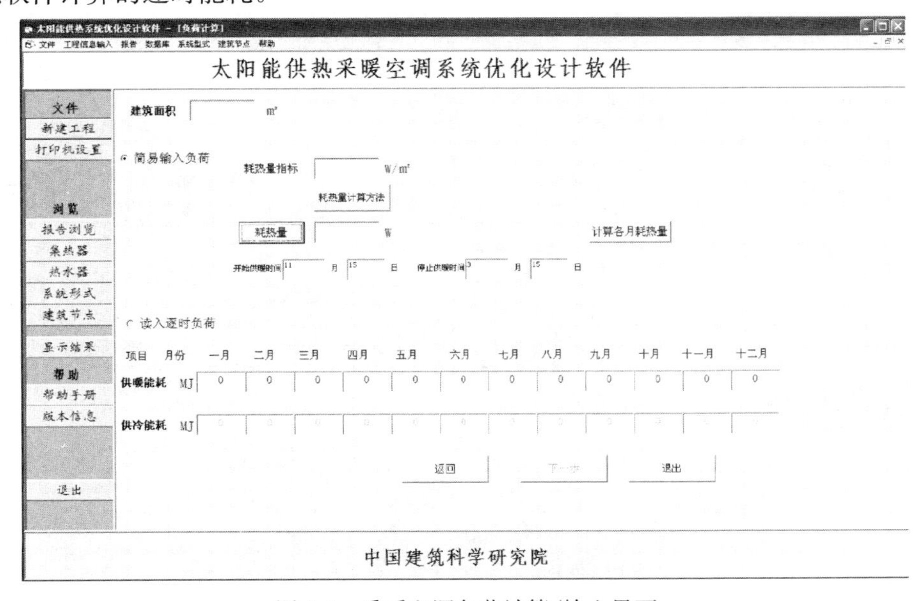

图 9-6 采暖空调负荷计算/输入界面

(1) 简易计算

根据《太阳能供热采暖工程技术规范》，太阳能保证率是指太阳能系统替代采暖耗热量的比例。现有的居住建筑节能设计标准中均有耗热量指标值，通过查阅标准，或者计算得到建筑物的耗热量指标值，输入耗热量指标值，结合建筑面积和采暖季起止时间的输入，可进行简单的耗热量计算，得到逐月的供暖能耗，如图 9-7 所示。

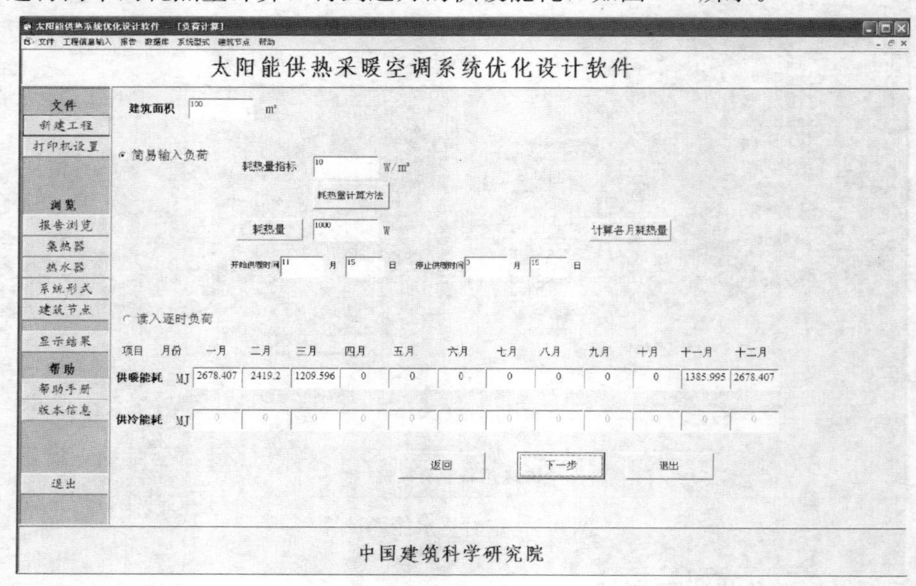

图 9-7 耗热量简易计算

计算空调冷负荷时，在软件冷负荷框内输入项目冷负荷数据，软件可以计算逐月的冷负荷数据，如图 9-8 所示。

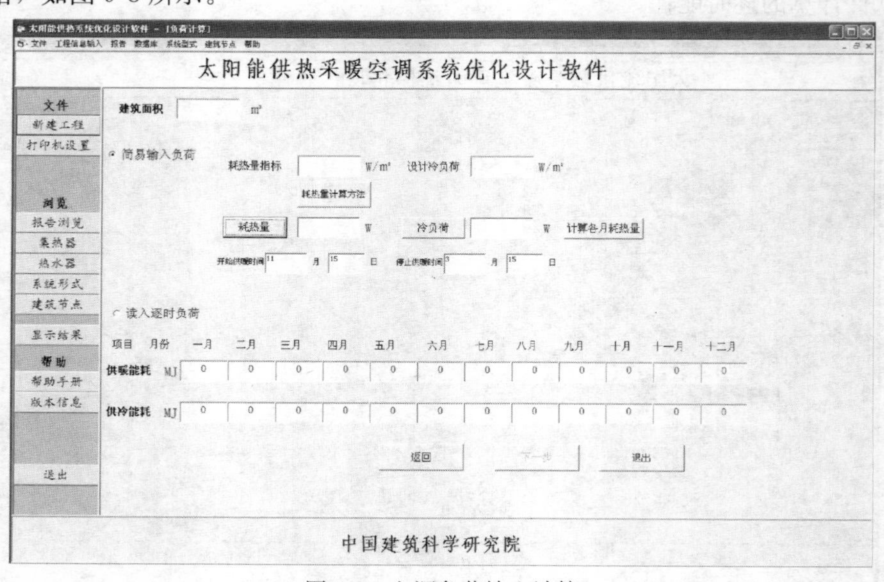

图 9-8 空调负荷输入计算

(2) 直接输入

该软件可以直接输入或者读入建筑能耗分析软件计算得到的全年逐时采暖空调能耗，自动计算得到各月能耗数值，在设计计算中根据需求调用逐时数据或总能耗。软件可以读取EXCEL格式的逐时能耗数据。见图9-9和图9-10，读入逐时能耗时时，点击即弹出文件对话框，选择“xls”格式的负荷文件，即可完成逐时负荷的读入并直接计算各月总能耗。负荷文件必须严格按图9-10所示格式进行读取，负荷为全年逐时负荷，从第二行第二列开始计数。

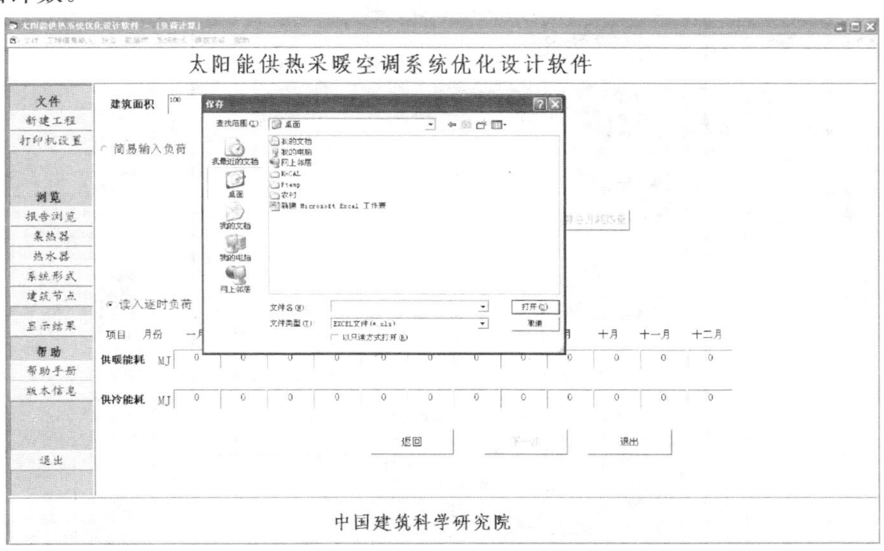

图9-9　读入逐时能耗界面

	A	B
1	小时	负荷
2	1	-37.3266
3	2	-33.8688
4	3	-37.6425
5	4	-40.8957
6	5	-43.8936
7	6	-2.87939
8	7	0
9	8	-4.58953
10	9	-6.21702
11	10	-2.73193
12	11	-3.02643
13	12	-3.68288
14	13	-0.23715
15	14	-3.94091
16	15	-3.07441
17	16	-6.31185
18	17	-12.2089
19	18	-16.7271
20	19	-20.0248
21	20	-66.7743
22	21	-75.5113
23	22	-76.0614
24	23	-77.2343
25	24	-78.7082
26	25	-80.3062
27	26	-82.0523
28	27	-83.8364
29	28	-85.7069
30	29	-87.5799
31	30	-45.8249
32	31	-41.9709
33	32	-46.2481
34	33	-49.2296
35	34	-47.6645
36	35	-36.5556
37	36	-35.3135

图9-10　逐时能耗文件格式示意图

9.4.3 直接调入或输入不同集热器/热水器的性能参数

1. 直接调入

软件拥有集热器和热水器产品数据库，可以直接调入产品信息，进行设计计算，见图 9-11。

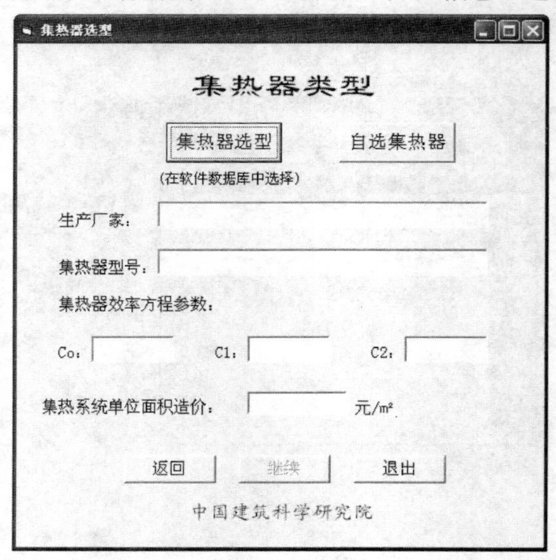

图 9-11　产品信息输入界面

点击自“选集热器”，手动输入不在集热器数据库中的集热器各参数，点击“返回”按钮返回到“热水能耗计算”界面。点击“退出”，退回到主程序。点击“继续”，进入“倾斜面辐照量计算”界面。点击“集热器选型”进入集热器数据库，如图 9-12 所示界面，集热器数据库中包括集热器生产厂家、集热器型号、集热器单价、集热器效率曲线和集热器检测报告等信息。

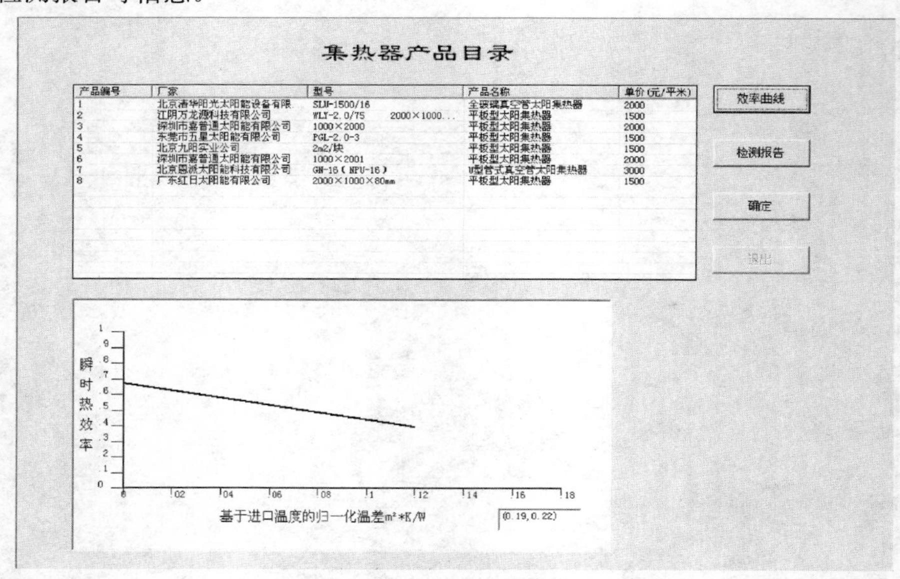

产品编号	厂家	型号	产品名称	单价(元/平米)
1	北京清华阳光太阳能设备有限	SLU-1500/16	全玻璃真空管太阳集热器	2000
2	江阴万龙源科技有限公司	WLY-2.0/75　2000×1000...	平板型太阳集热器	1500
3	深圳市嘉普通太阳能有限公司	1000×2000	平板型太阳集热器	2000
4	东莞市五星太阳能有限公司	PGL-2.0-3	平板型太阳集热器	1500
5	北京九阳实业公司	2m2/块	平板型太阳集热器	1500
6	深圳市嘉普通太阳能有限公司	1000×2001	平板型太阳集热器	2000
7	北京恩派太阳能科技有限公司	GN-16（NPU-16）	U型管式真空管太阳集热器	3000
8	广东红日太阳能有限公司	2000×1000×80mm	平板型太阳集热器	1500

图 9-12　产品信息显示界面

选择一个集热器产品，单击“效率曲线”，显示该集热器产品基于进口温度的归一化温差和瞬时效率的曲线图。

单击“效率曲线”，弹出报告图框，如图 9-13 所示。

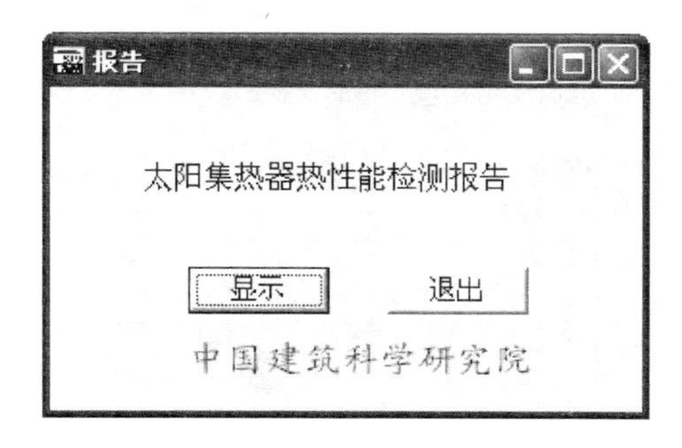

图 9-13　产品检测报告显示界面

单击“显示”，弹出该产品的太阳能集热器热性能检测报告，如图 9-14 所示。

图 9-14　产品检测报告

选择一个集热器产品，点击确定，集热器相关信息调入程序。程序显示信息包括生产厂家、集热器型号和集热器效率方程的参数，如图 9-15 所示。

2. 手动输入

如果产品数据库中没有项目设计计算所需的集热器，可以通过手动输入的方式输入产品的性能参数。包括生产厂家、集热器型号、集热器效率方程参数、单位面积造价在内的所有参数均可以手动输入。

9.4.4　进行不同倾斜面的太阳辐照量计算

程序根据建立项目时输入的项目地点，从气象数据库调入相应气象数据，该界面显示了月平均日直射和散射辐照量。当侧重于夏季使用太阳能时，集热器默认倾角为当地纬度

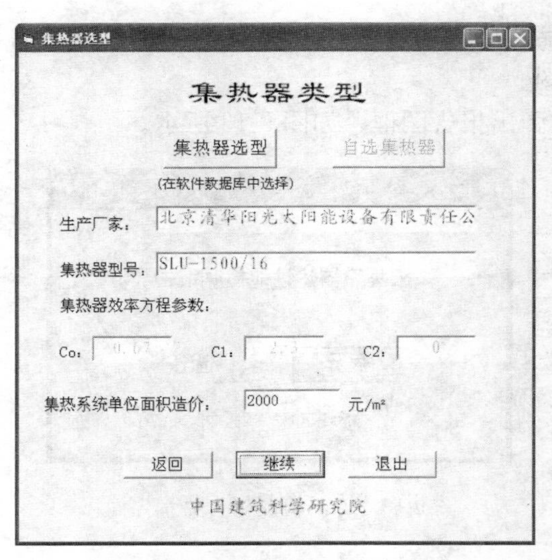

图 9-15　调入产品信息后的软件界面

取整减 5°；当侧重于冬季使用太阳能时，集热器默认倾角为当地纬度取整加 5°；若全年使用太阳能，集热器默认倾角为当地纬度取整。如当只有热水能耗时，北京的纬度为 39.93°，集热器默认倾角为 40°，方位角默认值为 0°。进入本界面后，即调用气象数据库中水平面各月平均日直射和散射辐照量，并在此基础上计算倾斜面辐照量。水平面辐照量显示如图 9-16 所示。

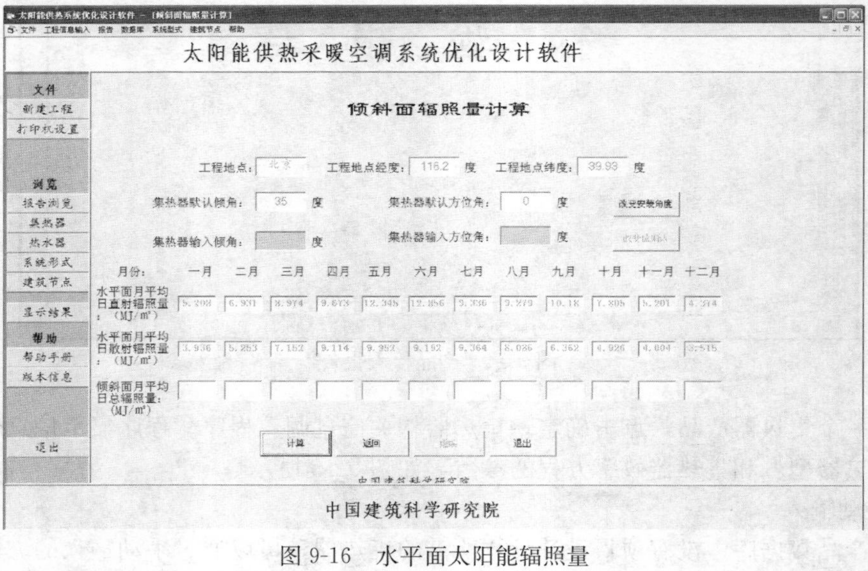

图 9-16　水平面太阳能辐照量

软件可以修改集热器倾角和方位角，根据项目的设计需要输入集热器的倾角和方位角，进行设定倾角的辐照量计算如图 9-17 所示。

9.4.5　计算集热器平均效率

软件可根据建立项目时输入的项目地点从气象数据库调入相应气象数据，图 9-18 所

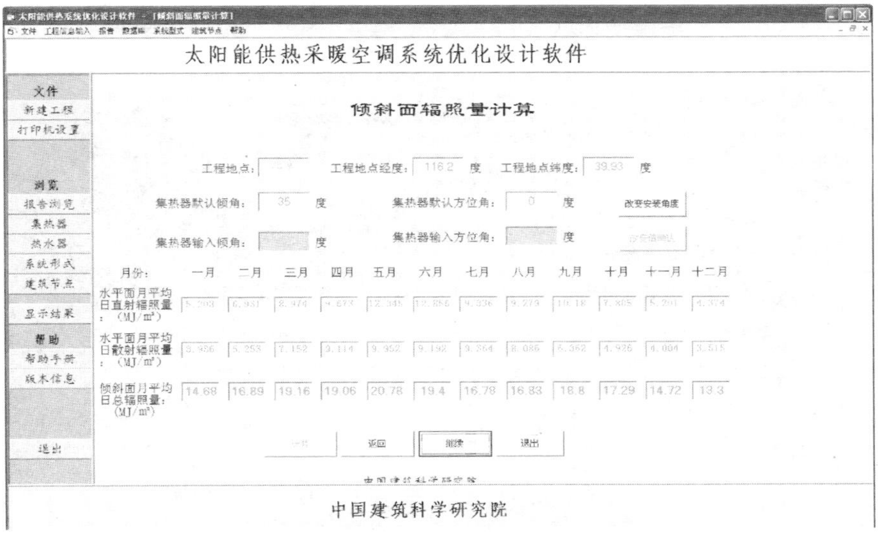

图 9-17　倾斜面太阳辐照量

示界面第一行为倾斜面月平均日辐照量，第二行为月平均日环境温度，第三行为月平均每日的日照小时数。

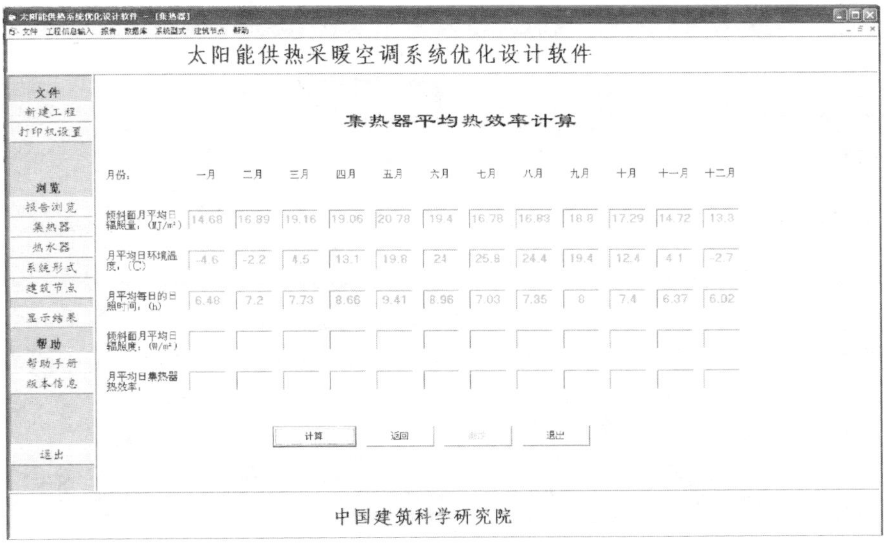

图 9-18　气象数据调入

点击图 9-18 中的“计算”，得到倾斜面月平均日辐照度和月平均日集热器热效率，如图 9-19 所示。

9.4.6　设计计算集热器面积

1. 直接系统太阳能集热器面积计算

对太阳能热水系统和供热采暖系统，输入太阳能保证率、系统管路及设备热损失率，依据软件之前设定的集热器参数、不同倾角福照量、平均效率等数据，可以计算出直接系

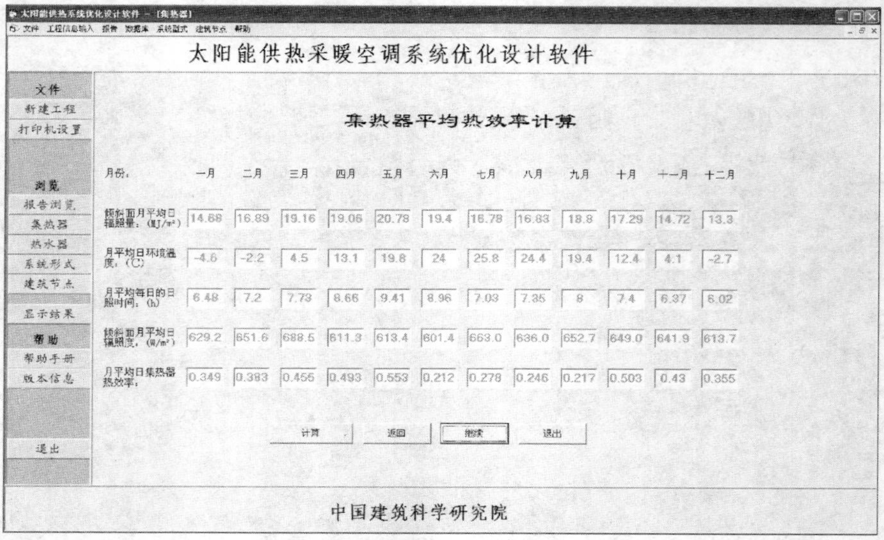

太阳能供热采暖空调系统优化设计软件

集热器平均热效率计算

月份：	一月	二月	三月	四月	五月	六月	七月	八月	九月	十月	十一月	十二月
倾斜面月平均日辐照量：(MJ/m²)	14.68	16.89	19.16	19.06	20.78	19.4	16.78	16.63	18.8	17.29	14.72	13.3
月平均日环境温度：(℃)	-4.6	-2.2	4.5	13.1	19.8	24	25.8	24.4	19.4	12.4	4.1	-2.7
月平均每日的日照时间：(h)	6.48	7.2	7.73	8.66	9.41	8.96	7.03	7.35	8	7.4	6.37	6.02
倾斜面月平均日辐照度：(W/m²)	629.2	651.6	688.5	611.3	613.4	601.4	663.0	636.0	652.7	649.0	641.9	613.7
月平均日集热器热效率：	0.349	0.393	0.455	0.493	0.553	0.212	0.278	0.246	0.217	0.503	0.43	0.355

计算 返回 继续 退出

中国建筑科学研究院

图 9-19 集热器月平均效率计算

统集热器面积，如图 9-20 所示

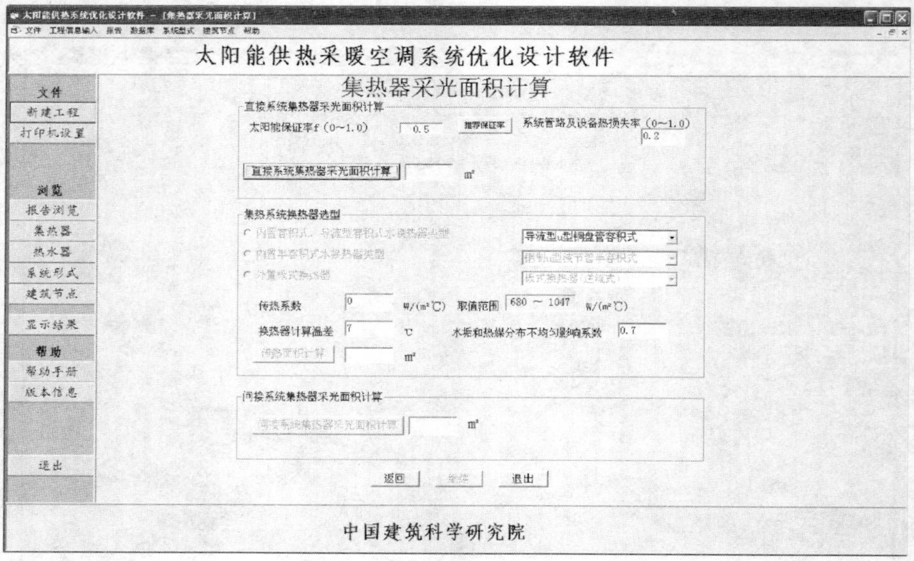

太阳能供热采暖空调系统优化设计软件

集热器采光面积计算

直接系统集热器采光面积计算

太阳能保证率f (0~1.0) 0.5 推荐保证率 系统管路及设备热损失率 (0~1.0) 0.2

直接系统集热器采光面积计算 m²

集热系统换热器选型

传热系数 0 W/(m²℃) 取值范围 680 ~ 1047 W/(m²℃)

换热器计算温差 7 ℃ 水垢和热媒分布不均匀影响系数 0.7

间接系统集热器采光面积计算

返回 继续 退出

中国建筑科学研究院

图 9-20 太阳能供热系统集热器面积计算

对于太阳能空调系统，计算方法有所不同，增加了制冷机组 COP 的输入项，结合前面输入的气象参数、空调负荷等设计数据，可以计算出设定保证率下所需的集热器面积，如图 9-21 所示。

2. 间接系统集热器面积计算

计算间接系统集热器面积时，首先需要进行换热器的计算，确定间接系统换热器类型，选择换热器类型。换热器类型包括内置容积式、导流型容积式水换热器，内置半容积式水换热器，外置板式换热器。可根据不同换热器类型的传热系数范围，输入传热系数（传热系数有数值范围显示），输入计算温差及间接系统换热器水垢和热媒分布不均匀影响

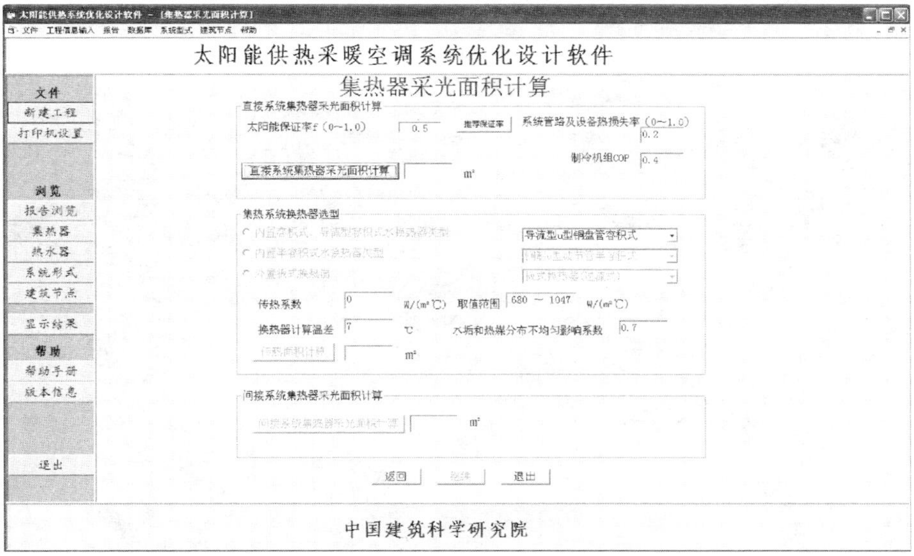

太阳能供热系统优化设计软件 － [集热器采光面积计算]
文件　工程信息输入　报告　数据库　系统型式　建筑节点　帮助
太阳能供热采暖空调系统优化设计软件
集热器采光面积计算
文件
新建工程
打印机设置
浏览
报告浏览
集热器
热水器
系统形式
建筑节点
显示结果
帮助
帮助手册
版本信息
退出
直接系统集热器采光面积计算
太阳能保证率f（0~1.0）　0.5　推荐保证率　系统管路及设备热损失率（0~1.0）　0.2
制冷机组COP　0.4
直接系统集热器采光面积计算　m²
集热系统换热器选型
导流型u型铜盘管容积式
传热系数　0　W/(m²℃)　取值范围　680 ~ 1047　W/(m²℃)
换热器计算温差　7　℃　水垢和热媒分布不均匀影响系数　0.7
m²
间接系统集热器采光面积计算
m²
返回　退出
中国建筑科学研究院

图 9-21　太阳能空调系统集热器面积计算

系数，可计算得到换热器面积，如图 9-22 所示。

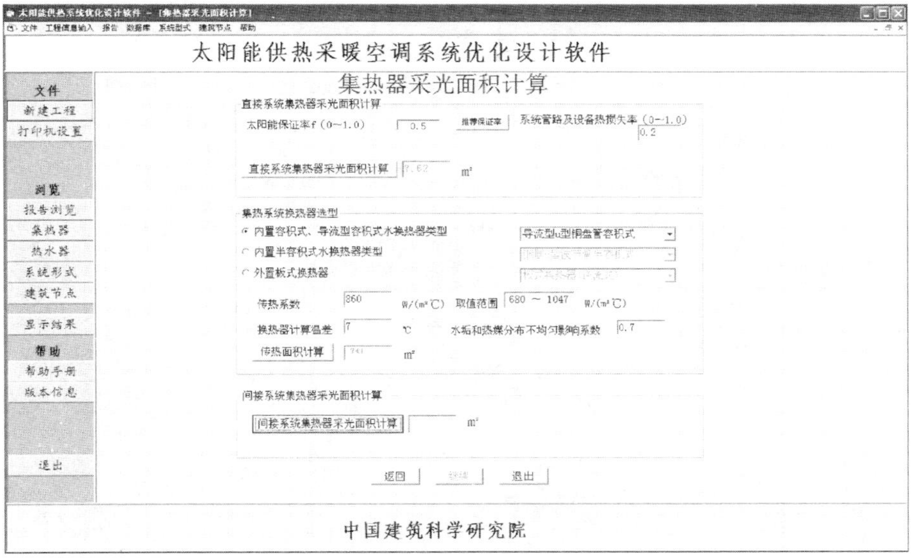

太阳能供热系统优化设计软件 － [集热器采光面积计算]
文件　工程信息输入　报告　数据库　系统型式　建筑节点　帮助
太阳能供热采暖空调系统优化设计软件
集热器采光面积计算
文件
新建工程
打印机设置
浏览
报告浏览
集热器
热水器
系统形式
建筑节点
显示结果
帮助
帮助手册
版本信息
退出
直接系统集热器采光面积计算
太阳能保证率f（0~1.0）　0.5　推荐保证率　系统管路及设备热损失率（0~1.0）　0.2
直接系统集热器采光面积计算　m²
集热系统换热器选型
内置容积式、导流型容积式水换热器类型　导流型u型铜盘管容积式
内置半容积式水换热器类型
外置板式换热器
传热系数　860　W/(m²℃)　取值范围　680 ~ 1047　W/(m²℃)
换热器计算温差　7　℃　水垢和热媒分布不均匀影响系数　0.7
传热面积计算　m²
间接系统集热器采光面积计算
间接系统集热器采光面积计算　m²
返回　退出
中国建筑科学研究院

图 9-22　换热器计算

换热器参数计算完成后，软件可直接计算得到间接系统集热器面积（见图 9-23）。

9.4.7　校核计算季节蓄热水箱水温

太阳能季节蓄热采暖系统在进行蓄热水池容积设计时，需要首先保障系统安全，蓄热水池水温应低于当地水沸点 5℃以上。因此，应进行季节蓄热水池最高水温的校核计算。

根据软件输入的建筑负荷、逐时气象参数、集热器性能参数、集热器安装倾角、集热器面积等参数，再输入水箱尺寸、保温参数等，可用于长方体蓄热水箱和柱形蓄热水箱的

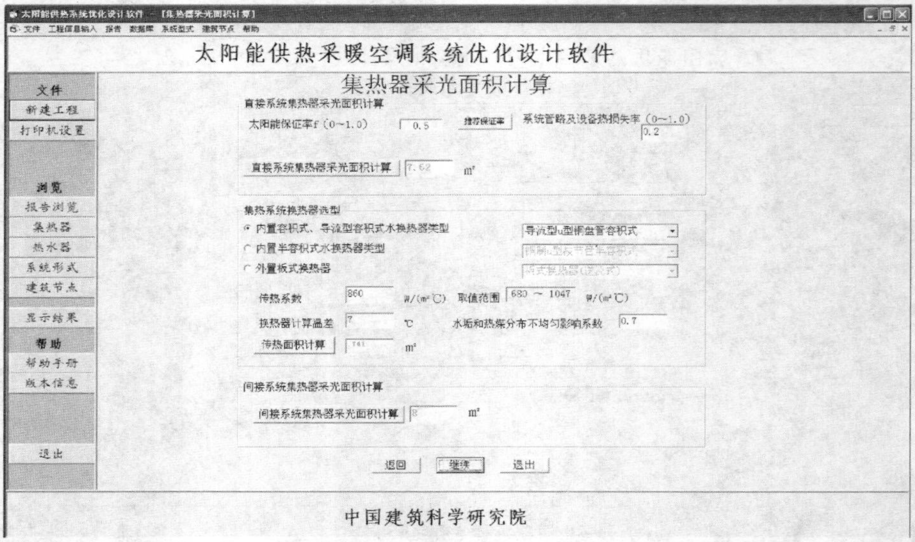

图 9-23　间接系统集热器面积计算

全年逐时温度计算，并可输出采暖季太阳能保证率数据，便于分析蓄热水箱容积大小的合理性，如图 9-24 所示。

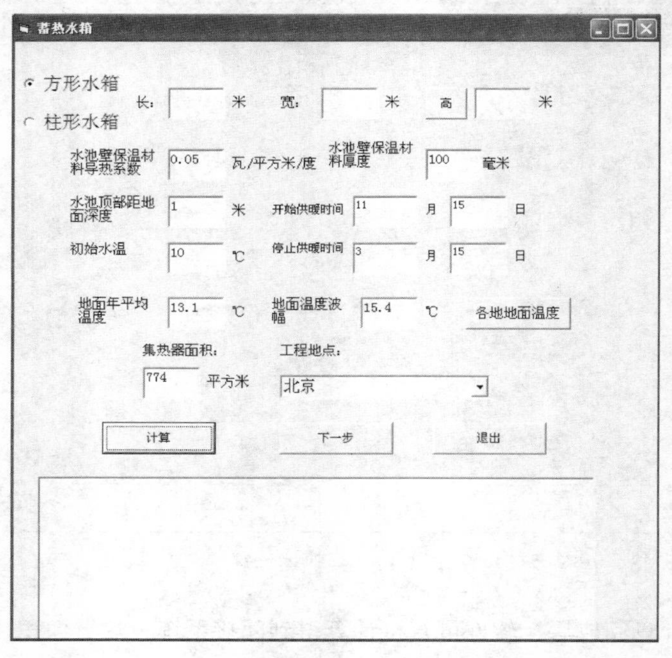

图 9-24　季节蓄热水温校核计算

9.4.8　进行水力计算

在完成了系统规模等的设计计算后，该软件还可以实现太阳能集热系统的水力计算。进入水力计算界面时，计算界面如图 9-25 所示。

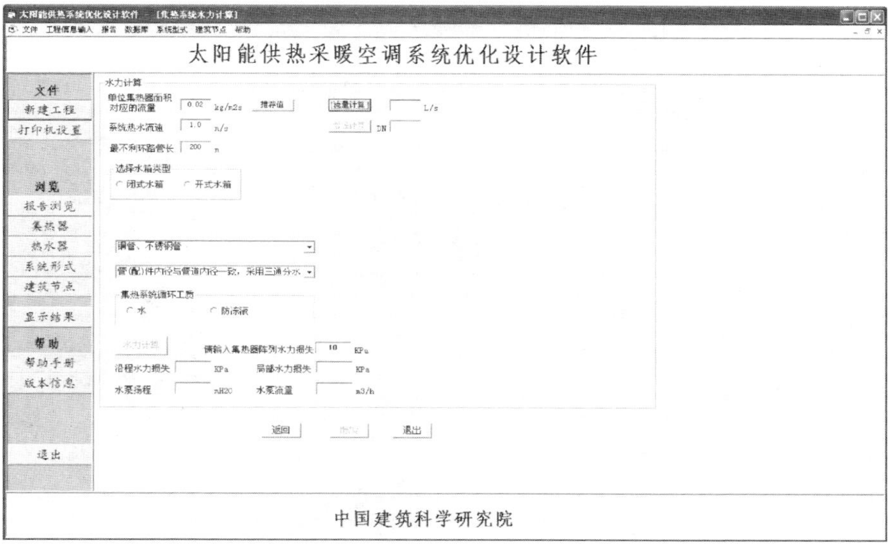

图 9-25　水力计算界面

在集热器系统水力计算中，首先计算流量，确定单位集热器总面积对应的流量系数，一般取 0.015～0.02kg/(m² · s)，软件默认值为 0.02，用户可根据实际情况在窗体上修改此系数，点击“流量计算”，即可在相应文本框中显示出计算的集热器系统流量值；输入系统热水流速值，点击“管径计算”计算系统需要的水管管径，选择大于计算结果的公称直径作为实际中的管径，输入最不利环路管长。

如热水系统为直接式，则直接进行集热器系统的水力计算。如热水系统为间接式，还应选择选择水箱类型为开式或闭式，如为闭式水箱，后面还应计算膨胀罐容积；如为开式水箱系统则输入水箱高度，开式系统无需设置膨胀罐和贮液罐。间接式闭式水箱系统中一般要考虑是否设置贮液罐。图 9-26 所示为间接系统闭式水箱设置贮液罐的界面。

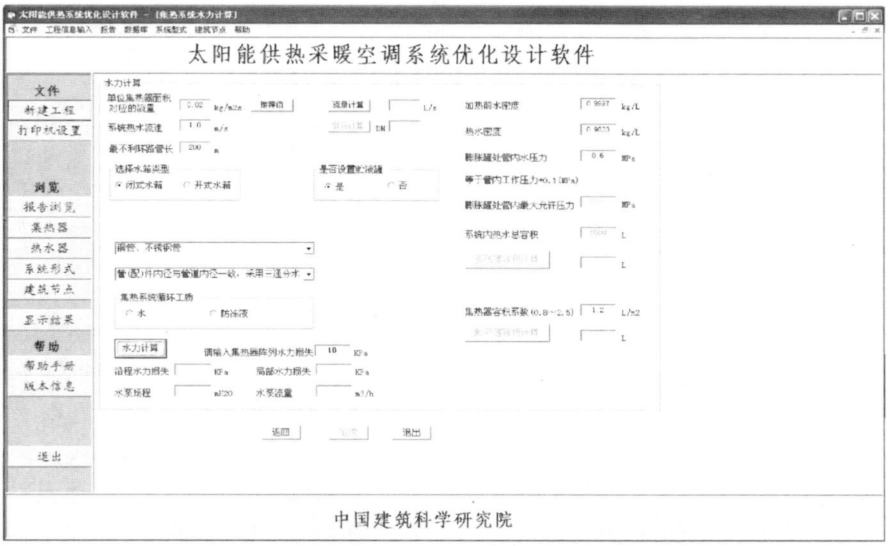

图 9-26　间接系统闭式水箱设置贮液罐水力计算界面

图 9-27 为选择闭式水箱、不设置储液罐条件下的水力计算界面。

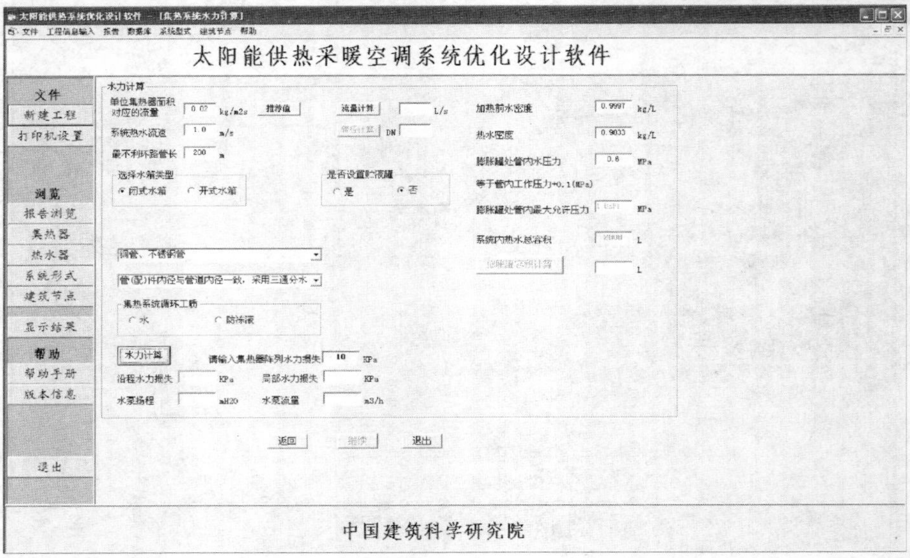

图 9-27　不设置储液罐条件下的水力计算界面

图 9-28 为选择开式水箱的水力计算界面。

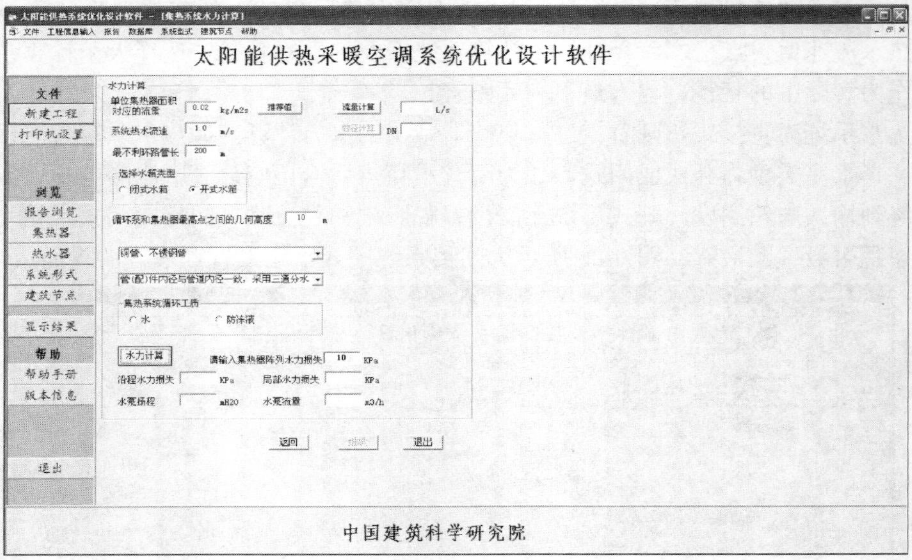

图 9-28　开式水箱水力计算界面

选择实际系统所使用的管材，包括“各种塑料管、内衬（涂）塑管”、“铜管、不锈钢管”、“衬水泥、树脂的铸铁管”、“普通钢管、铸铁管”，不同的管材，沿程水头损失计算公式中海澄威廉系数的取值也不同；选择不同集热系统循环工质，循环水泵计算系数不同，可根据前面流量、管径、海澄威廉系数以及最不利环路管长计算沿程水力损失，结合局部水力损失计算出整个集热器系统的水力损失，对系统水泵的流量和扬程进行选择。

膨胀罐和储液罐容积计算：根据加热前后水加热贮热器内水的密度，膨胀水罐处的管内水

压力 P_1、膨胀水罐处管内最大允许压力 P_2 以及系统内热水总容积 V_c 计算这两个设备的容积。

9.4.9 评估计算系统效益

经济分析窗体界面如图 9-29 所示，进入经济分析界面时，程序已经根据前面的相关计算结果，计算得出全年各月太阳能保证率、主要使用季节得热量、主要使用季节总热水能耗，并得出主要使用季节的综合太阳能保证率。

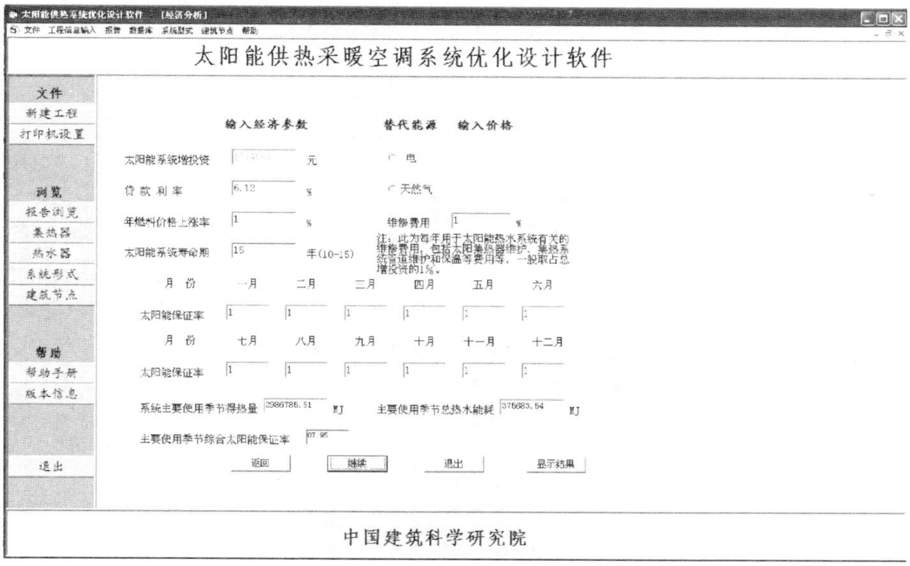

图 9-29 经济性分析界面

太阳能热水系统增投资由前面所选的集热器单价和计算出的集热器/热水器总采光面积共同计算得出，输入贷款利率和年燃料价格上涨率（见图 9-30），确定辅助能源，输入

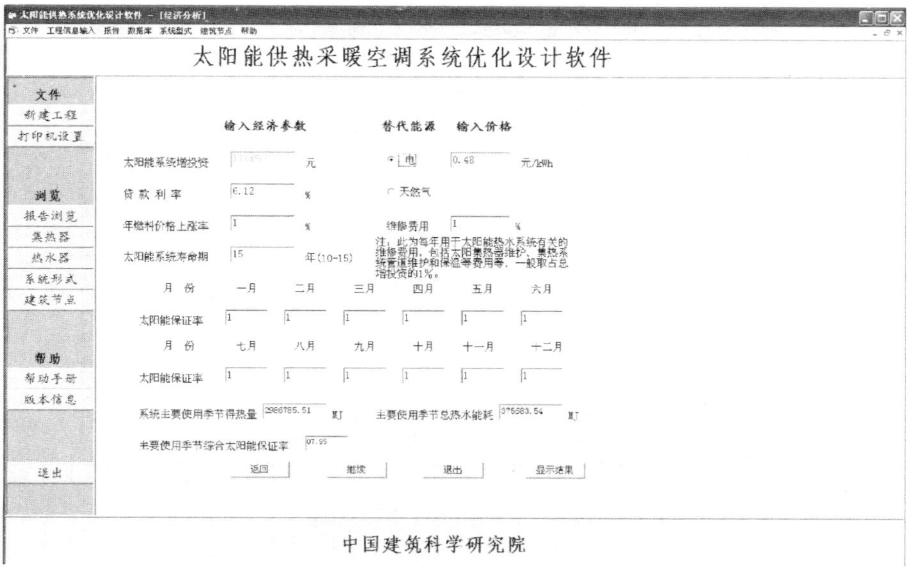

图 9-30 输入辅助能源界面

辅助能源价格。

计算时，会弹出“计算结果”界面，计算结果如图 9-31 所示。

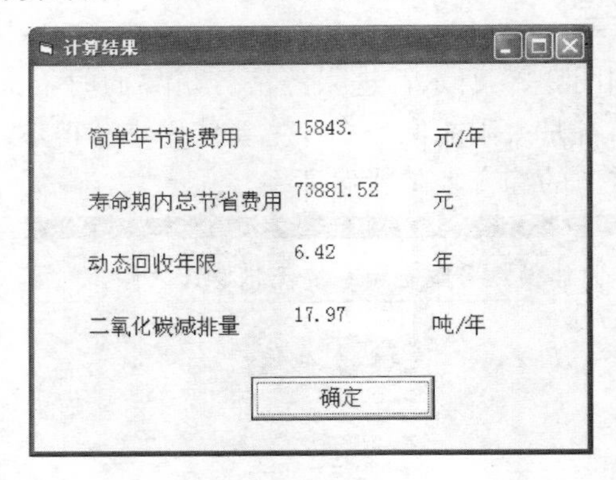

图 9-31　计算结果显示

确定后会弹出“提示”对话框，如图 9-32 所示。

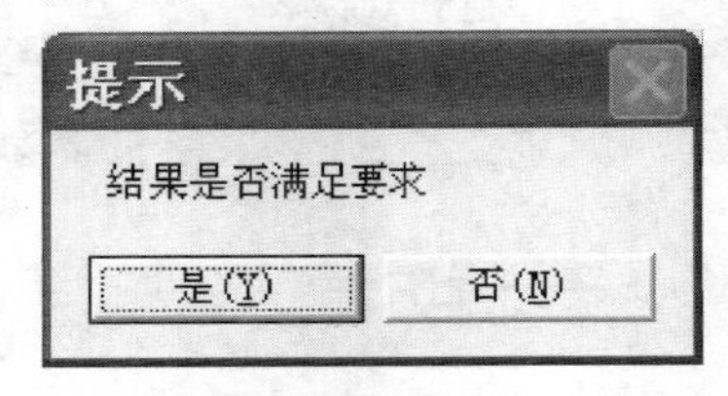

图 9-32　系统提示界面

对计算结果满意时，选择“是”，提示是否保存计算结果，选择“确定”，弹出“另存为”对话框；计算结果不满足要求时，选择“否”，弹出“重新选择参数”对话框。

“另存为”对话框界面如图 9-33 所示，可以将计算结果报告以文档保存。

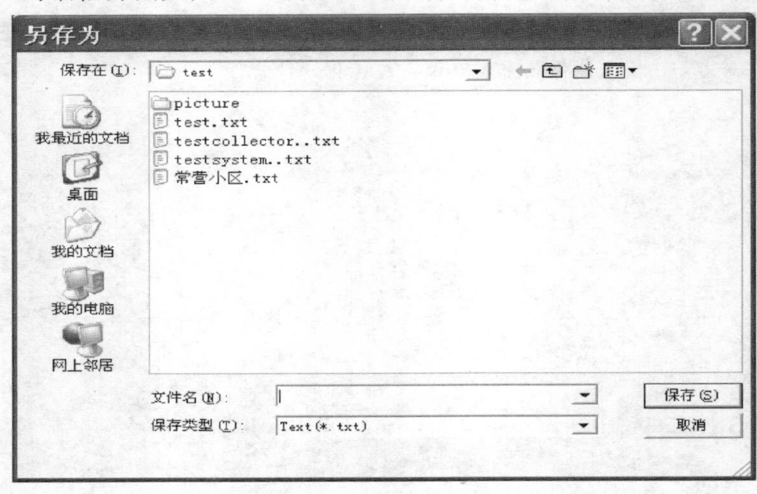

图 9-33　保存计算结果界面

附录

附录 3-1 不同地区太阳能集热器的补偿面积比

代表城市的太阳能集热器补偿面积比 R_S（适用于短期蓄热采暖系统） 附表 3-1

图例	说明
	R_S大于 90%的范围
	R_S小于 90%的范围
	R_S大于 95%的范围

北京 纬度 39.48

	东	−80	−70	−60	−50	−40	−30	−20	−10	南	10	20	30	40	50	60	70	80	西
90	43%	50%	56%	64%	71%	78%	85%	90%	93%	94%	93%	90%	85%	78%	71%	64%	56%	50%	43%
80	46%	53%	60%	68%	76%	83%	89%	94%	97%	98%	97%	94%	89%	83%	76%	68%	60%	53%	46%
70	48%	55%	63%	71%	78%	86%	92%	96%	99%	100%	99%	96%	92%	86%	78%	71%	63%	55%	48%
60	51%	57%	65%	72%	80%	86%	92%	96%	99%	100%	99%	96%	92%	86%	80%	72%	65%	57%	51%
50	52%	59%	66%	73%	80%	86%	91%	94%	97%	97%	97%	94%	91%	86%	80%	73%	66%	59%	52%
40	54%	60%	66%	72%	78%	83%	87%	91%	92%	93%	92%	91%	87%	83%	78%	72%	66%	60%	54%
30	55%	60%	66%	70%	75%	79%	82%	84%	86%	86%	86%	84%	82%	79%	75%	70%	66%	60%	55%
20	57%	60%	64%	67%	70%	73%	75%	77%	78%	78%	78%	77%	75%	73%	70%	67%	64%	60%	57%
10	57%	59%	61%	63%	65%	66%	67%	68%	68%	69%	68%	68%	67%	66%	65%	63%	61%	59%	57%
水平面	58%	58%	58%	58%	58%	58%	58%	58%	58%	58%	58%	58%	58%	58%	58%	58%	58%	58%	58%

武汉 纬度 30.35

	东	−80	−70	−60	−50	−40	−30	−20	−10	南	10	20	30	40	50	60	70	80	西
90	48%	52%	56%	61%	65%	70%	74%	78%	80%	80%	80%	78%	74%	70%	65%	61%	56%	52%	48%
80	53%	58%	63%	68%	73%	77%	82%	85%	87%	88%	87%	85%	82%	77%	73%	68%	63%	58%	53%
70	59%	64%	69%	74%	79%	84%	88%	91%	93%	94%	93%	91%	88%	84%	79%	74%	69%	64%	59%
60	64%	69%	74%	79%	84%	88%	92%	95%	97%	97%	97%	95%	92%	88%	84%	79%	74%	69%	64%
50	69%	74%	78%	83%	88%	92%	95%	98%	99%	100%	99%	98%	95%	92%	88%	83%	78%	74%	69%
40	73%	77%	81%	86%	90%	93%	96%	98%	99%	100%	99%	98%	96%	93%	90%	86%	81%	77%	73%
30	77%	80%	84%	87%	90%	93%	95%	97%	98%	98%	98%	97%	95%	93%	90%	87%	84%	80%	77%
20	79%	82%	84%	87%	89%	91%	92%	93%	94%	94%	94%	93%	92%	91%	89%	87%	84%	82%	79%
10	81%	83%	84%	85%	86%	87%	88%	88%	89%	89%	89%	88%	88%	87%	86%	85%	84%	83%	81%
水平面	82%	82%	82%	82%	82%	82%	82%	82%	82%	82%	82%	82%	82%	82%	82%	82%	82%	82%	82%

昆明 纬度 25.01

	东	−80	−70	−60	−50	−40	−30	−20	−10	南	10	20	30	40	50	60	70	80	西
90	52%	55%	58%	61%	63%	65%	67%	68%	69%	69%	69%	68%	67%	65%	63%	61%	58%	55%	52%
80	58%	61%	65%	68%	71%	73%	76%	77%	78%	78%	78%	77%	76%	73%	71%	68%	65%	61%	58%
70	63%	67%	71%	75%	78%	81%	83%	85%	86%	86%	86%	85%	83%	81%	78%	75%	71%	67%	63%

续表

昆明　纬度　25.01

	东	−80	−70	−60	−50	−40	−30	−20	−10	南	10	20	30	40	50	60	70	80	西
60	69%	73%	77%	81%	84%	87%	89%	91%	92%	92%	92%	91%	89%	87%	84%	81%	77%	73%	69%
50	75%	78%	82%	86%	89%	92%	94%	96%	97%	97%	97%	96%	94%	92%	89%	86%	82%	78%	75%
40	79%	83%	86%	89%	92%	95%	97%	98%	99%	99%	99%	98%	97%	95%	92%	89%	86%	83%	79%
30	83%	86%	89%	92%	94%	96%	98%	99%	100%	100%	100%	99%	98%	96%	94%	92%	89%	86%	83%
20	87%	89%	91%	93%	94%	96%	97%	98%	98%	99%	98%	98%	97%	96%	94%	93%	91%	89%	87%
10	89%	90%	91%	92%	93%	94%	94%	95%	95%	95%	95%	95%	94%	94%	93%	92%	91%	90%	89%
水平面	90%	90%	90%	90%	90%	90%	90%	90%	90%	90%	90%	90%	90%	90%	90%	90%	90%	90%	90%

贵阳　纬度　26.07

	东	−80	−70	−60	−50	−40	−30	−20	−10	南	10	20	30	40	50	60	70	80	西
90	48%	51%	55%	59%	64%	68%	71%	75%	76%	77%	76%	75%	71%	68%	64%	59%	55%	51%	48%
80	54%	58%	62%	67%	71%	76%	80%	82%	84%	85%	84%	82%	80%	76%	71%	67%	62%	58%	54%
70	59%	64%	69%	73%	78%	82%	86%	89%	91%	91%	91%	89%	86%	82%	78%	73%	69%	64%	59%
60	65%	69%	74%	79%	83%	88%	91%	94%	96%	96%	96%	94%	91%	88%	83%	79%	74%	69%	65%
50	70%	75%	79%	83%	88%	92%	95%	97%	99%	99%	99%	97%	95%	92%	88%	83%	79%	75%	70%
40	75%	79%	83%	87%	90%	94%	96%	98%	99%	100%	99%	98%	96%	94%	90%	87%	83%	79%	75%
30	79%	82%	85%	89%	91%	94%	96%	97%	99%	99%	99%	97%	96%	94%	91%	89%	85%	82%	79%
20	82%	84%	86%	89%	91%	92%	94%	95%	96%	96%	96%	95%	94%	92%	91%	89%	86%	84%	82%
10	83%	85%	86%	87%	88%	89%	90%	90%	91%	91%	91%	90%	90%	89%	88%	87%	86%	85%	83%
水平面	84%	84%	84%	84%	84%	84%	84%	84%	84%	84%	84%	84%	84%	84%	84%	84%	84%	84%	84%

长沙　纬度　28.06

	东	−80	−70	−60	−50	−40	−30	−20	−10	南	10	20	30	40	50	60	70	80	西
90	47%	51%	55%	60%	64%	69%	73%	76%	78%	79%	78%	76%	73%	69%	64%	60%	55%	51%	47%
80	53%	57%	62%	67%	72%	77%	81%	84%	86%	87%	86%	84%	81%	77%	72%	67%	62%	57%	53%
70	58%	63%	68%	73%	78%	83%	87%	90%	92%	93%	92%	90%	87%	83%	78%	73%	68%	63%	58%
60	64%	69%	74%	79%	84%	88%	92%	95%	97%	97%	97%	95%	92%	88%	84%	79%	74%	69%	64%
50	69%	74%	79%	83%	88%	92%	95%	98%	99%	100%	99%	98%	95%	92%	88%	83%	79%	74%	69%
40	73%	78%	82%	86%	90%	93%	96%	98%	100%	100%	100%	98%	96%	93%	90%	86%	82%	78%	73%
30	77%	81%	84%	88%	91%	93%	96%	97%	98%	99%	98%	97%	96%	93%	91%	88%	84%	81%	77%
20	80%	83%	85%	87%	90%	91%	93%	94%	95%	95%	95%	94%	93%	91%	90%	87%	85%	83%	80%
10	82%	83%	85%	86%	87%	88%	89%	89%	90%	90%	90%	89%	89%	88%	87%	86%	85%	83%	82%
水平面	83%	83%	83%	83%	83%	83%	83%	83%	83%	83%	83%	83%	83%	83%	83%	83%	83%	83%	83%

广州　纬度　23.12

	东	−80	−70	−60	−50	−40	−30	−20	−10	南	10	20	30	40	50	60	70	80	西
90	45%	49%	53%	58%	62%	66%	70%	74%	76%	77%	76%	74%	70%	66%	62%	58%	53%	49%	45%
80	51%	55%	60%	65%	70%	75%	79%	82%	84%	85%	84%	82%	79%	75%	70%	65%	60%	55%	51%
70	56%	62%	67%	72%	77%	82%	86%	89%	91%	92%	91%	89%	86%	82%	77%	72%	67%	62%	56%
60	62%	67%	73%	78%	83%	87%	91%	94%	96%	97%	96%	94%	91%	87%	83%	78%	73%	67%	62%
50	67%	72%	77%	82%	87%	91%	95%	97%	99%	99%	99%	97%	95%	91%	87%	82%	77%	72%	67%

广州　纬度　23.12

	东	−80	−70	−60	−50	−40	−30	−20	−10	南	10	20	30	40	50	60	70	80	西
40	72%	77%	81%	85%	89%	93%	96%	98%	100%	100%	100%	98%	96%	93%	89%	85%	81%	77%	72%
30	76%	80%	84%	87%	90%	93%	95%	97%	98%	99%	98%	97%	95%	93%	90%	87%	84%	80%	76%
20	79%	82%	84%	87%	89%	91%	93%	94%	95%	95%	95%	94%	93%	91%	89%	87%	84%	82%	79%
10	81%	83%	84%	85%	87%	88%	88%	89%	89%	89%	89%	89%	88%	88%	87%	85%	84%	83%	81%
水平面	82%	82%	82%	82%	82%	82%	82%	82%	82%	82%	82%	82%	82%	82%	82%	82%	82%	82%	82%

南昌　纬度　28.42

	东	−80	−70	−60	−50	−40	−30	−20	−10	南	10	20	30	40	50	60	70	80	西
90	48%	52%	56%	60%	64%	69%	73%	76%	78%	79%	78%	76%	73%	69%	64%	60%	56%	52%	48%
80	53%	58%	63%	67%	72%	77%	80%	84%	85%	86%	85%	84%	80%	77%	72%	67%	63%	58%	53%
70	59%	64%	69%	74%	79%	83%	87%	90%	92%	93%	92%	90%	87%	83%	79%	74%	69%	64%	59%
60	64%	69%	74%	79%	84%	88%	92%	95%	96%	97%	96%	95%	92%	88%	84%	79%	74%	69%	64%
50	70%	74%	79%	83%	88%	91%	95%	97%	99%	99%	99%	97%	95%	91%	88%	83%	79%	74%	70%
40	74%	78%	82%	86%	90%	93%	96%	98%	99%	100%	99%	98%	96%	93%	90%	86%	82%	78%	74%
30	78%	81%	85%	88%	91%	94%	96%	97%	98%	99%	98%	97%	96%	94%	91%	88%	85%	81%	78%
20	81%	83%	85%	88%	90%	92%	93%	94%	95%	95%	95%	94%	93%	92%	90%	88%	85%	83%	81%
10	83%	84%	85%	86%	88%	88%	89%	90%	90%	90%	90%	90%	89%	88%	88%	86%	85%	84%	83%
水平面	83%	83%	83%	83%	83%	83%	83%	83%	83%	83%	83%	83%	83%	83%	83%	83%	83%	83%	83%

成都　纬度　30.35

	东	−80	−70	−60	−50	−40	−30	−20	−10	南	10	20	30	40	50	60	70	80	西
90	60%	60%	61%	61%	62%	63%	64%	64%	64%	64%	64%	64%	64%	63%	62%	61%	61%	60%	60%
80	67%	67%	68%	69%	69%	70%	71%	71%	71%	71%	71%	71%	71%	70%	69%	69%	68%	67%	67%
70	74%	74%	74%	75%	76%	77%	78%	78%	78%	78%	78%	78%	78%	77%	76%	75%	74%	74%	74%
60	80%	81%	81%	81%	82%	83%	84%	84%	84%	84%	84%	84%	84%	83%	82%	81%	81%	81%	80%
50	85%	86%	87%	88%	88%	88%	89%	89%	89%	89%	89%	89%	89%	88%	88%	88%	87%	86%	85%
40	91%	91%	91%	92%	92%	93%	93%	94%	94%	94%	94%	94%	93%	93%	92%	92%	91%	91%	91%
30	95%	95%	95%	95%	96%	96%	97%	97%	97%	97%	97%	97%	97%	96%	96%	95%	95%	95%	95%
20	98%	98%	98%	98%	98%	98%	99%	99%	99%	99%	99%	99%	99%	98%	98%	98%	98%	98%	98%
10	99%	99%	99%	100%	100%	100%	100%	100%	100%	100%	100%	100%	100%	100%	100%	100%	99%	99%	99%
水平面	100%	100%	100%	100%	100%	100%	100%	100%	100%	100%	100%	100%	100%	100%	100%	100%	100%	100%	100%

上海　纬度　31.08

	东	−80	−70	−60	−50	−40	−30	−20	−10	南	10	20	30	40	50	60	70	80	西
90	47%	51%	56%	61%	65%	70%	75%	78%	80%	81%	80%	78%	75%	70%	65%	61%	56%	51%	47%
80	53%	57%	62%	68%	73%	78%	82%	85%	88%	88%	88%	85%	82%	78%	73%	68%	62%	57%	53%
70	58%	63%	68%	74%	79%	84%	88%	91%	93%	94%	93%	91%	88%	84%	79%	74%	68%	63%	58%
60	63%	68%	74%	79%	84%	89%	92%	96%	97%	98%	97%	96%	92%	89%	84%	79%	74%	68%	63%
50	68%	73%	78%	83%	88%	92%	95%	98%	99%	100%	99%	98%	95%	92%	88%	83%	78%	73%	68%
40	72%	77%	81%	85%	89%	93%	96%	98%	99%	100%	99%	98%	96%	93%	89%	85%	81%	77%	72%
30	76%	80%	83%	87%	90%	93%	95%	96%	98%	98%	98%	96%	95%	93%	90%	87%	83%	80%	76%

上海	纬度	31.08																	
	东	−80	−70	−60	−50	−40	−30	−20	−10	南	10	20	30	40	50	60	70	80	西
20	79%	81%	84%	86%	89%	90%	92%	93%	94%	94%	94%	93%	92%	90%	89%	86%	84%	81%	79%
10	80%	82%	83%	84%	85%	87%	87%	88%	88%	88%	88%	88%	87%	87%	85%	84%	83%	82%	80%
水平面	81%	81%	81%	81%	81%	81%	81%	81%	81%	81%	81%	81%	81%	81%	81%	81%	81%	81%	81%

西安	纬度	34.24																	
	东	−80	−70	−60	−50	−40	−30	−20	−10	南	10	20	30	40	50	60	70	80	西
90	50%	55%	60%	65%	71%	76%	81%	84%	87%	87%	87%	84%	81%	76%	71%	65%	60%	55%	50%
80	55%	60%	65%	71%	76%	82%	87%	90%	93%	93%	93%	90%	87%	82%	76%	71%	65%	60%	55%
70	58%	64%	69%	75%	81%	86%	91%	94%	96%	97%	96%	94%	91%	86%	81%	75%	69%	64%	58%
60	62%	68%	73%	79%	84%	89%	94%	97%	99%	99%	99%	97%	94%	89%	84%	79%	73%	68%	62%
50	66%	71%	76%	81%	86%	91%	95%	97%	99%	100%	99%	97%	95%	91%	86%	81%	76%	71%	66%
40	69%	73%	78%	83%	87%	91%	94%	96%	98%	98%	98%	96%	94%	91%	87%	83%	78%	73%	69%
30	71%	75%	79%	82%	86%	89%	92%	94%	94%	95%	94%	94%	92%	89%	86%	82%	79%	75%	71%
20	73%	76%	79%	81%	84%	86%	87%	89%	90%	90%	90%	89%	87%	86%	84%	81%	79%	76%	73%
10	74%	76%	77%	79%	80%	81%	82%	82%	83%	83%	83%	82%	82%	81%	80%	79%	77%	76%	74%
水平面	75%	75%	75%	75%	75%	75%	75%	75%	75%	75%	75%	75%	75%	75%	75%	75%	75%	75%	75%

郑州	纬度	34.51																	
	东	−80	−70	−60	−50	−40	−30	−20	−10	南	10	20	30	40	50	60	70	80	西
90	48%	53%	58%	63%	69%	75%	79%	83%	86%	86%	86%	83%	79%	75%	69%	63%	58%	53%	48%
80	53%	58%	63%	69%	75%	81%	86%	89%	92%	92%	92%	89%	86%	81%	75%	69%	63%	58%	53%
70	57%	62%	68%	74%	80%	86%	91%	94%	96%	97%	96%	94%	91%	86%	80%	74%	68%	62%	57%
60	61%	67%	73%	78%	84%	89%	93%	97%	99%	99%	99%	97%	93%	89%	84%	78%	73%	67%	61%
50	65%	70%	75%	81%	86%	91%	95%	98%	99%	100%	99%	98%	95%	91%	86%	81%	75%	70%	65%
40	68%	73%	78%	82%	87%	91%	94%	97%	98%	99%	98%	97%	94%	91%	87%	82%	78%	73%	68%
30	71%	75%	79%	83%	86%	89%	92%	94%	95%	95%	95%	94%	92%	89%	86%	83%	79%	75%	71%
20	73%	76%	79%	81%	84%	86%	88%	89%	90%	90%	90%	89%	88%	86%	84%	81%	79%	76%	73%
10	75%	76%	77%	79%	80%	81%	82%	83%	83%	83%	83%	83%	82%	81%	80%	79%	77%	76%	75%
水平面	75%	75%	75%	75%	75%	75%	75%	75%	75%	75%	75%	75%	75%	75%	75%	75%	75%	75%	75%

青岛	纬度	36.16																	
	东	−80	−70	−60	−50	−40	−30	−20	−10	南	10	20	30	40	50	60	70	80	西
90	45%	50%	56%	61%	68%	73%	79%	82%	85%	86%	85%	82%	79%	73%	68%	61%	56%	50%	45%
80	50%	56%	62%	68%	74%	80%	85%	89%	92%	92%	92%	89%	85%	80%	74%	68%	62%	56%	50%
70	55%	61%	67%	73%	79%	85%	90%	94%	96%	97%	96%	94%	90%	85%	79%	73%	67%	61%	55%
60	59%	65%	71%	77%	83%	89%	93%	97%	99%	100%	99%	97%	93%	89%	83%	77%	71%	65%	59%
50	63%	69%	75%	80%	86%	91%	95%	98%	100%	100%	100%	98%	95%	91%	86%	80%	75%	69%	63%
40	67%	72%	77%	82%	86%	91%	94%	97%	98%	99%	98%	97%	94%	91%	86%	82%	77%	72%	67%
30	70%	74%	78%	82%	85%	89%	92%	94%	95%	95%	95%	94%	92%	89%	85%	82%	78%	74%	70%
20	72%	75%	78%	81%	83%	85%	87%	89%	90%	90%	90%	89%	87%	85%	83%	81%	78%	75%	72%

续表

青岛　纬度　36.16

10	73%	75%	76%	78%	79%	80%	81%	82%	82%	82%	82%	82%	81%	80%	79%	78%	76%	75%	73%
水平面	74%	74%	74%	74%	74%	74%	74%	74%	74%	74%	74%	74%	74%	74%	74%	74%	74%	74%	74%

兰州　纬度　36.03

	东	-80	-70	-60	-50	-40	-30	-20	-10	南	10	20	30	40	50	60	70	80	西
90	52%	57%	63%	68%	74%	79%	84%	88%	91%	91%	91%	88%	84%	79%	74%	68%	63%	57%	52%
80	55%	61%	67%	72%	78%	84%	89%	93%	95%	96%	95%	93%	89%	84%	78%	72%	67%	61%	55%
70	58%	64%	70%	76%	82%	88%	92%	96%	98%	99%	98%	96%	92%	88%	82%	76%	70%	64%	58%
60	61%	67%	73%	78%	84%	90%	94%	97%	99%	100%	99%	97%	94%	90%	84%	78%	73%	67%	61%
50	64%	69%	75%	80%	85%	90%	94%	97%	99%	99%	99%	97%	94%	90%	85%	80%	75%	69%	64%
40	66%	71%	76%	80%	85%	89%	92%	95%	96%	97%	96%	95%	92%	89%	85%	80%	76%	71%	66%
30	68%	72%	76%	80%	83%	86%	89%	91%	92%	92%	92%	91%	89%	86%	83%	80%	76%	72%	68%
20	69%	72%	75%	78%	80%	82%	84%	85%	86%	86%	86%	85%	84%	82%	80%	78%	75%	72%	69%
10	70%	72%	73%	75%	76%	77%	78%	79%	79%	79%	79%	79%	78%	77%	76%	75%	73%	72%	70%
水平面	71%	71%	71%	71%	71%	71%	71%	71%	71%	71%	71%	71%	71%	71%	71%	71%	71%	71%	71%

济南　纬度　36.43

	东	-80	-70	-60	-50	-40	-30	-20	-10	南	10	20	30	40	50	60	70	80	西
90	49%	53%	59%	65%	71%	77%	82%	86%	88%	89%	88%	86%	82%	77%	71%	65%	59%	53%	49%
80	52%	58%	64%	70%	76%	82%	87%	92%	94%	95%	94%	92%	87%	82%	76%	70%	64%	58%	52%
70	56%	62%	68%	74%	81%	86%	92%	95%	98%	98%	98%	95%	92%	86%	81%	74%	68%	62%	56%
60	59%	65%	72%	78%	84%	89%	94%	97%	99%	100%	99%	97%	94%	89%	84%	78%	72%	65%	59%
50	63%	69%	74%	80%	85%	90%	94%	97%	99%	100%	99%	97%	94%	90%	85%	80%	74%	69%	63%
40	65%	71%	76%	81%	85%	90%	93%	95%	97%	98%	97%	95%	93%	90%	85%	81%	76%	71%	65%
30	68%	72%	76%	80%	84%	87%	90%	92%	93%	94%	93%	92%	90%	87%	84%	80%	76%	72%	68%
20	70%	73%	76%	79%	81%	83%	85%	87%	87%	88%	87%	87%	85%	83%	81%	79%	76%	73%	70%
10	71%	72%	74%	76%	77%	78%	79%	80%	80%	80%	80%	80%	79%	78%	77%	76%	74%	72%	71%
水平面	71%	71%	71%	71%	71%	71%	71%	71%	71%	71%	71%	71%	71%	71%	71%	71%	71%	71%	71%

太原　纬度　37.42

	东	-80	-70	-60	-50	-40	-30	-20	-10	南	10	20	30	40	50	60	70	80	西
90	50%	55%	61%	67%	73%	79%	85%	89%	91%	92%	91%	89%	85%	79%	73%	67%	61%	55%	50%
80	53%	58%	65%	71%	78%	84%	89%	93%	96%	97%	96%	93%	89%	84%	78%	71%	65%	58%	53%
70	55%	62%	68%	74%	81%	87%	92%	96%	98%	99%	98%	96%	92%	87%	81%	74%	68%	62%	55%
60	58%	64%	70%	77%	83%	89%	93%	97%	99%	100%	99%	97%	93%	89%	83%	77%	70%	64%	58%
50	60%	66%	72%	78%	84%	89%	93%	96%	98%	99%	98%	96%	93%	89%	84%	78%	72%	66%	60%
40	62%	68%	73%	78%	83%	87%	91%	93%	95%	95%	95%	93%	91%	87%	83%	78%	73%	68%	62%
30	64%	68%	73%	77%	81%	84%	87%	89%	90%	90%	90%	89%	87%	84%	81%	77%	73%	68%	64%
20	65%	69%	71%	74%	77%	79%	81%	83%	84%	84%	84%	83%	81%	79%	77%	74%	71%	69%	65%
10	66%	68%	70%	71%	72%	74%	75%	75%	76%	76%	76%	75%	75%	74%	72%	71%	70%	68%	66%
水平面	67%	67%	67%	67%	67%	67%	67%	67%	67%	67%	67%	67%	67%	67%	67%	67%	67%	67%	67%

天津　纬度　38.56

	东	−80	−70	−60	−50	−40	−30	−20	−10	南	10	20	30	40	50	60	70	80	西
90	47%	53%	59%	66%	72%	79%	85%	89%	92%	93%	92%	89%	85%	79%	72%	66%	59%	53%	47%
80	50%	56%	63%	70%	77%	84%	89%	94%	96%	97%	96%	94%	89%	84%	77%	70%	63%	56%	50%
70	53%	59%	66%	73%	80%	87%	92%	96%	99%	100%	99%	96%	92%	87%	80%	73%	66%	59%	53%
60	55%	62%	68%	75%	82%	88%	93%	97%	99%	100%	99%	97%	93%	88%	82%	75%	68%	62%	55%
50	57%	64%	70%	76%	82%	88%	92%	96%	98%	98%	98%	96%	92%	88%	82%	76%	70%	64%	57%
40	59%	65%	71%	76%	81%	86%	90%	92%	94%	95%	94%	92%	90%	86%	81%	76%	71%	65%	59%
30	61%	66%	70%	75%	79%	82%	85%	87%	89%	89%	89%	87%	85%	82%	79%	75%	70%	66%	61%
20	62%	66%	69%	72%	75%	77%	79%	81%	82%	82%	82%	81%	79%	77%	75%	72%	69%	66%	62%
10	63%	65%	66%	68%	70%	71%	72%	73%	73%	73%	73%	73%	72%	71%	70%	68%	66%	65%	63%
水平面	64%	64%	64%	64%	64%	64%	64%	64%	64%	64%	64%	64%	64%	64%	64%	64%	64%	64%	64%

抚顺　纬度　41.55

	东	−80	−70	−60	−50	−40	−30	−20	−10	南	10	20	30	40	50	60	70	80	西
90	44%	50%	57%	65%	72%	66%	86%	91%	94%	95%	94%	91%	86%	66%	72%	65%	57%	50%	44%
80	47%	53%	61%	68%	76%	73%	90%	95%	97%	98%	97%	95%	90%	73%	76%	68%	61%	53%	47%
70	49%	56%	63%	71%	79%	78%	92%	96%	99%	100%	99%	96%	92%	78%	79%	71%	63%	56%	49%
60	51%	58%	65%	73%	80%	83%	92%	96%	99%	100%	99%	96%	92%	83%	80%	73%	65%	58%	51%
50	53%	59%	66%	73%	80%	86%	91%	94%	96%	97%	96%	94%	91%	86%	80%	73%	66%	59%	53%
40	54%	60%	66%	72%	78%	86%	87%	90%	92%	93%	92%	90%	87%	86%	78%	72%	66%	60%	54%
30	55%	60%	65%	70%	75%	86%	82%	84%	86%	86%	86%	84%	82%	86%	75%	70%	65%	60%	55%
20	56%	60%	64%	67%	70%	84%	75%	77%	77%	78%	77%	77%	75%	84%	70%	67%	64%	60%	56%
10	57%	59%	61%	63%	64%	79%	67%	68%	68%	68%	68%	68%	67%	79%	64%	63%	61%	59%	57%
水平面	58%	58%	58%	58%	58%	58%	58%	58%	58%	58%	58%	58%	58%	58%	58%	58%	58%	58%	58%

长春　纬度　43.40

	东	−80	−70	−60	−50	−40	−30	−20	−10	南	10	20	30	40	50	60	70	80	西
90	39%	46%	53%	62%	70%	79%	86%	91%	94%	95%	94%	91%	86%	79%	70%	62%	53%	46%	39%
80	41%	48%	57%	65%	74%	82%	89%	95%	98%	99%	98%	95%	89%	82%	74%	65%	57%	48%	41%
70	43%	50%	59%	67%	76%	84%	91%	96%	99%	100%	99%	96%	91%	84%	76%	67%	59%	50%	43%
60	44%	52%	60%	69%	77%	84%	90%	95%	98%	99%	98%	95%	90%	84%	77%	69%	60%	52%	44%
50	46%	53%	60%	68%	76%	82%	88%	92%	94%	95%	94%	92%	88%	82%	76%	68%	60%	53%	46%
40	47%	53%	60%	67%	73%	79%	83%	87%	89%	89%	89%	87%	83%	79%	73%	67%	60%	53%	47%
30	47%	53%	59%	64%	69%	73%	77%	79%	81%	82%	81%	79%	77%	73%	69%	64%	59%	53%	47%
20	48%	52%	56%	60%	63%	66%	69%	71%	72%	72%	72%	71%	69%	66%	63%	60%	56%	52%	48%
10	49%	51%	53%	55%	57%	58%	60%	60%	61%	61%	61%	60%	60%	58%	57%	55%	53%	51%	49%
水平面	49%	49%	49%	49%	49%	49%	49%	49%	49%	49%	49%	49%	49%	49%	49%	49%	49%	49%	49%

代表城市的太阳能集热器补偿面积比 R_S（适用于热水和季节蓄热系统） 附表 3-2

	R_S大于 90%的范围；
	R_S小于 90%的范围；
	R_S大于 95%的范围

北京 纬度 39.48

	东	−80	−70	−60	−50	−40	−30	−20	−10	南	10	20	30	40	50	60	70	80	西
90	52%	55%	58%	61%	63%	65%	67%	68%	69%	69%	69%	68%	67%	65%	63%	61%	58%	55%	52%
80	58%	61%	65%	68%	71%	73%	76%	77%	78%	78%	78%	77%	76%	73%	71%	68%	65%	61%	58%
70	63%	67%	71%	75%	78%	81%	83%	85%	86%	86%	86%	85%	83%	81%	78%	75%	71%	67%	63%
60	69%	73%	77%	81%	84%	87%	89%	91%	92%	92%	92%	91%	89%	87%	84%	81%	77%	73%	69%
50	75%	78%	82%	86%	89%	92%	94%	96%	97%	97%	97%	96%	94%	92%	89%	86%	82%	78%	75%
40	79%	83%	86%	89%	92%	95%	97%	98%	99%	99%	99%	98%	97%	95%	92%	89%	86%	83%	79%
30	83%	86%	89%	92%	94%	96%	98%	99%	100%	100%	100%	99%	98%	96%	94%	92%	89%	86%	83%
20	87%	89%	91%	93%	94%	96%	97%	98%	98%	99%	98%	98%	97%	96%	94%	93%	91%	89%	87%
10	89%	90%	91%	92%	93%	94%	94%	95%	95%	95%	95%	95%	94%	94%	93%	92%	91%	90%	89%
水平面	90%	90%	90%	90%	90%	90%	90%	90%	90%	90%	90%	90%	90%	90%	90%	90%	90%	90%	90%

武汉 纬度 30.35

	东	−80	−70	−60	−50	−40	−30	−20	−10	南	10	20	30	40	50	60	70	80	西
90	54%	55%	57%	58%	58%	59%	59%	59%	59%	59%	59%	59%	59%	59%	58%	58%	57%	55%	54%
80	61%	62%	64%	65%	66%	67%	68%	68%	68%	69%	68%	68%	68%	67%	66%	65%	64%	62%	61%
70	68%	70%	71%	73%	74%	75%	76%	77%	77%	77%	77%	77%	76%	75%	74%	73%	71%	70%	68%
60	74%	76%	78%	80%	81%	82%	83%	84%	84%	84%	84%	84%	83%	82%	81%	80%	78%	76%	74%
50	80%	82%	84%	86%	87%	88%	89%	90%	91%	91%	91%	90%	89%	88%	87%	86%	84%	82%	80%
40	86%	88%	89%	91%	92%	93%	94%	95%	95%	95%	95%	95%	94%	93%	92%	91%	89%	88%	86%
30	91%	92%	93%	95%	96%	97%	98%	98%	98%	99%	98%	98%	98%	97%	96%	95%	93%	92%	91%
20	94%	95%	96%	97%	98%	99%	99%	100%	100%	100%	100%	100%	99%	99%	98%	97%	96%	95%	94%
10	97%	97%	98%	98%	99%	99%	99%	99%	100%	100%	100%	99%	99%	99%	99%	98%	98%	97%	97%
水平面	98%	98%	98%	98%	98%	98%	98%	98%	98%	98%	98%	98%	98%	98%	98%	98%	98%	98%	98%

昆明 纬度 25.01

	东	−80	−70	−60	−50	−40	−30	−20	−10	南	10	20	30	40	50	60	70	80	西
90	52%	54%	56%	57%	58%	59%	59%	60%	60%	60%	60%	60%	59%	59%	58%	57%	56%	54%	52%
80	59%	61%	63%	65%	66%	67%	68%	69%	69%	69%	69%	69%	68%	67%	66%	65%	63%	61%	59%
70	66%	68%	70%	72%	74%	75%	76%	77%	78%	78%	78%	77%	76%	75%	74%	72%	70%	68%	66%
60	73%	75%	77%	79%	81%	82%	84%	85%	85%	85%	85%	85%	84%	82%	81%	79%	77%	75%	73%
50	79%	81%	83%	85%	87%	89%	90%	91%	91%	92%	91%	91%	90%	89%	87%	85%	83%	81%	79%
40	85%	87%	89%	90%	92%	93%	95%	95%	96%	96%	96%	95%	95%	93%	92%	90%	89%	87%	85%
30	90%	91%	93%	94%	96%	97%	98%	98%	99%	99%	99%	98%	98%	97%	96%	94%	93%	91%	90%
20	93%	94%	96%	97%	98%	98%	99%	100%	100%	100%	100%	100%	99%	98%	98%	97%	96%	94%	93%
10	96%	96%	97%	97%	98%	98%	99%	99%	99%	99%	99%	99%	99%	98%	98%	97%	97%	96%	96%
水平面	96%	96%	96%	96%	96%	96%	96%	96%	96%	96%	96%	96%	96%	96%	96%	96%	96%	96%	96%

贵阳　纬度　26.07

	东	−80	−70	−60	−50	−40	−30	−20	−10	南	10	20	30	40	50	60	70	80	西
90	54%	56%	57%	58%	58%	59%	59%	59%	59%	59%	59%	59%	59%	59%	58%	58%	57%	56%	54%
80	61%	63%	64%	65%	66%	67%	68%	68%	68%	68%	68%	68%	68%	67%	66%	65%	64%	63%	61%
70	68%	70%	71%	73%	74%	76%	76%	76%	77%	77%	77%	76%	76%	76%	74%	73%	71%	70%	68%
60	75%	77%	78%	79%	81%	82%	83%	84%	84%	84%	84%	84%	83%	82%	81%	79%	78%	77%	75%
50	81%	83%	84%	86%	87%	88%	89%	90%	90%	90%	90%	90%	89%	88%	87%	86%	84%	83%	81%
40	87%	88%	90%	91%	92%	93%	94%	95%	95%	95%	95%	95%	94%	93%	92%	91%	90%	88%	87%
30	91%	93%	94%	95%	96%	97%	97%	98%	98%	98%	98%	98%	97%	97%	96%	95%	94%	93%	91%
20	95%	96%	97%	97%	98%	99%	99%	100%	100%	100%	100%	100%	99%	99%	98%	97%	97%	96%	95%
10	97%	98%	98%	99%	99%	99%	99%	100%	100%	100%	100%	100%	99%	99%	99%	99%	98%	98%	97%
水平面	98%	98%	98%	98%	98%	98%	98%	98%	98%	98%	98%	98%	98%	98%	98%	98%	98%	98%	98%

长沙　纬度　28.06

	东	−80	−70	−60	−50	−40	−30	−20	−10	南	10	20	30	40	50	60	70	80	西
90	54%	55%	56%	57%	57%	58%	58%	58%	58%	58%	58%	58%	58%	58%	57%	57%	56%	55%	54%
80	61%	62%	63%	64%	61%	66%	67%	67%	67%	67%	67%	67%	67%	66%	61%	64%	63%	62%	61%
70	67%	69%	71%	72%	73%	74%	75%	75%	75%	76%	75%	75%	75%	74%	73%	72%	71%	69%	67%
60	74%	76%	78%	79%	80%	81%	82%	83%	83%	83%	83%	83%	82%	81%	80%	79%	78%	76%	74%
50	81%	82%	84%	85%	87%	88%	89%	89%	90%	90%	90%	89%	89%	88%	87%	85%	84%	82%	81%
40	86%	88%	89%	91%	92%	93%	94%	94%	95%	95%	95%	94%	94%	93%	92%	91%	89%	88%	86%
30	91%	92%	94%	95%	96%	97%	97%	98%	98%	98%	98%	98%	97%	97%	96%	95%	94%	92%	91%
20	95%	96%	97%	97%	98%	99%	99%	100%	100%	100%	100%	100%	99%	99%	98%	97%	97%	96%	95%
10	97%	98%	98%	99%	99%	99%	100%	100%	100%	100%	100%	100%	100%	99%	99%	99%	98%	98%	97%
水平面	98%	98%	98%	98%	98%	98%	98%	98%	98%	98%	98%	98%	98%	98%	98%	98%	98%	98%	98%

广州　纬度　23.12

	东	−80	−70	−60	−50	−40	−30	−20	−10	南	10	20	30	40	50	60	70	80	西
90	53%	54%	55%	56%	57%	57%	58%	58%	58%	57%	58%	58%	58%	57%	57%	56%	55%	54%	53%
80	60%	61%	63%	64%	65%	66%	66%	67%	67%	67%	67%	67%	66%	66%	65%	64%	63%	61%	60%
70	67%	69%	70%	72%	73%	74%	75%	75%	75%	75%	75%	75%	75%	74%	73%	72%	70%	69%	67%
60	74%	75%	77%	79%	80%	81%	82%	83%	83%	83%	83%	83%	82%	81%	80%	79%	77%	75%	74%
50	80%	82%	84%	85%	86%	88%	89%	89%	90%	90%	90%	89%	89%	88%	86%	85%	84%	82%	80%
40	86%	87%	89%	90%	92%	93%	94%	94%	95%	95%	95%	94%	94%	93%	92%	90%	89%	87%	86%
30	91%	92%	93%	95%	96%	97%	97%	98%	98%	98%	98%	98%	97%	97%	96%	95%	93%	92%	91%
20	95%	95%	96%	97%	98%	99%	99%	100%	100%	100%	100%	100%	99%	99%	98%	97%	96%	95%	95%
10	97%	97%	98%	98%	99%	99%	99%	100%	100%	100%	100%	100%	99%	99%	99%	98%	98%	97%	97%
水平面	98%	98%	98%	98%	98%	98%	98%	98%	98%	98%	98%	98%	98%	98%	98%	98%	98%	98%	98%

南昌　纬度　28.42

	东	−80	−70	−60	−50	−40	−30	−20	−10	南	10	20	30	40	50	60	70	80	西
90	54%	55%	56%	57%	58%	58%	58%	58%	58%	58%	58%	58%	58%	58%	58%	57%	56%	55%	54%
80	61%	62%	64%	65%	66%	66%	67%	67%	67%	67%	67%	67%	67%	66%	66%	65%	64%	62%	61%

南昌　纬度　28.42

	东	-80	-70	-60	-50	-40	-30	-20	-10	南	10	20	30	40	50	60	70	80	西
70	68%	69%	71%	72%	73%	74%	75%	75%	76%	76%	76%	75%	75%	74%	73%	72%	71%	69%	68%
60	74%	76%	78%	79%	81%	82%	82%	83%	83%	84%	83%	83%	82%	82%	81%	79%	78%	76%	74%
50	81%	82%	84%	86%	87%	88%	89%	89%	90%	90%	90%	89%	89%	88%	87%	86%	84%	82%	81%
40	86%	88%	89%	91%	92%	93%	94%	94%	95%	95%	95%	94%	94%	93%	92%	91%	89%	88%	86%
30	91%	92%	94%	95%	96%	97%	97%	98%	98%	98%	98%	98%	97%	97%	96%	95%	94%	92%	91%
20	95%	96%	97%	97%	98%	99%	99%	100%	100%	100%	100%	100%	99%	99%	98%	97%	97%	96%	95%
10	97%	98%	98%	99%	99%	99%	100%	100%	100%	100%	100%	100%	100%	99%	99%	99%	98%	98%	97%
水平面	98%	98%	98%	98%	98%	98%	98%	98%	98%	98%	98%	98%	98%	98%	98%	98%	98%	98%	98%

成都　纬度　30.34

	东	-80	-70	-60	-50	-40	-30	-20	-10	南	10	20	30	40	50	60	70	80	西
90	58%	58%	58%	58%	58%	58%	58%	58%	57%	57%	57%	58%	58%	58%	58%	58%	58%	58%	58%
80	65%	65%	65%	66%	66%	66%	66%	65%	65%	65%	65%	65%	66%	66%	66%	66%	65%	65%	65%
70	72%	72%	72%	73%	73%	73%	73%	73%	73%	73%	73%	73%	73%	73%	73%	73%	72%	72%	72%
60	78%	79%	79%	79%	80%	80%	80%	80%	80%	80%	80%	80%	80%	80%	80%	79%	79%	79%	78%
50	84%	85%	85%	86%	86%	86%	86%	86%	86%	86%	86%	86%	86%	86%	86%	85%	85%	85%	84%
40	89%	90%	90%	91%	91%	91%	91%	92%	92%	92%	92%	92%	91%	91%	91%	91%	90%	90%	89%
30	94%	94%	94%	95%	95%	95%	95%	96%	96%	96%	96%	96%	95%	95%	95%	95%	94%	94%	94%
20	97%	97%	98%	98%	98%	98%	98%	98%	98%	99%	98%	98%	98%	98%	98%	98%	98%	97%	97%
10	99%	99%	99%	100%	100%	100%	100%	100%	100%	100%	100%	100%	100%	100%	100%	100%	99%	99%	99%
水平面	100%	100%	100%	100%	100%	100%	100%	100%	100%	100%	100%	100%	100%	100%	100%	100%	100%	100%	100%

上海　纬度　31.08

	东	-80	-70	-60	-50	-40	-30	-20	-10	南	10	20	30	40	50	60	70	80	西
90	55%	56%	57%	58%	59%	60%	61%	61%	61%	61%	61%	61%	61%	60%	59%	58%	57%	56%	55%
80	61%	63%	65%	66%	67%	68%	69%	69%	70%	70%	70%	69%	69%	68%	67%	66%	65%	63%	61%
70	68%	70%	72%	73%	75%	76%	77%	77%	78%	78%	78%	77%	77%	76%	75%	73%	72%	70%	68%
60	75%	77%	78%	80%	82%	83%	84%	85%	85%	85%	85%	85%	84%	83%	82%	80%	78%	77%	75%
50	81%	83%	84%	86%	88%	89%	90%	91%	91%	91%	91%	91%	90%	89%	88%	86%	84%	83%	81%
40	86%	88%	90%	91%	92%	94%	94%	95%	96%	96%	96%	95%	94%	94%	92%	91%	90%	88%	86%
30	91%	92%	94%	95%	96%	97%	98%	98%	99%	99%	99%	98%	98%	97%	96%	95%	94%	92%	91%
20	94%	95%	96%	97%	98%	99%	99%	100%	100%	100%	100%	100%	99%	99%	98%	97%	96%	95%	94%
10	97%	97%	98%	98%	99%	99%	99%	99%	100%	100%	100%	99%	99%	99%	99%	98%	98%	97%	97%
水平面	97%	97%	97%	97%	97%	97%	97%	97%	97%	97%	97%	97%	97%	97%	97%	97%	97%	97%	97%

西安　纬度　34.24

	东	-80	-70	-60	-50	-40	-30	-20	-10	南	10	20	30	40	50	60	70	80	西
90	55%	57%	58%	60%	61%	62%	62%	62%	63%	63%	63%	62%	62%	62%	61%	60%	58%	57%	55%
80	62%	64%	65%	67%	68%	69%	70%	71%	71%	71%	71%	71%	70%	69%	68%	67%	65%	64%	62%
70	68%	71%	72%	74%	76%	77%	78%	79%	79%	79%	79%	79%	78%	77%	76%	74%	72%	71%	68%
60	75%	77%	79%	81%	82%	84%	85%	86%	86%	86%	86%	86%	85%	84%	82%	81%	79%	77%	75%

续表

西安　纬度　34.24

	东	−80	−70	−60	−50	−40	−30	−20	−10	南	10	20	30	40	50	60	70	80	西
50	81%	83%	85%	86%	88%	89%	91%	91%	92%	92%	92%	91%	91%	89%	88%	86%	85%	83%	81%
40	86%	88%	90%	91%	93%	94%	95%	96%	96%	96%	96%	96%	95%	94%	93%	91%	90%	88%	86%
30	90%	92%	93%	95%	96%	97%	98%	99%	99%	99%	99%	99%	98%	97%	96%	95%	93%	92%	90%
20	94%	95%	96%	97%	98%	99%	99%	100%	100%	100%	100%	100%	99%	99%	98%	97%	96%	95%	94%
10	96%	97%	97%	98%	98%	98%	99%	99%	99%	99%	99%	99%	99%	98%	98%	98%	97%	97%	96%
水平面	97%	97%	97%	97%	97%	97%	97%	97%	97%	97%	97%	97%	97%	97%	97%	97%	97%	97%	97%

郑州　纬度　34.51

	东	−80	−70	−60	−50	−40	−30	−20	−10	南	10	20	30	40	50	60	70	80	西
90	55%	57%	58%	60%	83%	62%	63%	63%	63%	63%	63%	63%	63%	62%	83%	60%	58%	57%	55%
80	62%	64%	66%	67%	69%	70%	71%	72%	72%	72%	72%	72%	71%	70%	69%	67%	66%	64%	62%
70	68%	70%	72%	74%	76%	77%	79%	79%	80%	72%	80%	79%	79%	77%	76%	74%	72%	70%	68%
60	75%	77%	79%	81%	83%	84%	85%	86%	87%	87%	87%	86%	85%	84%	83%	81%	79%	77%	75%
50	81%	83%	85%	87%	88%	90%	91%	92%	92%	93%	92%	92%	91%	90%	88%	87%	85%	83%	81%
40	86%	88%	90%	91%	93%	94%	95%	96%	96%	97%	96%	96%	95%	94%	93%	91%	90%	88%	86%
30	90%	92%	93%	95%	96%	97%	98%	99%	99%	99%	99%	99%	98%	97%	96%	95%	93%	92%	90%
20	94%	95%	96%	97%	98%	99%	99%	100%	100%	100%	100%	100%	99%	99%	98%	97%	96%	95%	94%
10	96%	96%	97%	97%	98%	98%	99%	99%	99%	99%	99%	99%	99%	98%	98%	97%	97%	96%	96%
水平面	97%	97%	97%	97%	97%	97%	97%	97%	97%	97%	97%	97%	97%	97%	97%	97%	97%	97%	97%

青岛　纬度　36.16

	东	−80	−70	−60	−50	−40	−30	−20	−10	南	10	20	30	40	50	60	70	80	西
90	54%	56%	58%	60%	62%	63%	64%	65%	66%	66%	66%	65%	64%	63%	62%	60%	58%	56%	54%
80	60%	63%	65%	67%	70%	71%	73%	74%	75%	75%	75%	74%	73%	71%	70%	67%	65%	63%	60%
70	67%	69%	72%	75%	77%	79%	80%	82%	82%	83%	82%	82%	80%	79%	77%	75%	72%	69%	67%
60	73%	76%	78%	81%	83%	85%	87%	88%	89%	89%	89%	88%	87%	85%	83%	81%	78%	76%	73%
50	79%	81%	84%	87%	89%	91%	92%	94%	94%	95%	94%	94%	92%	91%	89%	87%	84%	81%	79%
40	84%	87%	89%	91%	93%	95%	96%	97%	98%	98%	98%	97%	96%	95%	93%	91%	89%	87%	84%
30	88%	90%	92%	94%	96%	97%	98%	99%	100%	100%	100%	99%	98%	97%	96%	94%	92%	90%	88%
20	92%	93%	94%	96%	97%	98%	99%	99%	100%	100%	100%	99%	99%	98%	97%	96%	94%	93%	92%
10	94%	95%	95%	96%	97%	97%	98%	98%	98%	98%	98%	98%	98%	97%	97%	96%	95%	95%	94%
水平面	95%	95%	95%	95%	95%	95%	95%	95%	95%	95%	95%	95%	95%	95%	95%	95%	95%	95%	95%

兰州　纬度　36.03

	东	−80	−70	−60	−50	−40	−30	−20	−10	南	10	20	30	40	50	60	70	80	西
90	54%	56%	58%	60%	61%	62%	63%	64%	64%	64%	64%	64%	63%	62%	61%	60%	58%	56%	54%
80	60%	63%	65%	67%	69%	71%	72%	73%	73%	73%	73%	73%	72%	71%	69%	67%	65%	63%	60%
70	66%	69%	72%	74%	76%	78%	80%	81%	81%	82%	81%	81%	80%	78%	76%	74%	72%	69%	66%
60	72%	75%	78%	81%	83%	85%	86%	88%	88%	89%	88%	88%	86%	85%	83%	81%	78%	75%	72%
50	78%	81%	84%	86%	89%	90%	92%	93%	94%	94%	94%	93%	92%	90%	89%	86%	84%	81%	78%
40	83%	86%	88%	91%	93%	95%	96%	97%	98%	98%	98%	97%	96%	95%	93%	91%	88%	86%	83%

兰州　　纬度　　36.03

	东	−80	−70	−60	−50	−40	−30	−20	−10	南	10	20	30	40	50	60	70	80	西
30	88%	90%	92%	94%	96%	97%	98%	99%	100%	100%	100%	99%	98%	97%	96%	94%	92%	90%	88%
20	91%	93%	94%	96%	97%	98%	99%	99%	100%	100%	100%	99%	99%	98%	97%	96%	94%	93%	91%
10	94%	95%	95%	96%	97%	97%	98%	98%	98%	98%	98%	98%	98%	97%	97%	96%	95%	95%	94%
水平面	95%	95%	95%	95%	95%	95%	95%	95%	95%	95%	95%	95%	95%	95%	95%	95%	95%	95%	95%

济南　　纬度　　36.43

	东	−80	−70	−60	−50	−40	−30	−20	−10	南	10	20	30	40	50	60	70	80	西
90	53%	56%	58%	60%	62%	63%	64%	65%	65%	65%	65%	65%	64%	63%	62%	60%	58%	56%	53%
80	60%	62%	65%	67%	69%	71%	73%	74%	74%	74%	74%	74%	73%	71%	69%	67%	65%	62%	60%
70	66%	69%	72%	74%	77%	79%	80%	82%	82%	83%	82%	82%	80%	79%	77%	74%	72%	69%	66%
60	72%	75%	78%	81%	83%	85%	87%	88%	89%	89%	89%	88%	87%	85%	83%	81%	78%	75%	72%
50	78%	81%	84%	86%	89%	91%	92%	94%	94%	95%	94%	94%	92%	91%	89%	86%	84%	81%	78%
40	83%	86%	88%	91%	93%	95%	96%	97%	98%	98%	98%	97%	96%	95%	93%	91%	88%	86%	83%
30	88%	90%	92%	94%	96%	97%	98%	99%	100%	100%	100%	99%	98%	97%	96%	94%	92%	90%	88%
20	91%	93%	94%	95%	97%	98%	99%	99%	100%	100%	100%	99%	99%	98%	97%	95%	94%	93%	91%
10	93%	94%	95%	96%	96%	97%	97%	98%	98%	98%	98%	98%	97%	97%	96%	96%	95%	94%	93%
水平面	94%	94%	94%	94%	94%	94%	94%	94%	94%	94%	94%	94%	94%	94%	94%	94%	94%	94%	94%

太原　　纬度　　37.42

	东	−80	−70	−60	−50	−40	−30	−20	−10	南	10	20	30	40	50	60	70	80	西
90	54%	56%	59%	61%	63%	64%	66%	66%	67%	67%	67%	66%	66%	64%	63%	61%	59%	56%	54%
80	60%	63%	66%	68%	70%	72%	74%	75%	76%	76%	76%	75%	74%	72%	70%	68%	66%	63%	60%
70	66%	69%	72%	75%	77%	80%	81%	83%	84%	84%	84%	83%	81%	80%	77%	75%	72%	69%	66%
60	72%	75%	78%	81%	84%	86%	88%	89%	90%	90%	90%	89%	88%	86%	84%	81%	78%	75%	72%
50	77%	81%	84%	86%	89%	91%	93%	94%	95%	95%	95%	94%	93%	91%	89%	86%	84%	81%	77%
40	82%	85%	88%	91%	93%	95%	96%	98%	98%	99%	98%	98%	96%	95%	93%	91%	88%	85%	82%
30	87%	89%	91%	93%	95%	97%	98%	99%	100%	100%	100%	99%	98%	97%	95%	93%	91%	89%	87%
20	90%	92%	93%	95%	96%	97%	98%	99%	99%	100%	99%	99%	98%	97%	96%	95%	93%	92%	90%
10	92%	93%	94%	95%	95%	96%	96%	97%	97%	97%	97%	97%	96%	96%	95%	95%	94%	93%	92%
水平面	93%	93%	93%	93%	93%	93%	93%	93%	93%	93%	93%	93%	93%	93%	93%	93%	93%	93%	93%

天津　　纬度　　38.56

	东	−80	−70	−60	−50	−40	−30	−20	−10	南	10	20	30	40	50	60	70	80	西
90	53%	56%	58%	61%	63%	65%	66%	67%	68%	68%	68%	67%	66%	65%	63%	61%	58%	56%	53%
80	59%	62%	65%	68%	71%	73%	75%	76%	77%	77%	77%	76%	75%	73%	71%	68%	65%	62%	59%
70	65%	68%	72%	75%	78%	80%	82%	84%	85%	85%	85%	84%	82%	80%	78%	75%	72%	68%	65%
60	71%	74%	78%	81%	84%	86%	88%	90%	91%	91%	91%	90%	88%	86%	84%	81%	78%	74%	71%
50	76%	80%	83%	86%	89%	91%	93%	95%	96%	96%	96%	95%	93%	91%	89%	86%	83%	80%	76%
40	81%	84%	87%	90%	93%	95%	97%	98%	99%	99%	99%	98%	97%	95%	93%	90%	87%	84%	81%
30	85%	88%	90%	93%	95%	97%	98%	99%	100%	100%	100%	99%	98%	97%	95%	93%	90%	88%	85%
20	89%	91%	92%	94%	95%	97%	98%	98%	99%	99%	99%	98%	98%	97%	95%	94%	92%	91%	89%

续表

天津　纬度　38.56

	东	−80	−70	−60	−50	−40	−30	−20	−10	南	10	20	30	40	50	60	70	80	西
10	91%	92%	93%	94%	94%	95%	96%	96%	96%	96%	96%	96%	96%	95%	94%	94%	93%	92%	91%
水平面	92%	92%	92%	92%	92%	92%	92%	92%	92%	92%	92%	92%	92%	92%	92%	92%	92%	92%	92%

抚顺　纬度　41.55

	东	−80	−70	−60	−50	−40	−30	−20	−10	南	10	20	30	40	50	60	70	80	西
90	54%	57%	60%	63%	66%	68%	70%	72%	73%	73%	73%	72%	70%	68%	66%	63%	60%	57%	54%
80	59%	63%	67%	70%	73%	76%	78%	80%	81%	81%	81%	80%	78%	76%	73%	70%	67%	63%	59%
70	65%	69%	73%	76%	80%	83%	85%	87%	88%	88%	88%	87%	85%	83%	80%	76%	73%	69%	65%
60	70%	74%	78%	82%	85%	88%	91%	92%	94%	94%	94%	92%	91%	88%	85%	82%	78%	74%	70%
50	75%	79%	83%	86%	90%	92%	95%	96%	98%	98%	98%	96%	95%	92%	90%	86%	83%	79%	75%
40	80%	83%	86%	90%	92%	95%	97%	99%	100%	100%	100%	99%	97%	95%	92%	90%	86%	83%	80%
30	83%	86%	89%	92%	94%	96%	98%	99%	100%	100%	100%	99%	98%	96%	94%	92%	89%	86%	83%
20	86%	88%	90%	92%	94%	95%	97%	97%	98%	98%	98%	97%	97%	95%	94%	92%	90%	88%	86%
10	88%	89%	90%	91%	92%	93%	94%	94%	94%	94%	94%	94%	94%	93%	92%	91%	90%	89%	88%
水平面	89%	89%	89%	89%	89%	89%	89%	89%	89%	89%	89%	89%	89%	89%	89%	89%	89%	89%	89%

长春　纬度　43.40

	东	−80	−70	−60	−50	−40	−30	−20	−10	南	10	20	30	40	50	60	70	80	西
90	52%	56%	59%	63%	66%	69%	72%	74%	75%	75%	75%	74%	72%	69%	66%	63%	59%	56%	52%
80	57%	61%	66%	70%	73%	77%	80%	82%	83%	84%	83%	82%	80%	77%	73%	70%	66%	61%	57%
70	62%	67%	71%	76%	80%	83%	86%	89%	90%	90%	90%	89%	86%	83%	80%	76%	71%	67%	62%
60	67%	72%	77%	81%	85%	88%	91%	94%	95%	96%	95%	94%	91%	88%	85%	81%	77%	72%	67%
50	72%	76%	81%	85%	89%	92%	95%	97%	98%	99%	98%	97%	95%	92%	89%	85%	81%	76%	72%
40	76%	80%	84%	88%	91%	94%	97%	98%	100%	100%	100%	98%	97%	94%	91%	88%	84%	80%	76%
30	80%	83%	86%	89%	92%	95%	97%	98%	99%	99%	99%	98%	97%	95%	92%	89%	86%	83%	80%
20	83%	85%	87%	89%	91%	93%	95%	96%	96%	96%	96%	96%	95%	93%	91%	89%	87%	85%	83%
10	84%	86%	87%	88%	89%	90%	91%	91%	92%	92%	92%	91%	91%	90%	89%	88%	87%	86%	84%
水平面	85%	85%	85%	85%	85%	85%	85%	85%	85%	85%	85%	85%	85%	85%	85%	85%	85%	85%	85%

附录 4-1　热水用水定额

序号	建筑物名称	单位	最高日用水定额(L)	使用时间(h)
1	住宅 有自备热水供应和沐浴设备 有集中热水供应和沐浴设备	每人 每日	40～80 60～100	24 24
2	别墅	每人每日	70～110	24
3	酒店式公寓	每人每日	80～100	24
4	宿舍 Ⅰ类、Ⅱ类 Ⅲ类、Ⅳ类	每人每日 每人每日	70～100 40～80	24 或定时 供应

续表

序号	建筑物名称	单位	最高日用水定额(L)	使用时间(h)
5	招待所、培训中心、普通旅馆			24 或定时供应
	设公用盥洗室	每人每日	25～40	
	设公用盥洗室、淋浴室	每人每日	40～60	
	设公用盥洗室、淋浴室、洗衣室	每人每日	50～80	
	设单独卫生间、公用洗衣室	每人每日	60～100	
6	宾馆 客房			24
	旅客	每床位每日	120～160	
	员工	每人每日	40～50	
7	医院住院部			
	设公用盥洗室	每床位每日	60～100	24
	设公用盥洗室、淋浴室	每床位每日	70～130	
	设单独卫生间	每床位每日	110～200	
	医务人员	每人每班	70～130	8
	门诊部、诊疗所	每病人每次	7～13	24
	疗养院、休养所住房部	每床位每日	100～160	
8	养老院	每床位每日	50～70	24
9	幼儿园、托儿所			
	有住宿	每儿童每日	20～40	24
	无住宿	每儿童每日	10～15	10
10	公共浴室			12
	淋浴	每顾客每次	40～60	
	淋浴、浴盆	每顾客每次	60～80	
	桑拿浴(淋浴、按摩池)	每顾客每次	70～100	
11	理发室、美容院	每顾客每次	10～15	12
12	洗衣房	每千克干衣	15～30	8
13	餐饮厅			
	营业餐厅	每顾客每次	15～20	10～12
	快餐店、职工及学生食堂	每顾客每次	7～10	12～16
	酒吧、咖啡厅、茶座、卡拉 OK 房	每顾客每次	3～8	8～18
14	办公楼	每人每班	5～10	8
15	健身中心	每人每次	15～25	12
16	体育场(馆)			
	运动员淋浴	每人每次	17～26	4
17	会议厅	每座位每次	2～3	4

注：1. 热水温度按 60℃计。
2. 表内所列用水定额均已包括在给水定额中。
3. 本表以 60℃热水水温为计算温度，卫生器具的使用水温见附录 4-2。

附录 4-2　不同温度下热水用水定额

序号	建筑物名称	单位	各温度时最高日用水定额(L)			
			50℃	55℃	60℃	65℃
1	住宅					
	有自备热水供应和淋浴设备	每人每日	49～98	44～88	40～80	37～73
	有集中热水供应和淋浴设备	每人每日	73～122	66～110	60～100	55～92

续表

序号	建筑物名称	单位	各温度时最高日用水定额(L)			
			50℃	55℃	60℃	65℃
2	别墅	每人每日	86～134	77～121	70～110	64～101
3	单身职工宿舍、学生宿舍、招待所、培训中心、普通旅馆					
	设公用盥洗室	每人每日	31～94	28～44	25～40	23～37
	设公用盥洗室、淋浴室	每人每日	49～73	44～88	40～60	37～55
	设公用盥洗室、淋浴室、洗衣室	每人每日	61～98	55～88	50～80	46～73
	设单独卫生间、公用洗衣室	每人每日	73～122	66～110	60～100	55～92
4	宾馆、客房					
	旅客	每床位每日	147～196	132～176	120～160	110～146
	员工	每人每日	49～61	44～55	40～50	37～56
5	医院住院部					
	设公用盥洗室	每床位每日	55～122	50～110	45～100	41～92
	设公用盥洗室、淋浴室	每床位每日	73～122	66～110	60～100	55～92
	设单独卫生间	每床位每日	134～244	121～220	110～200	101～184
	门诊部、诊疗所	每病人每次	9～16	8～14	7～13	6～12
	疗养院、休养所住房部	每床位每日	122～196	110～176	100～160	92～146
6	养老院	每床位每日	61～86	55～77	50～70	46～64
7	幼儿园、托儿所					
	有住宿	每儿童每日	25～49	22～44	20～40	19～37
	无住宿	每儿童每日	12～19	11～17	10～15	9～14
8	公共浴室					
	淋浴	每顾客每次	49～73	44～66	40～60	37～55
	淋浴、浴盆	每顾客每次	73～98	66～88	60～80	55～73
	桑拿浴(淋浴、按摩池)	每顾客每次	85～122	77～110	70～100	64～91
9	理发室、美容院	每顾客每次	12～19	11～17	10～15	9～14
10	洗衣房	每千克干衣	19～37	17～33	15～30	14～28
11	餐饮厅					
	营业餐厅	每顾客每次	19～25	17～22	15～20	14～19
	快餐店、职工及学生食堂	每顾客每次	9～12	8～11	7～10	7～9
	酒吧、咖啡厅、茶座、卡拉 OK 房	每顾客每次	4～9	4～9	3～8	3～8
12	办公楼	每人每班	6～12	6～11	5～10	5～9
13	健身中心	每人每次	19～31	17～28	15～25	14～23
14	体育场(馆)					
	运动员淋浴	每人每次	31～43	28～39	25～35	23～34
15	会议厅	每座位每次	2～4	2～4	2～3	2～3

注：1. 表内所列用水量已包括在冷水用水定额之内。

2. 冷水温度按 5℃计。

3. 本表热水温度为计算温度，卫生器具使用热水温度见附录 4-3。

附录 4-3 卫生器具的一次和小时热水用水定额及水温

序号	卫生器具名称	一次用水量(L)	小时用水量(L)	使用水温(℃)
1	住宅、旅馆、别墅、宾馆、酒店式公寓			
	带有淋浴器的浴盆	150	300	40
	无淋浴器的浴盆	125	250	40
	淋浴器	70～100	140～200	37～40
	洗脸盆、盥洗槽水嘴	3	30	30
	洗涤盆(池)	—	180	50

续表

序号	卫生器具名称	一次用水量(L)	小时用水量(L)	使用水温(℃)
2	宿舍、招待所、培训中心 淋浴器:有淋浴小间 无淋浴小间 盥洗槽水嘴	 70～100 — 3～5	 210～300 450 50～80	 37～40 37～40 30
3	餐饮业 洗涤盆(池) 洗脸盆:工作人员用 顾客用 淋浴器	 — 3 — 40	 250 60 120 400	 50 30 30 37～40
4	幼儿园、托儿所 浴　盆:幼儿园 托儿所 淋浴器:幼儿园 托儿所 盥洗槽水嘴 洗涤盆(池)	 100 30 30 15 15 —	 400 120 180 90 25 180	 35 35 35 35 30 50
5	医院、疗养院、休养所 洗手盆 洗涤盆(池) 淋浴器 浴盆	 — — — 120～150	 15～25 300 200～300 250～300	 35 50 37～40 40
6	公共浴室 浴盆 淋浴器:有淋浴小间 无淋浴小间 洗脸盆	 125 100～150 — 5	 250 200～300 450～540 50～80	 40 37～40 37～40 35
7	办公楼　洗手盆	—	50～100	35
8	理发室　美容院　洗脸盆	—	35	35
9	实验室 洗脸盆 洗手盆	 — —	 60 15～25	 50 30
10	剧场 淋浴器 演员用洗脸盆	 60 5	 200～400 80	 37～40 35
11	体育场馆　淋浴器	30	300	35
12	工业企业生活间 淋浴器:一般车间 脏车间 洗脸盆或盥洗槽水嘴: 一般车间 脏车间	 40 60 3 5	 360～540 180～480 90～120 100～150	 37～40 40 30 35
13	净身器	10～15	120～180	30

注:一般车间指现行国家标准《工业企业设计卫生标准》GBZ 1 中规定的3、4级卫生特征的车间，脏车间指该标准中规定的1、2级卫生特征的车间。

附录 4-4　卫生器具的给水额定流量、当量、支管管径和流出水头(最低工作压力)

序号	给水配件名称	额定流量(L/s)	当量	公称管径(mm)	最低工作压力(MPa)
1	洗涤盆、拖布盆、盥洗槽 单阀水嘴 单阀水嘴 混合水嘴	 0.15～0.20 0.30～0.40 0.15～0.20(0.14)	 0.75～1.00 1.5～2.00 0.75～1.00(0.70)	 15 20 15	0.050

续表

序号	给水配件名称	额定流量(L/s)	当量	公称管径(mm)	最低工作压力(MPa)
2	洗脸盆 单阀水嘴 混合水嘴	 0.15 0.15(0.10)	 0.75 0.75(0.5)	 15 15	0.050
3	洗手盆 单阀水嘴 混合水嘴	 0.10 0.15(0.10)	 0.5 0.75(0.5)	 15 15	0.050
4	浴盆 单阀水嘴 混合水嘴(含带淋浴转换器)	 0.20 0.24(0.20)	 1.0 1.2(1.0)	 15 15	 0.050 0.050～0.070
5	淋浴器 混合阀	 0.15(0.10)	 0.75(0.5)	 15	 0.050～0.100
6	大便器 冲洗水箱浮球阀 延时自闭式冲洗阀	 0.10 1.20	 0.50 6.00	 15 25	 0.020 0.100～0.150
7	小便器 手动或自动自闭式冲洗阀 自动冲洗水箱进水阀	 0.10 0.10	 0.50 0.50	 15 15	 0.050 0.020
8	小便槽穿孔冲洗管(每米长)	0.05	0.25	15～20	0.015
9	净身盆冲洗水嘴	0.10(0.07)	0.50(0.35)	15	0.050
10	医院倒便器	0.20	1.00	15	0.050
11	实验室化验水嘴(鹅颈) 单联 双联 三联	 0.07 0.15 0.20	 0.35 0.75 1.00	 15 15 15	 0.020 0.020 0.020
12	饮水器喷嘴	0.05	0.25	15	0.050
13	洒水栓	0.40 0.70	2.00 3.50	20 25	0.050～0.100 0.050～0.100
14	室内地面冲洗水嘴	0.20	1.00	15	0.050
15	家用洗衣机水嘴	0.20	1.00	15	0.050
16	器皿洗涤机	0.20	1.0	注7	注7
17	土豆剥皮机	0.20	1.0	15	注7
18	土豆清洗机	0.20	1.0	15	注7
19	蒸锅及煮锅	0.20	1.0	注7	注7

注：1. 表中括号内的数值系在有热水供应时，单独计算冷水或热水时使用。

2. 当浴盆上附设淋浴器，或混合水嘴有淋浴器转换开关时，其额定流量和当量只计水嘴，不计淋浴器，但水压应按淋浴器计。

3. 家用燃气热水器，所需水压按产品要求和热水供应系统最不利配水点所需工作压力确定。

4. 绿地的自动喷灌应按产品要求设计。

5. 如为充气龙头，其额定流量为表中同类配件额定流量的0.7倍。

6. 卫生器具给水配件所需流出水头，如有特殊要求时，其数值按产品要求确定。

7. 所需的最低工作压力及所配管径均按产品要求确定。

附录 4-5　冷水计算温度

地　区	地面水温度(℃)	地下水温度(℃)
黑龙江、吉林、内蒙古的全部，辽宁的大部分，河北、山西、陕西偏北部分，宁夏偏东部分	4	6～10
北京、天津、山东全部，河北、山西、陕西的大部分，河北北部，甘肃、宁夏、辽宁的南部，青海偏东和江苏偏北的一小部分	4	10～15
上海、浙江全部，江西、安徽、江苏的大部分，福建北部，湖南、湖北东部，河南南部	5	15～20
广东、台湾全部，广西大部分，福建、云南的南部	10～15	20
重庆、贵州全部，四川、云南的大部分，湖南、湖北的西部，山西和甘肃秦岭以南地区，广西偏北的一小部分	7	15～20

附录 4-6　直接供应热水的热水锅炉、热水机组或水加热器出口的最高水温和配水点的最低水温

水质处理情况	热水锅炉、热水机组或水加热器出口的最高水温(℃)	配水点的最低水温(℃)
原水水质无需软化处理，原水水质需水质处理且有水质处理	75	50
原水水质需水质处理但未进行水质处理	60	50

注：当热水供应系统只供淋浴和盥洗用水，不供洗涤盆（池）洗涤用水时，配水点最低水温可不低于 40℃。

附录 4-7　盥洗用、沐浴用和洗涤用的热水水温

用水对象	热水水温(℃)
盥洗用(包括洗脸盆、盥洗槽、洗手盆用水)	30～35
沐浴用(包括浴盆、淋浴器用水)	37～40
洗涤用(包括洗涤盆、洗涤池用水)	≈50

注：1. 当配水点处最低水温降低时，热水锅炉和水加热器最高水温亦可相应降低。
2. 集中热水供应系统中，在水加热设备和热水管道保温条件下，加热设备出口处与配水点的热水温度差，一般不大于 10℃。

附录 4-8　太阳能集热器平均集热效率计算方法

太阳能集热器的集热效率应根据选用产品的实际测试效率方程附式（4-8-1）或附式（4-8-2）进行计算。

$$\eta = \eta_0 - UT^* \qquad (4\text{-}8\text{-}1)$$

式中　η——以 T^* 为参考的集热器热效率，%；

η_0——$T^*=0$ 时的集热器热效率，%；

U——以 T^* 为参考的集热器总热损系数，$W/(m^2 \cdot K)$；

T^*——归一化温差，$(m^2 \cdot K)/W$。

$$\eta=\eta_0-a_1T^*-a_2G(T^*)^2 \tag{4-8-2}$$

式中 a_1——以 T^* 为参考的常数；

a_2——以 T^* 为参考的常数；

G——总太阳辐照度，W/m^2。

$$T^*=(t_i-t_a)/G \tag{4-8-3}$$

式中 t_i——集热器工质进口温度,℃；

t_a——环境温度,℃。

（1）对于全年运行的太阳能热水系统计算太阳能集热器集热效率时，归一化温差计算的参数选择应符合下列原则：

1）环境或者周围空气温度 t_a 取全年环境温度平均值；

2）太阳总辐照度：

$$G=J_T/(3.6S_y) \tag{4-8-4}$$

式中 J_T——当地集热器采光面上的太阳总辐射年平均日辐照量，$kJ/(m^2 \cdot d)$；

S_y——当地的年平均日照小时数，h。

3）太阳能集热器工质进口温度

① 单水箱时：

$$t_i=\frac{t_L}{3}+\frac{2t_{end}}{3} \tag{4-8-5}$$

② 双水箱时 ：

$$t_i=\frac{t_L}{3}+\frac{2[f(t_{end}-t_L)+t_L]}{3} \tag{4-8-6}$$

式中 t_L——当地的冷水温度，℃；

t_{end}——供热水设计温度，℃；

f——太阳能保证率。

（2）短期蓄热太阳能供热采暖系统计算太阳能集热器集热效率时，归一化温差计算的参数选择应符合下列原则：

1）直接系统的 t_i 取供暖系统的回水温度，间接系统的 t_i 等于供暖系统的回水温度加换热器的换热温差。

2）t_a取当地 12 月的月平均室外环境空气温度。

3）总太阳辐照度 G 应按下式计算。

$$G=H_d/(3.6S_d) \tag{4-8-7}$$

式中 H_d——当地 12 月集热器采光面上的太阳总辐射月平均日辐照量，$kJ/(m^2 \cdot d)$；

S_d——当地 12 月的月平均每日的日照小时数，h。

（3）季节蓄热太阳能供热采暖系统计算太阳能集热器集热效率时，归一化温差计算的参数选择应符合下列原则：

1）直接系统的 t_i 取供暖系统的回水温度，间接系统的 t_i 等于供暖系统的回水温度加换热器的换热温差。

2）t_a取当地的年平均室外环境空气温度。

3）总太阳辐照度 G 应按下式计算：

$$G=H_y/(3.6S_y) \tag{4-8-8}$$

式中 H_y——当地集热器采光面上的太阳总辐射年平均日辐照量，kJ/(m^2 · d)；

S_y——当地的年平均每日的日照小时数，h。

（4）太阳能空调系统计算计算太阳能集热器集热效率时，归一化温差计算的参数选择应符合下列原则：

1）t_i 取冷水机组的可以正常工作的供水温度的下限值。

2）t_a取当地的当地 7 个月的月平均室外环境空气温度。

3）总太阳辐照度 G 应按下式计算：

$$G=H_c/(3.6S_c) \tag{4-8-9}$$

式中 H_c——当地 7 月集热器采光面上的太阳总辐射月平均日辐照量，kJ/(m^2 · d)；

S_c——当地 7 月的月平均每日的日照小时数，h。

附录 4-9 太阳能集热系统管路、水箱热损失率计算方法

管路、水箱热损失率 η_L 可按经验取值估算，η_L 的推荐取值范围为：

（1）太阳能热水系统：20%～30%；

（2）短期蓄热太阳能供热采暖系统：10%～20%；

（3）季节蓄热太阳能供热采暖系统：10%～15%。

需要准确计算时，可按以下方法进行计算。

太阳能集热系统管路单位表面积的热损失可按下式计算：

$$q_l=\frac{(t-t_a)}{\dfrac{D_0}{2\lambda}\ln\dfrac{D_0}{D_i}+\dfrac{1}{a_0}} \tag{4-9-1}$$

式中 q_l——管路单位表面积的热损失，W/m^2；

D_i——管道保温层内径，m；

D_0——管道保温层外径，m；

t_a——保温结构周围环境的空气温度，℃；

t——设备及管道外壁温度，金属管道及设备通常可取介质温度，℃；

a_0——表面放热系数，W/(m^2 · ℃)；

λ——保温材料的导热系数，W/(m · ℃)。

贮水箱单位表面积的热损失可按下式计算：

$$q=\frac{(t-t_a)}{\dfrac{\delta}{\lambda}+\dfrac{1}{a}} \tag{4-9-2}$$

式中 q——贮水箱单位表面积的热损失，W/m^2；

δ——保温层厚度，m；

λ——保温材料导热系数，W/(m · ℃)；

a——表面放热系数，W/(m^2 · ℃)。

对于圆形水箱保温：

$$\delta=\frac{D_0-D_i}{2} \tag{4-9-3}$$

管路及储水箱热损失率 η_L 可按下式计算：

$$\eta_L=(q_1A_1+qA_2)/(GA_c\eta_{cd}) \tag{4-9-4}$$

式中 A_1——管路表面积，m^2；

A_2——贮水箱表面积，m^2；

A_c——系统集热器总面积；

G——集热器采光面上的总太阳辐照度，W/m^2；

η_{cd}——基于总面积的集热器平均集热效率，%，按附录 4-8 的方法计算。

附录 5-1 主要代表城市太阳能气象参数

城市名称	纬度	H_{ha}	H_{La}	H_{ht}	H_{Lt}	T_a	S_y	T_d	T_h	S_d	资源区
格尔木	36°25′	19.238	21.785	11.016	20.91	5.5	8.7	−9.6	−3.1	7.6	Ⅰ
葛尔	32°30′	19.013	21.717	12.827	20.741	0.4	10	−11.1	−9.1	8.6	Ⅰ
拉萨	29°40′	19.843	22.022	15.725	25.025	8.2	8.6	−1.7	1.6	8.7	Ⅰ
阿勒泰	47°44′	14.943	18.157	4.822	11.03	4.5	8.5	−14.1	−7.9	4.4	Ⅱ
昌都	31°09′	16.415	18.082	12.593	20.092	7.6	6.9	−2	0.5	7	Ⅱ
大同	40°06′	15.202	17.346	7.977	14.647	7.2	7.6	−8.9	−4	5.6	Ⅱ
敦煌	40°09′	17.48	19.922	8.747	15.879	9.5	9.2	−7	−2.8	6.9	Ⅱ
额济纳旗	41°57′	17.884	21.501	8.04	17.39	8.9	9.6	−9.1	−4.3	7.3	Ⅱ
二连浩特	43°39′	17.28	21.012	7.824	18.15	4.1	9.1	−16.2	−8	6.9	Ⅱ
哈密	42°49′	17.229	20.238	7.748	16.222	10.1	9	−9	−4.1	6.4	Ⅱ
和田	37°08′	15.707	17.032	9.206	14.512	12.5	7.3	−3.2	−0.6	5.9	Ⅱ
景洪	22°00′	15.17	15.768	11.433	14.356	22.3	6	16.5	17.2	5.1	Ⅱ
喀什	39°28′	15.522	16.911	7.529	11.957	11.9	7.7	−4.2	−1.3	5.3	Ⅱ
库车	41°48′	15.77	17.639	7.779	14.272	11.3	7.7	−6.1	−2.7	5.7	Ⅱ
民勤	38°38′	15.928	17.991	9.112	16.272	8.3	8.7	−7.9	−2.6	7.7	Ⅱ
那曲	31°29′	15.423	17.013	13.626	21.486	−1.2	8	−13.2	−4.8	8	Ⅱ
奇台	44°01′	14.927	17.489	4.99	10.15	5.2	8.5	−13.2	−9.2	4.9	Ⅱ
若羌	39°02′	16.674	18.26	8.506	13.945	11.7	8.8	−6.2	−2.9	6.5	Ⅱ
三亚	18°14′	16.627	16.956	13.08	15.36	25.8	7	22.1	22.1	6.2	Ⅱ
腾冲	25°01′	14.96	16.148	14.352	19.416	15.1	5.8	9	8.9	8.1	Ⅱ
吐鲁番	42°56′	15.244	17.114	6.443	11.623	14.4	8.3	−7.2	−2.5	4.5	Ⅱ
西宁	36°37′	15.636	17.336	10.105	16.816	6.5	7.6	−6.7	−3	6.7	Ⅱ
伊宁	43°57′	15.125	17.733	5.774	12.225	9	8.1	−5.8	−2.8	4.9	Ⅱ
伊金霍洛旗	39°34′	15.438	17.973	8.839	16.991	6.3	8.7	−9.6	−6.2	7.1	Ⅱ
银川	38°29′	16.507	18.465	9.095	15.941	8.9	8.3	−6.7	−2.1	6.8	Ⅱ
玉树	33°01′	15.797	17.439	11.997	19.926	3.2	7.1	−7.2	−2.2	6.5	Ⅱ
北京	39°56′	14.18	16.014	7.889	13.709	12.9	7.5	−2.7	0.1	6	Ⅲ
长春	43°54′	13.663	16.127	6.112	13.116	5.8	7.4	−12.8	−6.7	5.5	Ⅲ
慈溪	30°16′	12.202	12.804	8.301	11.276	16.2	5.5	6.6	5.5	4.8	Ⅲ

续表

城市名称	纬度	H_{ha}	H_{La}	H_{ht}	H_{Lt}	T_a	S_y	T_d	T_h	S_d	资源区
峨眉山	29°31′	11.757	12.621	10.736	15.584	3.1	3.9	−3.5	−4.7	5.1	Ⅲ
福州	26°05′	11.772	12.128	8.324	10.86	19.6	4.6	13.2	11.7	4.2	Ⅲ
赣州	25°51′	12.168	12.481	8.807	11.425	19.4	5	10.3	9.4	4.7	Ⅲ
哈尔滨	45°45′	12.923	15.394	5.162	10.522	4.2	7.3	−15.6	−8.5	4.7	Ⅲ
海口	20°02′	12.912	13.018	8.937	10.792	24.1	5.9	19	18.5	4.4	Ⅲ
黑河	50°15′	12.732	16.253	4.072	11.34	0.4	7.6	−20.9	−11.6	5.4	Ⅲ
侯马	35°39′	13.791	14.816	8.262	13.649	12.9	6.7	−2.3	0.9	4.8	Ⅲ
济南	36°41′	13.167	14.455	7.657	13.854	14.9	7.1	1.1	1.8	5.5	Ⅲ
佳木斯	46°49′	12.019	14.689	4.847	10.481	3.6	6.9	−15.5	−12.7	4.6	Ⅲ
昆明	25°01′	14.633	15.551	11.884	15.736	15.1	6.2	8.2	8.7	6.7	Ⅲ
兰州	36°03′	14.322	15.135	7.326	10.696	9.8	6.9	−5.5	−0.6	5.1	Ⅲ
蒙自	23°23′	14.621	15.247	12.128	15.23	18.6	6.1	12.3	13	6.5	Ⅲ
漠河	52°58′	12.935	17.147	3.258	10.361	−4.3	6.7	−28	−14.7	4	Ⅲ
南昌	28°36′	11.792	12.158	8.027	10.609	17.5	5.2	7.8	6.7	4.7	Ⅲ
南京	32°00′	12.156	12.898	8.163	12.047	15.4	5.6	4.4	3.4	5	Ⅲ
南宁	22°49′	12.69	12.788	9.368	11.507	22.1	4.5	14.9	13.9	4.1	Ⅲ
汕头	23°24′	12.921	13.293	10.959	14.131	21.5	5.6	15.5	14.4	5.7	Ⅲ
上海	31°10′	12.3	12.904	8.047	11.437	16	5.5	6.2	4.8	4.7	Ⅲ
韶关	24°48′	11.677	11.981	9.366	11.689	20.3	4.6	12.1	11.4	4.7	Ⅲ
沈阳	41°46′	13.091	14.98	6.186	11.437	8.6	7	−8.5	−4.5	4.9	Ⅲ
太原	37°47′	14.394	15.815	8.234	13.701	10	7.1	−4.9	−1.1	5.4	Ⅲ
天津	39°06′	14.106	15.804	7.328	12.61	13	7.2	−1.6	−0.2	5.6	Ⅲ
威宁	26°51′	12.793	13.492	9.214	12.293	10.4	5	3.4	3.1	5.4	Ⅲ
乌鲁木齐	43°47′	13.884	15.726	4.174	7.692	6.9	7.3	−9.3	−6.5	3.1	Ⅲ
西安	34°18′	11.878	12.303	7.214	10.2	13.5	4.7	0.7	2.1	3.1	Ⅲ
烟台	37°32′	13.428	14.792	5.96	9.752	12.6	7.6	1.5	2.3	5.2	Ⅲ
郑州	34°43′	13.482	14.301	7.781	12.277	14.3	6.2	1.7	2.5	5	Ⅲ
长沙	28°14′	10.882	11.061	6.811	8.712	17.1	4.5	6.7	5.8	3.7	Ⅳ
成都	30°40′	9.402	9.305	5.419	6.302	16.1	3	7.3	6.8	1.7	Ⅳ
广州	23°08′	11.216	11.513	10.528	13.355	22.2	4.6	15.3	14.5	5.5	Ⅳ
贵阳	26°35′	9.548	9.654	5.514	6.421	15.4	3.3	7.4	6.4	2.1	Ⅳ
桂林	25°20′	10.756	10.999	8.05	9.667	19	4.2	10.5	9.2	3.9	Ⅳ
杭州	30°14′	11.117	11.621	7.303	10.425	16.5	5	6.8	5.6	4.6	Ⅳ
合肥	31°52′	11.272	11.873	7.565	10.927	15.4	5.4	4.5	3.6	4.8	Ⅳ
乐山	29°30′	9.448	9.372	4.253	4.702	17.2	3	8.7	8.2	1.5	Ⅳ
泸州	28°53′	8.807	8.77	3.358	3.612	17.7	3.2	9.1	8.7	1.2	Ⅳ
绵阳	31°28′	10.049	10.051	4.771	5.94	16.2	3.2	6.7	6.4	2	Ⅳ
南充	30°48′	9.946	9.939	4.069	4.558	17.3	3.2	8	7.6	0.9	Ⅳ
万州	30°46′	9.653	9.655	4.015	4.583	18	3.6	9.1	8.2	1.1	Ⅳ

续表

城市名称	纬度	H_{ha}	H_{La}	H_{ht}	H_{Lt}	T_a	S_y	T_d	T_h	S_d	资源区
武汉	30°37′	11.466	11.869	7.022	9.404	16.5	5.5	6	5.2	4.5	Ⅳ
宜昌	30°42′	10.628	10.852	6.167	7.833	16.6	4.4	6.7	5.9	3.2	Ⅳ
重庆	29°33′	8.669	8.552	3.21	3.531	18.3	3	9.3	8.9	0.9	Ⅳ
遵义	27°41′	8.797	8.685	4.252	4.825	15.3	3	6.7	5.7	1.5	Ⅳ

注：H_{ha}：水平面年平均日辐照量，MJ/(m²·d)；
H_{La}：当地纬度倾角平面年平均日辐照量，MJ/(m²·d)；
H_{ht}：水平面12月的月平均日辐照量，MJ/(m²·d)；
H_{Lt}：当地纬度倾角平面12月的月平均日辐照量，MJ/(m²·d)；
T_a：年平均环境温度，℃；
T_d：12月的月平均环境温度，℃；
T_h：计算采暖期平均环境温度，℃；
S_y：年平均每日的日照小时数，h；
S_d：12月的月平均每日的日照小时数，h。

附录 5-2　间接系统热交换器换热面积计算方法

间接系统热交换器换热面积可按下式计算：

$$A_{hx}=(1-\eta_L)Q_{hx}/(\varepsilon \times U_{hx} \times \Delta t_j) \quad (5\text{-}2\text{-}1)$$

式中　A_{hx}——间接系统热交换器换热面积，m²；
η_L——贮热水箱到热交换器的管路热损失率，一般可取0.02～0.05；
Q_{hx}——热交换器换热量，kW；
ε——结垢影响系数，0.6～0.8；
U_{hx}——热交换器传热系数，按热交换器技术参数确定；
Δt_j——传热温差，宜取5～10℃，集热器热性能好，温差取高值，否则取低值。

热交换器换热量可按下式计算：

$$Q_{hx}=(k \times f \times Q)/(3600 \times S_y) \quad (5\text{-}2\text{-}2)$$

式中　Q_{hx}——热交换器换热量，kW；
k——太阳辐照度时变系数，取1.5～1.8，取高限对太阳能利用有利，但会增加造价；
f——太阳能保证率，%，按本书表5-3选取；
Q——太阳能供热采暖系统负担的采暖季平均日供热量，kJ；
S_y——当地的年平均每日的日照小时数，h。

太阳能供热采暖系统负担的采暖季平均日供热量可按下式计算：

$$Q=Q_H \times 86400 \quad (5\text{-}2\text{-}3)$$

式中　Q——太阳能供热采暖系统负担的采暖季平均日供热量，kJ；
Q_H——建筑物耗热量，kW。

附录 7-1　中国区域电网基准线排放因子

	电量边界(OM)(tCO_2/MWh)	容量边界(BM)(tCO_2/MWh)	排放因子(tCO_2/MWh)
华北区域电网	0.9803	0.6426	0.81145
东北区域电网	1.0852	0.5987	0.84195
华东区域电网	0.8367	0.6622	0.74945
华中区域电网	1.0297	0.4191	0.7244
西北区域电网	1.0001	0.5851	0.7926
南方区域电网	0.9489	0.3157	0.6323

注：1. 表中 OM 为 2007～2009 年电量边际排放因子的加权平均值；BM 为截至 2009 年的容量边际排放因子。
2. 本结果以公开的上网电厂的汇总数据为基础计算得出。
3. 海南省电网于 2009 年并入南方区域电网，不再是独立电网。
4. 本表取自发展改革委 2011 年 10 月公布数据，以当时可获得的最新公布数据为准。

附录 8-1　我国部分城市日太阳辐照量分段统计

序号	城市名称	天数/日平均太阳辐照量				资源区
		x_1/H_1(MJ/m²)	x_2/H_2(MJ/m²)	x_3/H_3(MJ/m²)	x_4/H_4(MJ/m²)	
1	格尔木	8/6.5	47/10.9	93/13.6	217/24.1	Ⅰ
2	林　芝	8/6.8	35/10.6	104/14.4	218/20.4	Ⅰ
3	拉　萨	1/7.7	13/10.2	70/14.7	281/21.9	Ⅰ
4	阿勒泰	104/4.5	49/10.0	52/14.3	160/22.7	Ⅱ
5	昌　都	18/6.7	48/10.3	109/14.1	190/20.7	Ⅱ
6	大　同	79/6.2	76/9.8	62/14.2	148/21.4	Ⅱ
7	敦　煌	21/6.1	92/10.0	50/14.0	202/23.0	Ⅱ
8	额济纳旗	27/6.6	86/9.7	47/13.8	205/23.9	Ⅱ
9	二连浩特	39/6.3	92/9.9	47/14.4	187/23.6	Ⅱ
10	哈　密	36/6.3	77/9.7	56/13.7	196/23.4	Ⅱ
11	和　田	36/6.0	91/10.2	66/13.7	172/22.2	Ⅱ
12	乌鲁木齐	129/4.4	40/9.8	56/14.2	140/22.7	Ⅱ
13	喀　什	70/5.4	83/9.9	52/13.8	160/22.6	Ⅱ
14	库　车	58/6.8	71/9.8	63/14.0	173/21.3	Ⅱ
15	民　勤	29/5.9	84/10.2	67/13.8	185/22.7	Ⅱ
16	吐鲁番	88/6.0	64/9.9	55/14.0	158/22.9	Ⅱ
17	鄂托克旗	22/6.5	106/10.0	68/14.0	169/21.9	Ⅱ
18	东　胜	42/5.2	59/9.9	64/14.1	170/22.7	Ⅱ
19	琼　海	88/5.6	71/10.5	93/14.0	113/19.1	Ⅱ
20	腾　冲	40/5.4	60/10.1	85/14.4	173/20.0	Ⅱ
21	西　宁	49/5.6	95/10.0	73/13.9	148/22.7	Ⅱ
22	伊　宁	88/4.7	58/9.8	58/13.9	161/23.0	Ⅱ

续表

序号	城市名称	天数/日平均太阳辐照量				资源区
		x_1/H_1(MJ/m^2)	x_2/H_2(MJ/m^2)	x_3/H_3(MJ/m^2)	x_4/H_4(MJ/m^2)	
23	承　德	72/6.0	89/9.9	66/14.4	138/20.3	Ⅱ
24	银　川	32/5.6	87/10.0	68/13.9	178/23.0	Ⅱ
25	玉　树	8/6.6	94/10.5	96/13.9	167/21.7	Ⅱ
26	北　京	68/5.2	93/9.9	71/14.2	133/20.7	Ⅲ
27	长　春	93/5.4	74/9.8	64/13.9	134/21.7	Ⅲ
28	邢　台	72/5.4	90/9.8	80/14.0	123/19.6	Ⅲ
29	齐齐哈尔	72/6.3	95/10.0	67/14.0	131/19.0	Ⅲ
30	福　州	131/3.4	48/10.3	71/13.8	115/20.7	Ⅲ
31	赣　州	115/4.0	70/9.9	67/13.8	113/21.0	Ⅲ
32	哈尔滨	121/5.4	73/9.8	51/13.8	120/21.0	Ⅲ
33	海　口	98/4.0	57/10.1	65/14.0	145/20.5	Ⅲ
34	蚌埠	110/4.7	74/9.9	82/14.0	99/20.1	Ⅲ
35	侯　马	103/5.0	68/10.1	69/14.3	125/20.9	Ⅲ
36	济　南	89/4.3	91/9.8	63/14.0	122/20.7	Ⅲ
37	佳木斯	143/5.3	67/9.8	51/13.8	104/21.3	Ⅲ
38	昆　明	63/3.9	48/10.3	92/14.1	162/21.4	Ⅲ
39	兰　州	100/5.4	82/10.1	51/14.0	132/22.4	Ⅲ
40	蒙　自	44/5.1	41/10.2	106/14.4	174/19.4	Ⅲ
41	漠　河	132/4.8	66/10.1	63/13.8	104/21.5	Ⅲ
42	南　昌	128/3.4	65/10.0	59/13.8	113/22.0	Ⅲ
43	南　京	114/4.2	79/10.1	64/14.0	108/20.3	Ⅲ
44	南　宁	119/4.2	57/10.1	81/14.0	108/20.0	Ⅲ
45	汕　头	88/4.9	55/9.9	85/14.1	137/20.4	Ⅲ
46	上　海	98/3.6	92/10.2	55/14.3	120/20.8	Ⅲ
47	韶　关	104/4.7	67/10.2	119/13.9	75/18.5	Ⅲ
48	沈　阳	113/5.3	64/10.1	71/14.1	117/21.4	Ⅲ
49	太　原	64/5.8	101/9.8	61/13.9	139/20.9	Ⅲ
50	天　津	97/5.2	82/10.1	54/13.9	132/21.1	Ⅲ
51	威　宁	106/4.8	86/9.7	94/14.0	79/19.3	Ⅲ
52	牡丹江	98/5.5	88/9.8	67/14.1	112/19.9	Ⅲ
53	西　安	141/4.3	67/10.1	49/13.7	108/21.4	Ⅲ
54	龙　口	97/5.9	72/9.7	48/13.9	148/22.3	Ⅲ
55	郑　州	102/4.5	71/9.9	69/14.1	123/21.1	Ⅲ
56	老河口	111/5.6	95/9.8	70/14.0	89/19.6	Ⅲ
57	杭　州	118/3.3	70/10.1	72/13.9	105/21.2	Ⅲ
58	松　潘	55/6.9	163/9.6	70/14.0	77/18.9	Ⅳ
59	长　沙	157/3.5	63/9.8	43/13.8	102/20.9	Ⅳ
60	成　都	195/3.9	64/10.0	52/14.1	54/20.5	Ⅳ

续表

序号	城市名称	天数/日平均太阳辐照量				资源区
		x_1/H_1(MJ/m²)	x_2/H_2(MJ/m²)	x_3/H_3(MJ/m²)	x_4/H_4(MJ/m²)	
61	广　州	114/4.6	72/10.1	110/13.8	69/19.1	Ⅳ
62	贵　阳	170/3.9	58/10.1	54/14.0	83/20.0	Ⅳ
63	桂　林	144/3.9	50/10.1	79/14.1	92/21.1	Ⅳ
64	合　肥	128/3.4	69/10.0	64/14.0	104/20.5	Ⅳ
65	乐　山	222/5.0	48/9.9	41/14.0	54/20.2	Ⅳ
66	泸　州	187/3.0	50/10.0	50/13.9	78/20.6	Ⅳ
67	绵　阳	168/4.2	81/10.0	51/14.0	65/19.7	Ⅳ
68	南　充	218/4.9	43/9.8	46/14.0	58/20.4	Ⅳ
69	武　汉	121/3.0	77/10.0	60/14.2	107/20.8	Ⅳ
70	重　庆	209/3.2	45/10.0	40/14.1	71/19.2	Ⅳ
71	桐　梓	222/4.8	49/10.0	56/14.1	38/19.6	Ⅳ

注：x_1：全年日太阳辐照 $H_1<8$MJ/m² 的天数；

x_2：全年日太阳辐照 8MJ/m²$\leqslant H_2<$12MJ/m² 的天数；

x_3：全年日太阳辐照 12MJ/m²$\leqslant H_3<$16MJ/m² 的天数；

x_4：全年日太阳辐照 $H_4\geqslant$16MJ/m² 的天数；

H_1：全年中当地日太阳辐照量小于 8MJ/m² 期间的日平均太阳辐照量；

H_2：全年中当地日太阳辐照量小于 12MJ/m² 且大于或等于 8MJ/m² 期间的日平均太阳辐照量；

H_3：全年中当地日太阳辐照量小于 16MJ/m² 且大于或等于 12MJ/m² 期间的日平均太阳辐照量；

H_4：全年中当地日太阳辐照量大于或等于 16MJ/m² 时期间的日平均太阳辐照量。

参考文献

[1] 徐伟，郑瑞澄，路宾. 中国太阳能建筑应用发展研究报告. 北京：中国建筑工业出版社，2009.

[2] 龙惟定，白玮，范蕊. 低碳城市的区域建筑能源规划. 北京：中国建筑工业出版社，2011.

[3] 仇保兴，兼顾理想与现实——中国低碳生态城市指标体系构建与实践示范初探. 北京：中国建筑工业出版社，2012.

[4] 中国城市科学研究会. 绿色建筑 Green Building 2012. 北京：中国建筑工业出版社，2012.

[5] 罗运俊，何梓年，王长贵. 太阳能利用技术. 北京，化学工业出版社，2005.

[6] 郑瑞澄. 民用建筑太阳能热水系统工程技术手册. 北京，化学工业出版社，2006.

[7] 郑瑞澄，路宾，李忠，何涛. 太阳能供热采暖工程应用技术手册. 北京：中国建筑工业出版社，2012.

[8] 何梓年，朱敦智. 太阳能供热采暖应用技术手册. 北京，化学工业出版社，2009.

[9] 太阳能供热采暖工程技术规范 GB 50495—2009. 北京：中国建筑工业出版社，2009.

[10] 民用建筑太阳能热水系统应用技术规范 GB 50364—2005. 北京：中国建筑工业出版社，2005.

[11] 严寒和寒冷地区居住建筑节能设计标准 JGJ 26—2010. 北京：中国建筑工业出版社，2010.

[12] 夏热冬冷地区居住建筑节能设计标准 JGJ 134—2010. 北京：中国建筑工业出版社，2010.

[13] 夏热冬暖地区居住建筑节能设计标准 JGJ 175—2003. 北京：中国建筑工业出版社，2003.

[14] 郑瑞澄主编. 民用建筑太阳能热水系统工程技术手册. 北京：化学工业出版社，2007.

[15] 何梓年，朱敦智主编. 太阳能供热采暖应用技术手册. 北京：化学工业出版社，2010.

[16] 李元哲主编. 被动式太阳房热工设计手册. 北京：清华大学出版社，1993.

[17] 郑瑞澄，赵静霄. 济南气候区被动太阳房热工参数分析及设计原则. 太阳能学报，1992，1.

[18] 陆耀庆. 实用供热空调设计手册. 北京：中国建筑工业出版社，2007.

[19] 上海现代建筑设计（集团）有限公司. 建筑给水排水设计规范 GB 50015—2003（2009 版）. 北京：中国计划出版社，2010.

[20] 国家太阳能热水器质量监督检验中心（北京）. 家用太阳能热水系统技术条件 GB/T 19141—2011. 北京：中国标准出版社，2011.

[21] 中国农村能源行业协会太阳能热利用专业委员会. 家用太阳能热水系统能效限定值及能效等级 GB 26969—2011. 北京：中国标准出版社，2011.